低碳钢表面激光熔覆Co基合金涂层耐磨性能研究

丁 林◎著

Research on Wear Resistance of Laser
Cladding Co-based Alloy Coatings on
Mild Steel Substrate

华中科技大学出版社
http://press.hust.edu.cn
中国·武汉

图书在版编目(CIP)数据

低碳钢表面激光熔覆 Co 基合金涂层耐磨性能研究/丁林著.—武汉:华中科技大学出版社,
2023.3
ISBN 978-7-5680-9198-5

Ⅰ.①低… Ⅱ.①丁… Ⅲ.①低碳钢-激光熔覆-钴基合金-涂层-耐磨性-研究 Ⅳ.①TG146.1

中国国家版本馆 CIP 数据核字(2023)第 042503 号

低碳钢表面激光熔覆 Co 基合金涂层耐磨性能研究　　　　　　　　　丁 林 著
Ditangang Biaomian Jiguang Rongfu Co Ji Hejin Tuceng Naimo Xingneng Yanjiu

策划编辑:张　毅
责任编辑:狄宝珠
封面设计:廖亚萍
责任监印:朱　玢
出版发行:华中科技大学出版社(中国·武汉)　　电话:(027)81321913
　　　　　武汉市东湖新技术开发区华工科技园　　邮编:430223
录　排:华中科技大学惠友文印中心
印　刷:武汉市洪林印务有限公司
开　本:710mm×1000mm　1/16
印　张:13.5
字　数:264 千字
版　次:2023 年 3 月第 1 版第 1 次印刷
定　价:79.00 元

前　　言

　　低碳钢因生产成本低廉,规模化的生产,在工业生产中起着至关重要的作用,然而其硬度低、耐磨性能差,导致机械设备及零部件在工程应用过程中经常发生磨损失效及损坏现象,给世界各国带来严重的经济损失。因此,随着科学技术的发展和工业生产需求的快速增加,低碳钢已无法满足服役工况的要求,特别是那些在冶金、能源、化工和矿山等行业的高温、高压、重载和高速苛刻环境条件下作业的机械设备及零部件,必须具备高标准的摩擦磨损性能,才能保障机械设备和零部件安全稳定的运行。采用各种具有耐磨性能的材料便成了首选,但这种方法不仅显著提高企业的生产成本,同时增大因材料硬度和强度提高而带来后续机械加工的难度,还无法满足工程应用中要求机械设备及零部件具备内部良好韧性和表面耐磨的综合需求。摩擦磨损引起的失效往往起始于表面,因此如何从材料表面强化角度出发降低机械设备及零部件的磨损问题成为研究者关注的焦点。

　　表面工程技术便是因改善机械设备及零部件表面磨损失效问题而形成的新技术。激光熔覆技术,作为众多激光表面工程技术中的一种,它是涉及光、机、电、材料、物理及化学等多学科的高新技术,它能在廉价、低性能的基体材料表面上制备出较高使用性能的涂层,以此来提高基体金属材料表面的摩擦磨损性能。激光熔覆技术不仅能实现预置合金粉末和基体金属材料形成原子结合,而且能降低生产成本,节省贵重金属和高级合金,同时也降低能耗,延长机械设备、零部件和工程构件的服役寿命,拓宽材料的应用范围。

　　激光熔覆技术的核心是实现熔覆层材料与基体材料冶金结合的同时控形控性。激光熔覆过程的复杂性,即熔覆过程的冶金熔炼、热传导、材料的物理化学反应、机械设备和零部件以及对熔覆质量的要求,使得激光熔覆过程的控制实质是高度非线性、强化相形成分布、多变量强耦合、大范围不确定性因素和随机干扰因素的控制问题,这些问题都是激光熔覆过程中主要探索的问题。激光熔覆过程实际上是一个处于多学科交叉领域的问题,这是影响激光熔覆发展的关键。因此,本专著试图利用激光熔覆技术实验、Sysweld 有限元仿真模拟软件及结合原位合成反应,以对激光熔覆过程的实现问题之解决抛砖引玉。

　　本专著的绪论部分简要介绍了激光熔覆 Co 基合金涂层的发展概况以及发展趋势;第 2 章阐述了激光熔覆 Co 基合金涂层的强化理论基础、实现途径和强化方法;第 3 章详细介绍了利用激光熔覆技术,并结合有限元仿真模拟实现激光熔覆 Co

基合金涂层工艺参数的优化、微观组织和性能研究；第 4 章主要介绍了外加颗粒对激光熔覆 Co 基合金涂层相组成、微观组织演变和耐磨性能的影响，并探讨其磨损机理；第 5 章主要介绍了原位合成强化相颗粒对激光熔覆 Co 基合金涂层相组成、微观组织演变和耐磨性能的影响，并探讨其磨损机理；第 6 章对前面各章的研究结果予以总结。

本专著是皖西学院丁林副教授就近期从事材料成形及表面改性领域教学与科研工作以及相关研究论文的总结。本专著所有章节内容均是由皖西学院丁林副教授独自编写完成。

本专著的初衷是希望能够及时向社会反映激光熔覆技术研究的一些新成果和动向，以期对表面工程技术的发展有所促进。由于作者水平有限，本专著难免有错误和不当之处，敬请读者批评指正。

作　者
2022 年 10 月

目　　录

1 绪　　论

1.1　前　　言

　　磨损和腐蚀是机械设备及零部件在工程应用过程中经常发生的失效及损坏现象,给世界各国带来严重的经济损失。据粗略估计,世界各国每年因磨损和腐蚀而造成 40% 左右的材料损耗,而因腐蚀和磨损而导致机械设备及零部件失效报废高达 80% 左右。因此如何降低机械设备及零部件的磨损和腐蚀问题成为研究者关注的焦点。采用各种具有耐磨性能的耐磨钢和铸铁、各种具有耐磨性能的不锈钢及铜镍合金,以及各种具有耐磨性能、耐蚀性能及高温稳定性能的陶瓷等材料便成为首选,但这种方法不仅显著提高企业的生产成本,同时增大因材料硬度和强度提高而带来后续机械加工的难度,还无法满足工程应用中要求机械设备及零部件具备内部良好韧性和表面耐磨和耐蚀的综合需求。腐蚀和摩擦磨损引起的失效往往起始于表面,这激发了材料科学研究人员的浓厚兴趣,并促进表面工程技术的出现和快速发展。激光表面工程技术利用高能激光束可以在机械设备及零部件表面制备出具有良好耐磨性、耐蚀性及耐高温的涂层,这既提高了机械设备及零部件表面的使用性能,又能保持其内部良好的韧性,因而成为提高机械设备及零部件表面耐磨和耐蚀性能最为行之有效的方法。

　　激光熔覆技术,作为众多激光表面工程技术中的一种,它是涉及光、机、电、材料、物理及化学等多学科的高新技术,它能在廉价、低性能的基体材料表面上制备出较高使用性能的涂层,以此来提高基体金属材料表面摩擦磨损、高温氧化等使用性能。激光熔覆技术不仅能实现预置合金粉末和基体金属材料形成原子结合,而且能降低生产成本,节省贵重金属和高级合金,同时也降低能耗,延长机械设备、零部件和工程构件的服役寿命,拓宽材料的应用范围。目前,激光熔覆技术在航空航天、军事装备、矿山机械、能源、船舶及冶金等行业大量使用。

　　低碳钢因生产成本低廉,规模化的生产,在工业生产中起着至关重要的作用,然而其硬度低、耐磨损性能差,已无法满足服役工况的要求。特别是那些在冶金、能源、化工和矿山等行业的高温、高压、重载和高速苛刻环境条件下作业的机械设备及零部件,必须具备高标准的摩擦磨损性能,才能保障机械设备和零部件安全稳定的运行。与 Fe 基和 Ni 基合金相比,Co 基合金具有优良的耐热、耐蚀、耐磨、抗冲击和高温性能,同时还具有良好的综合性能,因此,本书利用激光熔覆技术在普通金属材料表面制备了 Co 基合金涂层,以期实现提高基体材料表面的摩擦磨损和耐高温氧化等使用性能,延长机械设备、零部件和工程结构件的服役寿命,同时促使报废零部件的维修再利用,达到节约资源的目的,响应人类发展可持续性和经济发展循环性的宏伟战略目标。因此,探寻在低廉的普通碳钢表面制备出高性能合金涂层,将是一项具有巨大经济价值和广阔应用前景的工作。

1.2　激光表面工程技术

激光具有高亮度、高单色性、高相干性和高方向性四大特性。激光束易于传输,其时间特性和空间特性可以分别控制,经聚焦后,可得到极小的光斑,功率密度可达 $10^6 \sim 10^{12}$ W/cm^2。用它作热源,对材料或零件进行高效率、高精度加工(切割、打孔、焊接、刻划及表面处理等),即为通常所称的激光加工。

激光表面工程技术的研究始于 20 世纪 60 年代,但直到 20 世纪 70 年代初研制出大功率激光器后,激光表面处理技术才获得实际的应用,并在近十年得到迅速的发展。激光表面改性是属于材料表面快速局部处理工艺的一种新技术。通过激光与材料表面的相互作用,使材料表层发生所希望的物理、化学、力学性能的变化,从而改变金属表面的结构,获得工业应用上的许多良好性能,如提高表面强度、耐磨性、耐蚀性和耐高温性等。激光表面改性的各种应用中,主要的一种是用于强化零部件的表面,这种方法工艺简单,其加热点小、散热快,所以可以自冷淬火。表面改性后的工件变形小,因此可作为精加工的后续工序。由于激光束移动方便,便于控制,可以对形状复杂的零件、深入的部分,甚至管状内壁进行处理,如对盲孔底部、深孔内壁、窄槽等部位的处理。

1.2.1　激光表面工程技术的特点

激光表面改性技术是采用大功率密度的激光束,以非接触性的方式加热材料表面,借助于材料表面本身传导冷却,来实现其表面改性的工艺方法。它在材料加工中具有许多优点是其他表面工程技术所难以比拟的:

(1)能量传递方便,可以对被处理工件表面有选择的局部强化;

(2)能量作用集中,加工时间短,热影响区小,激光处理后,工件变形小;

(3)可处理表面形状复杂的工件,而且容易实现自动化生产;

(4)采用激光表面工程技术所达到的效果比普通方法更显著,且速度快,效率高,成本低。

总之,激光表面工程技术的主要优越性表现在:高能量密度产生极快的加热速度,是局部改性处理的新方法,是未来工业应用潜力最大的表面改性技术之一,具有很大的技术经济效益,广泛应用于航空、航天、机械、电器、兵器和汽车等制造行业。

激光表面工程技术的工艺很多,包括激光相变硬化、激光熔覆与合金化、激光熔凝、刻网纹、化学气相沉积、物理气相沉淀、增强电镀等。但目前工业上主要应用的是激光相变硬化、激光熔覆与合金化、激光熔凝和激光表面非晶化等。

1.2.2　激光相变硬化

激光以 $10^5 \sim 10^6$ ℃/s 的加热速度作用在金属表面上,使其温度迅速上升至相变点以上,并通过基体的热传导,以 10^5 ℃/s 冷却速度实现自冷淬火,这种处理方法称为激光相变硬化(激光淬火)。其特点是淬硬层组织硬化,硬度比常规高 15% ~ 20%,耐磨性提高 1~10 倍;加热速度快,生产效率高,成本低,自动化程度高;对槽内壁、盲孔底部、深孔、长筒内壁等特殊部位,只要光束能照到的部位均可进行处理;可进行大型零件局部表面硬化和形状复杂零件的硬化,变形量几乎可以忽略不计;淬硬层深度可精确控制;可实现自冷淬火,不需油、水等淬火介质。但硬化层深度受限制,一般在 1 mm 以下,如采取适当措施可达 3 mm。再加上金属表面对波长 10.6 μm 激光反射严重,一般 90% 以上的激光被反射。因此为增大材料对激光的吸收,需作表面涂层或其他预处理。

1.2.3　激光熔覆与合金化

激光合金化是一种用激光将合金化粉末和基材一起熔化后迅速凝固,在表面获得合金层的方法。这种方法既改变了材料表面的化学成分,又改变了表面的结构和物理状态。

激光熔覆与激光合金化的不同在于:激光合金化是使添加的合金元素和基体表面全部混合;而激光熔覆是合金粉末全部熔化,基材表面微熔,熔覆层的成分基本不变,只是使基材结合处变得稀释。

1.2.4　激光熔凝

激光熔凝是以很高的激光功率密度($10^5 \sim 10^7$ W/cm^2)在极短的时间($10^{-4} \sim 10^{-8}$ s)内与金属交互作用,使金属表面局部区域在瞬间被加热到相当高的温度使之熔化,随后借助于冷态的金属基体吸热和传导作用,使已熔化的极薄表层金属快速凝固。激光熔凝强化得到的是铸态组织,其硬度较高,耐磨性也较好。激光熔凝硬化是一种很重要的基础工艺。

1.2.5 激光表面非晶化

激光表面非晶化即利用激光熔池所具有的超高速冷却条件使某些成分的合金表面形成具有特殊性能的非晶层。它具有很高的耐磨性,同时具有特殊的电学、磁学和化学性能。因此,使材料实现非晶化是工业界广泛关注的一项新技术。与其他非晶化方法比较,激光表面非晶化可望在工件表面大面积地形成非晶层,而且形成非晶的成分也可扩大,因此近年来国内外有关文献报道较多。总的看来,目前的激光表面非晶化工艺过程主要是在大气环境下进行选区加工得到非晶态,与其他传统非晶化工艺比较,选区加工非晶化的临界冷却速度远高于常规法临界冷速,因而形成非晶的难度极大,激光表面非晶化一般只能得到微区非晶。而多道搭接区存在加热晶化的问题,往往难以获得大面积非晶,所以要获得实用化的大面积非晶仍需进行深入的研究。

1.3 激光熔覆技术

激光熔覆技术的研究可以追溯到 20 世纪 70 年代。20 世纪 70 年代末期,美国 AVCO 企业的 EVERT 研究所和 METCO 企业分别发布了其长期的科研成就。日、英、法、意、德等发达国家随后也相继开展了相关的科学研究。20 世纪 80 年代开端,我国也开始了激光熔覆技术的试验研究,且自 21 世纪开始以来,该技术的应用研究极为活跃。激光熔覆技术不仅具有远大的应用前景,而且也具有可观的经济价值,促使世界各制造强国对该技术的开发与应用都予以足够关注。

1.3.1 激光熔覆的特点

激光熔覆是表面工程技术的一种,和堆焊、热喷涂、合金化、气相沉积等技术一样均是通过在基体材料表面制备出具有特殊性能的强化层,从而显著提高金属材料表面的使用性能。与传统的表面工程技术相比,激光熔覆技术优势如下:

(1)热源拥有较高的能量密度,同时具有较小的热输入、较快的加热速度、较短的热循环,对工件影响较小;

(2)可通过工艺参数的变化控制基材表面的熔化量,降低基材对熔覆层的稀释率,同时保证基材和熔覆材料形成良好的冶金结合及熔覆层组织和性能受到较小的影响;

(3)基体材料使用范围广;

(4)熔覆材料选择自由度较大,可根据需要选择熔覆材料成分,可通过数控编程实现对较大尺寸工件和形状复杂工件的熔覆需求;

(5)加工精度高,可根据需要准确控制熔覆层的厚度,且熔覆层宏观形貌优异、缺陷较少;

(6)具有较高的性价比;

(7)便于自动化作业。

1.3.2 激光熔覆的工艺参数

激光熔覆因涉及材料、物理、化学及冶金等多学科,其工艺过程相当复杂,除了已确定的激光器系统、基体材料和熔覆材料的性能外,激光熔覆过程的工艺参数、熔覆材料的送料方式和激光束的扫描方式都会对激光熔覆合金涂层的宏观质量、微观组织和使用性能产生重要影响。其中,熔覆过程中工艺参数的选择对熔覆层的宏观质量、组织和性能起至关重要的作用。激光熔覆的工艺参数主要包括激光输出功率、光斑尺寸、激光扫描速度、多道搭接率以及同步送粉的速度或者预置粉末的厚度。熔覆过程中,工艺参数能根据熔覆合金粉末的成分及需求的使用性能来调试。针对具体的熔覆条件,工艺参数的优化问题是制备出高质量熔覆合金涂层的重要保证。

高霁等人在研究过程中考虑激光功率、扫描速度、离焦量、预置层厚度四个因素,以熔覆层的宽度、高度和熔池深度为考察指标,获得最佳的激光熔覆工艺参数;另外还指出,影响熔覆层宏观形貌的最大影响因素为扫描速度,其次为激光功率,影响最小的是离焦量。

郭伟等人提及一个重要的综合工艺参数:激光熔覆比能量 $E(E = P/(DV))$,表示单位激光辐照面积上能量的大小。对于不同的熔覆材料与基体,存在一个实现激光熔覆良好成形的临界比能量值,当熔覆过程中使用的比能量大于临界比能量时,才能制备出具有良好冶金结合的熔覆层。对于相同的熔覆材料和基体,当比能量相近时,一般采用低的功率和小的扫描速度,此工艺加热速度较慢,加热时间较长,熔覆层与基体金属温差小,热应力小,开裂倾向较低。

另外,刘传云利用正交试验法考虑激光功率 P、扫描速度 V、送粉速率 m 三个因素,以熔覆层的接触角 θ(见图 1-1)和硬度作为考察指标,得到最佳的激光熔覆工艺参数;另外还指出,影响熔覆层机械性能的最大因素是激光扫描速度,其次是激光功率,影响最小的是送粉速率。

由图 1-1 可知,接触角 θ 越大($\theta > 120°$),表明熔覆层对基体润湿性越好,熔覆层的稀释率也越低。稀释率 η 是指熔覆材料和熔化的基体发生混合而引起涂层材料成分变化的程度,它的大小直接影响了熔覆层的质量,其数学公式为:$\eta =$ 基体熔化面积/(涂层面积＋基体熔化面积)。也可用简化的熔覆层稀释度计算公式:$\eta = h/(H+h) = 1/(1+H/h)$,其中,$H$ 为熔覆层高度;h 为基材熔深,此方法简便易行。一般认为,η 若满足 5%～10% 即可保证良好的熔覆层的设计性能及界面的冶金结合。也有文献提到两个重要的激光熔覆综合工艺参数：激光熔覆比能量 E 和激光功率密度 ρ，其中 $E = P/(DV)$，表示单位激光辐照面积上能量的大小；$\rho = 4P/(\pi D^2)$，表示单位激光辐照面积上激光功率的大小。对于不同的熔覆材料与基体，存在一个保证熔覆层与基体良好结合的临界比能量 E_c，只有大于临界比能量 E_c，才能使熔覆材料与基体表面熔化，实现激光熔覆。对于相同的熔覆材料和基体，当比能量相近时，一般采用低功率密度慢速扫描的工艺，此工艺加热速度较慢，在熔覆层及基体间的温度梯度较小，热应力小，不易开裂。

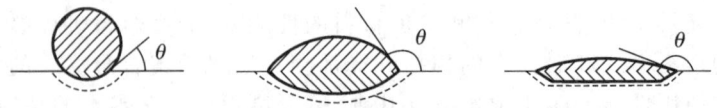

图 1-1　激光熔覆层的不同形貌

因此，激光熔覆过程中为获得成分与熔覆材料相近的合金层，选择激光功率密度和比能量等工艺参数时，要尽可能地保持小的稀释率，在基体表面形成涂层。

1.3.3　激光熔覆的送粉方式

激光熔覆过程中，熔覆材料通常采用预置法或同步送粉法送入熔池。预置法是指采用黏结剂、电镀或热喷涂等方法将粉末状熔覆材料预置在基材表面，然后通过激光束作用于粉末表面，使粉末和基体表面熔化、凝固形成涂层。预置法操作较为简单方便，不需任何设备辅助。目前，粉末预置法最为常见，如图 1-2 所示。同步送粉法是在激光熔覆过程中，利用气载式送粉器将熔覆粉末直接输送入熔池内并熔化、凝固而形成涂层。

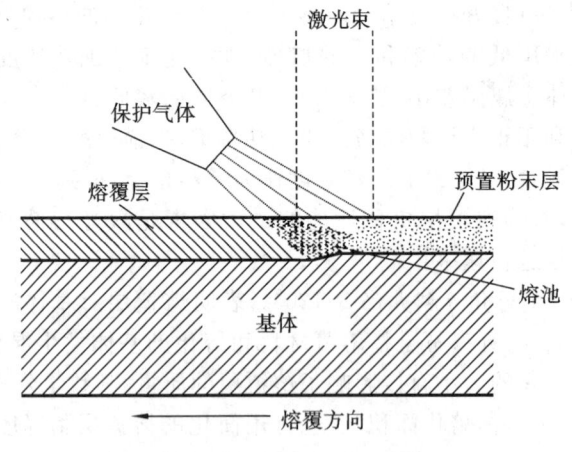

图 1-2　预置粉末激光熔覆图

同步送粉法分侧向同步送粉和同轴同步送粉,如图 1-3 所示。与预置法相比,同步送粉法一方面可节约熔覆粉末及实时调整熔覆材料。另一方面因受送粉技术限制,一些纳米粒度的颗粒不能准确送达,由于各种粉末物性的不同,造成混合熔覆粉末在精确输送时易出现送出粉末成分与设计比例出现差异,影响熔覆层的使用性能。同步送粉法一般仅适用于尺寸较大的零部件。

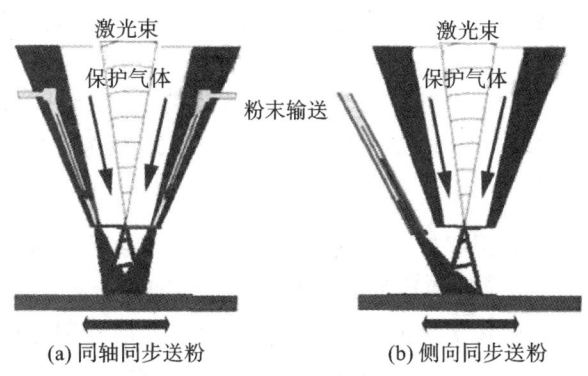

(a) 同轴同步送粉　　　　　　　(b) 侧向同步送粉

图 1-3　同步送粉激光熔覆示意图

无论是同步法还是预置法,在熔覆前都要对基材熔覆部位进行表面预处理,清除污垢和锈蚀。对粉末状涂层材料通常烘干数小时以去除水分。为预防裂纹和开裂,也进行预热和后热处理。预热是指将基材整体或表面加热到一定的温度,从而使激光熔覆在热的基材上进行的一种处理工艺,其作用就是防止基材的热影响区发生马氏体相变而导致熔覆层产生裂纹。预热降低了基材和熔覆层之间的温差,减小了熔覆层收缩时的应力,增加了熔覆层液相的滞留时间而有利于熔覆层内气泡和熔渣的排出。后热处理是保温处理,可消除和减少熔覆层内的残余应力及有害的热影响,防止淬火马氏体的产生。

1.3.4　激光熔覆的材料

激光熔覆主要是通过改善基体材料表面的物理和化学性质来实现提高其性能的目的。成分决定性能,而熔覆层的成分主要是由所使用的熔覆材料种类决定。因此熔覆材料是对熔覆层宏观成形、组织和性能影响极为关键的因素,这促使熔覆材料的选用成为激光熔覆研究中关注的热点。熔覆材料的使用性能主要包括耐摩擦磨损、耐侵蚀、耐高温以及生物相容性等领域,而熔覆合金材料的选用一般应服从以下原则:

(1)满足实际使用性能要求的同时兼顾工艺性和经济性;

(2)熔覆合金材料的物性参数尽量和基体接近,以提高熔覆层的强度,同时降低开裂和剥落倾向;

(3)熔覆合金材料与基体之间应具有良好的润湿性;

(4)熔覆合金材料的熔点应和基体接近,避免熔覆合金材料难以和基体形成原子结合,影响熔覆层的应用;

(5)熔覆合金材料应具备优良的脱氧、除气、造渣等功能,能有效保护熔覆层;

(6)熔覆合金材料应具备良好的塑性和韧性,避免裂纹形成和扩展;

(7)熔覆合金材料的选用应避开脆性相的形成,促使熔覆合金材料和基体能形成足够的结合强度。

目前,广泛使用的满足上述选择原则的激光熔覆合金材料主要是热喷焊或热喷涂类合金材料,根据其性质可以分为自熔合金粉末、陶瓷粉末和复合粉末三种。

1. 自熔合金粉末

自熔合金粉末是指在铁、钴、镍基合金中添加 B 和 Si 元素的粉末,B 和 Si 在激光熔覆过程中起到自我脱氧和造渣的功能,比重较小的熔渣覆盖在熔覆层表面起到保护熔池、防止熔池过度氧化的作用。这类材料对普通碳钢有较好的适应性,制备的涂层表面光滑、稀释率较低及缺陷较少,能与基体形成优良的结合。目前,普遍使用的自熔合金粉末主要包括 Ni 基自熔合金、Co 基自熔合金三种粉末。Co 基、Ni 基自熔性合金粉末与基体材料具有良好的润湿性和较强的耐腐蚀性,在高温条件下具有一定的自润滑作用,因成本相对较高,一般应用于航空航天、石油、化工、冶金等工业领域中要求抗疲劳、耐腐蚀、耐磨损及耐高温的精密零部件;Fe 基自熔合金粉末有一定的耐磨能力,价格最为低廉,但在激光熔覆过程中合金涂层易于出现开裂、氧化和气孔等缺陷,大量应用于有一定耐磨需求的工件,基体材料多为铸铁和低碳钢。

2. 陶瓷粉末

陶瓷材料因具有较高的硬度和强度以及优异的耐磨、耐蚀和高温稳定性能,被视为制备特殊性能涂层的最佳选择,因此引起科研人员的关注。杨森等人在碳钢表面上制备了 $MoSi_2$ 增强 SiC 激光合金涂层,结果表明:合金涂层与基体形成了良好的冶金结合,硬度是基体材料的 4.5 倍。$TiN+Ti_3Al$、TiC、$TiN+TiB$、Al_2O_3 等陶瓷材料涂层也被研究。但陶瓷材料具有极低的韧性、较大的脆性及较大的热膨胀系数,造成涂层易于产生严重的开裂。为了解决该问题,有些研究者通过加中间过渡层甚至在陶瓷材料中加入膨胀系数较高的 TiO_2 及 CaO 等氧化物来降低涂层的开裂倾向,但研究结果仍不令人满意,还有待进一步研究。

3. 复合粉末

复合粉末是由于陶瓷涂层与基体之间因自身属性差异而呈现严重开裂出现的,它是指将各种高硬度的硬质材料添加到金属或合金粉末中混合均匀而形成的一种新型熔覆材料体系。硬质材料在激光熔覆层中作为强化相,金属或合金粉末则主要充当黏结相和过渡层的作用,其能促进硬质材料与金属基体良好的过渡,使熔覆层既具有良好的宏观成形又具有较高的硬度。硬质材料主要是由高熔点和高硬度的陶瓷材料组成。金属合金粉末则主要是 Fe 基、Ni 基和 Co 基三种自熔合金粉末。硬质材料的添加方式:一是硬质材料粉末直接添加到金属合金粉末中并混合均匀;二是采用合金粉末包覆硬质材料的形式。因此,可以按照实际应用条件选择相应的硬质增强相匹配合适的金属基合金粉末均匀混合形成所需的复合粉末。利用激光熔覆技术在选择的基体材料上制备出陶瓷增强金属基复合涂层,这不仅使熔覆层具备较高的强度和韧性,还能充分利用硬质增强相来提高基体金属材料的使用性能,已成为目前科研工作者研究的热点。

1.3.5　激光熔覆合金涂层组织特征

激光熔覆是一个快速熔化和快速凝固的动态过程,冷却速度可达 $10^3 \sim 10^6 \, ℃/s$,其凝固过程表现出快速凝固的基本特征,即偏析倾向小、形成非平衡相、组织细化、微观组织发生变化、形成非晶等。

激光熔覆层凝固组织形态主要由熔池中液态金属的成分和形状因子(温度梯度 $G/$ 凝固速率 R_v)决定,由 Hoadley 等人的模型可知,液态金属的凝固速率 R_v 与激光束扫描速度 V 存在一定关系:$R_v = V\cos\theta$;凝固速度与扫描速度之间的夹角 θ 为凝固方向角。在扫描速度 V 和成分确定的情况下,熔覆层凝固组织的生长形态主要由 G/R_v 确定。由于熔池底部液态金属的热量主要是通过基体金属向外传递,其具有极高的温度梯度。另外,凝固初期基本不存在成分过冷,熔池底部晶体生长速度最慢。导致熔池与基体结合部的 G/R_v 趋近于 ∞,基于成分过冷理论,此时固液界面以低速平界面方式生长,形成"白亮带"。随着凝固过程的进行,凝固速率 R_v 逐渐增大,而 G/R_v 值逐渐减小,凝固组织中逐渐出现胞状、树枝状以及等轴晶。

另外,熔池中晶粒生长除主要受热流方向的控制外,还受晶体各向异性的影响,导致不同熔池中不同位置的晶粒最终形成不同的凝固组织。因此,激光熔覆层从表面到底部组织总体特征分别为等轴晶或细小枝晶、树枝晶、较粗大树枝晶或胞状晶、很薄一层平面晶,如图 1-4(a)、(b)所示。根据基体材料和熔覆材料的不同而有所变化,如以奥氏体为基体的镍基高温合金在激光熔覆下得到的组织一般是较为发达柱状晶或树枝晶,如图 1-4(c)所示;以 Ti-6Al-4V 为基体的激光熔覆镍基合金层主要是树枝晶,基本没有平面晶及胞状晶形成,如图 1-4(d)所示。

1.3.6　激光熔覆合金涂层的性能

硬度是材料抵抗在表面范围内局部塑性变形的能力。经激光表面熔覆处理

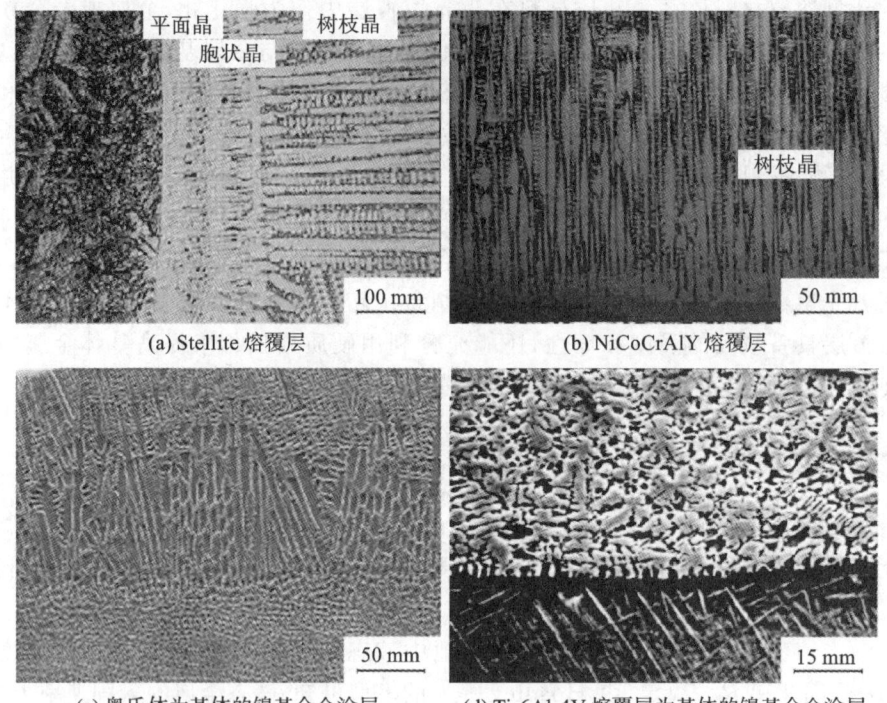

(a) Stellite 熔覆层　　　　　　　　　　(b) NiCoCrAlY 熔覆层

(c) 奥氏体为基体的镍基合金涂层　　(d) Ti-6Al-4V 熔覆层为基体的镍基合金涂层

图 1-4　不同材料激光熔覆层组织

后,熔覆区硬度显著提高,这主要由于熔覆层集固溶强化、弥散强化和细晶强化等多种强化机制于一体。

硬度是激光熔覆层的重要力学性能之一,在熔覆层及基体内的相同深度处的显微硬度值分布越均匀,越有利于熔覆层的稳定存在。从熔覆层表面到基体,显微硬度值整体通常呈现梯度分布。熔覆层表面硬度通常较低,从表面向内一定深度,显微硬度值达到最高,而后平缓下降,基体区达到最低。熔覆层硬度呈连续梯度分布的优越性在于:在表层受到较大冲击力及摩擦磨损过程中,高强度表层中原子结合力大,不易发生转移,脱落倾向小,且由于基体金属在激光表面处理中基本不受影响,这就为表面强化层提供了良好的韧性。因此,表层在冲击力作用下能够在一定范围内发生塑性变形,减少了表层损坏的概率,增加了涂层使用寿命。

涂层的耐磨性与硬度密切相关,在同样的摩擦应力作用下,硬度高的材料塑性变形小,但两者之间并不呈线性关系。只有在某一特定值前,随着硬度的升高,耐磨性才增加。而当硬度过高时,由于脆性增大,容易使涂层剥落,从而恶化了磨损条件,导致耐磨性降低。

从本质上看,在给定运转条件的情况下,决定材料耐磨性能的还是材料本身的成分和微观结构。激光熔覆层中外加硬质相的种类、性质、含量、颗粒大小，及其分布状态以及硬质相的溶解程度和磨损条件等，都对涂层的磨损行为有着重要的影响，随这些因素的变化，其磨损机制也有较大差别。近表面区硬度的增加、熔覆层所具有的细晶组织和存在大量的耐磨合金化元素都有利于改善熔覆层的耐磨性。对于在干滑动磨损条件下主要受黏着磨损控制的涂层，黏着程度主要取决于硬质相种类、含量和磨损条件。硬质点越小，分布越弥散，则涂层的塑变抗力就越高。复合涂层的磨损过程包括次表层形变、裂纹形成及扩展导致的剥层磨损几个过程。裂纹源既可能出现在硬质点和涂层基体的分界面上，也可以是由于硬质点本身发生断裂而形成裂纹。如果涂层中外加硬质相与涂层基体的硬度差别不是很大时硬质相实际上起着内部缺口的作用致使涂层耐磨性反而下降。例如：王存山等人利用激光熔覆制备了 nano-TiN 增强 Ni45A 基合金涂层，系统研究了 nano-TiN 含量对 Ni45A 基合金涂层组织结构、显微硬度和耐磨性能的影响。结果表明：镍基合金涂层是由 γ-Ni 树枝晶、枝晶间共晶、$M_{23}C_6$ 以及 TiN 强化相组成。当 nano-TiN 含量大于 5.0% 时，树枝晶逐渐细化，数量递减，Ni45A 基合金涂层中出现大量柱状树枝晶。nano-TiN 含量增加到 15.0% 时，Ni45A 基合金涂层的磨损体积为 Ni 基合金涂层的 67.7%，显微硬度提高了近 1/10。

晁明举等人利用激光熔覆在 A3 钢表面制备了原位生成 VC-VB-B_4C 复合颗粒增强 Ni 基合金涂层，研究了合金涂层的组织和性能。结果表明合金涂层组织有定向生长的 γ-Ni 树枝晶，以及大量 VC-VB-B_4C 强化相和 Cr_3C_2 强化相弥散分布在 γ-Ni 基体表面，显微硬度达到 1350 $HV_{0.3}$，其磨损失重约为 Ni60 合金涂层的 1/3。

1.4　钴基合金

纯钴(Co)是具有钢灰色和金属光泽的硬质金属，原子序数为 27，位于元素周期表第八族，原子量为 58.93，它的主要物理、化学参数与铁、镍接近，属铁族元素。纯钴是一种同素异构金属，在温度低于 417 ℃ 时具有密排六方结构(h.c.p)的 ε 相，晶格常数为 $a = 0.2503$ nm，$c = 0.4060$ nm；温度高于 417 ℃ 时为面心立方晶格的 γ 相，晶格常数为 $a = 0.3544$ nm。钴的熔点为 1495 ℃，熔解热为 280 J/g，沸点为 2928 ℃，密度为 8.9 g/cm³，比热(20 ℃时)为 0.41 J/(g·℃)，与 Ni 和 Fe 相近；弹性模量为 2.1×10^5 MPa，也与 Ni 和 Fe 相近，对酸、碱、盐也有强的抗腐蚀性能。钴是制造耐热合金、硬质合金、防腐合金、磁性合金和各种钴盐的重要原料，广泛用于航空、航天、电器、机械制造、化学和陶瓷工业。因此，钴是一种重要的战略物资。

钴很少作为纯金属单独使用，通常加入合金元素形成钴基合金再使用。当钴为面心立方奥氏体时有较高的高温强度，而且扩散系数小，能固溶大量合金元素，所以为了得到低温下仍然稳定的奥氏体结构,钴基高温合金中必须加入能扩大奥氏体相区的合金元素,如 Ni、Mn 等。另外钴基合金常在高温下使用,需要较好的抗氧化性和具有更高的高温强度,还需加入适量的抗氧化和固溶强化元素,如 Cr 和 W、Mo 等。

当温度小于 900 ℃时,镍基合金性能优越,但温度高于 900 ℃时,镍基合金中的固溶强化相(γ'相)会消失,此时钴基合金的优越性显著,因为在高温下钴基合金中的碳化物等强化相更稳定。由于钴基合金中通常含有较多的 Cr(如大于 20%),所以更易形成不易分解的 $M_{23}C_6$ 型碳化物。钴基合金粉末与钢铁件在熔点、热膨胀系数、密度等方面都比较接近,从而减少了熔覆层在冷凝过程中的热收缩应力;而且钴基合金具有良好的热稳定性,在熔覆时很少发生蒸发升华和明显的变质;另外,钴基粉末合金在熔化时具有很好的润湿性,熔化后在基体材料的表面均匀铺散,有利于获得致密性好和光滑平整的熔覆层,提高了熔覆层与基体材料的结合强度。

1.5　激光熔覆 Co 基合金涂层的研究现状

激光熔覆最常使用的熔覆材料主要是 Fe 基、Ni 基和 Co 基合金粉末,与 Fe 基和 Ni 基合金粉末相比,Co 基合金具有优良的耐热、耐蚀、耐磨、抗冲击和高温性能,还具有优良的综合性能。因此,Co 基合金逐渐进入了研究者的视野。

李殿凯等人采用激光熔覆技术在低碳钢表面制备了自熔 Co 基合金涂层。结果表明:合金涂层组织主要由平面晶、粗大树枝晶以及枝晶间的共晶组成。随扫描速度的增大,枝晶组织明显细化。

李明喜等人采用激光熔覆技术在镍基合金涂层表面制备了 Co 基合金涂层。结果表明:合金涂层中树枝晶垂直于结合界面生长。功率越大,合金涂层组织粗化越明显,显微硬度越低。

张春华等人在 H13 钢表面熔覆 Stellite X-40 钴基合金,研究 Co 基合金涂层的组织和性能。结果表明:合金涂层的组织均匀细小,显微硬度达到 $613HV_{0.2}$,耐磨性较 H13 钢基材提高了 2.64 倍。

张松等人利用激光熔覆技术在 2Cr13 不锈钢上制备了 Co 基合金涂层,合金涂层获得了良好的抗高温腐蚀性能。

王红颖等人利用激光熔覆技术在 T10 表面熔覆了 Co 基合金粉末。合金涂层由 $Cr_{23}C_6$、Co_7W_6 和 CrNi 相组成。合金涂层的显微硬度增加,耐腐蚀性明显提高。

Chabrol C. 等人利用激光熔覆技术制备了 Stellite-F 合金涂层。结果表明:合金涂层上表面存在拉应力;在结合界面附近的基体金属中存在压应力,随着与结合界面距离的增加,拉应力最大值出现在基体中。

Raghuvir Singh 等人在 13Cr-4Ni 不锈钢表面激光熔覆 Stellite 6 合金涂层,研究了不同能量密度下(32~52 J/mm²)合金涂层在 3.5%NaCl 溶液中的固体颗粒和空气侵蚀的行为。同时也研究了合金涂层的几何形状、稀释度、显微组织和显微硬度的变化。结果表明,在激光能量密度为 32 J/mm² 时,合金涂层的稀释率为 4.48%,最高硬度为 705HV;合金涂层的抗固体颗粒和空气侵蚀能力明显提高,且随激光能量的增加而降低。在 3.5%NaCl 熔液中合金涂层的抗空气侵蚀的能力提高 90%以上,有较低的腐蚀电流密度。

诸多研究结果表明,单一 Co 基合金涂层的组织主要由粗大的树枝晶和晶间 γ-Co+Cr$_{23}$C$_6$ 共晶组成,这导致单一 Co 基合金涂层提高金属基体的耐磨和耐蚀性能较为有限。但随着工业生产技术的发展,机械设备及零部件的服役环境更加恶劣,单一 Co 基合金涂层的耐磨和耐高温等使用性能已经不能满足需求,开发和研制性能更优异的涂层材料势在必行。

1.6　激光熔覆颗粒增强 Co 基合金涂层的研究现状

随着科学技术的与时俱进,航空、机械、石化和冶金等行业要求材料必须具备更高的强度、韧性、耐高温、耐腐蚀和抗疲劳等性能,激光熔覆合金涂层也开始由单一合金涂层向复合的合金涂层发展。颗粒增强金属基复合材料兼具金属基体和硬质增强相(一般采用陶瓷颗粒)的优点,即具有金属的塑性和韧性,又具有陶瓷的高强度和高硬度特性。陶瓷颗粒强化相加入 Co 基复合涂层中的方式分为外加法和原位合成法两种。根据实际工况和严苛的使用性能要求,选择在工件表面制备含有不同性能的陶瓷材料及其他具有特殊性能化合物的金属基合金材料熔覆层,展现出了激光熔覆技术更为柔性的应用前景。

1.6.1　陶瓷颗粒外加法

颗粒外加法一般是将增强相颗粒与金属合金粉末混合形成所需复合材料预置在金属基体表面,利用激光束热源加热熔化而形成金属基合金涂层。由于颗粒外加法对合金涂层组织的细化以及性能的提高均具有良好效果,因而越来越受到研究者的关注。

斯松华等人在低碳钢表面激光熔覆制备了 Cr$_3$C$_2$ 增强 Co 基合金涂层,研究了 Cr$_3$C$_2$ 对 Co 基合金涂层组织和性能的影响。结果表明,添加了 Cr$_3$C$_2$ 的 Co 基合金涂层的组织明显细化。与 Co 基合金涂层相比,激光熔覆 Cr$_3$C$_2$ 增强 Co 基合金涂层的显微硬度及其耐磨性明显提高。

李明喜等人利用激光在低碳钢表面制备了 VN 合金增强 Co 基合金涂层,研究了 VN 合金对 Co 基合金涂层组织和性能的影响。结果表明:VN 合金的添加细化了涂层组织,显著提高了 Co 基合金涂层的硬度和耐磨性。

熊云等人利用激光熔覆技术在 lCrl8Ni9Ti 不锈钢表面制备了 WC 增强 Stellite-6 基合金涂层,结果表明:合金涂层的组织较为均匀,其显微硬度、耐磨损性能和耐腐蚀性能获得了明显改善。

Bartkowski 等人采用激光熔覆技术在低碳钢表面制备了 WC 增强 Co 基合金涂层,研究了 WC 含量对合金涂层组织和性能的影响。结果表明,WC 的添加明显细化了熔覆层组织,添加 60%WC 的合金涂层的显微硬度在 550W 时达到了 $1500HV_{0.05}$,是添加 30%WC 的两倍多,耐腐蚀性能也明显提高。

Dariusz A. Yakovlev 等人采用激光熔覆技术在基体表面制备 WC 增强 Co 基纳米陶瓷合金涂层,结果发现合金涂层的摩擦系数为 0.25,明显低于同种方法获得的 Co 基合金涂层(摩擦系数为 0.45)。

F. Lusquinos 等人在 AISI304 不锈钢表面采用激光熔覆技术制备了 Co 基纳米陶瓷复合涂层,结果合金涂层的硬度提高了 3 倍左右。

陶瓷颗粒外加法的工艺简单、易于操作,但在熔覆过程中易于氧化烧损或熔化分解。另外,增强相颗粒在加工过程中容易被污染,造成与金属基体的润湿性和结合强度变差,从而不利于合金涂层的性能改善。

周俊等人采用 5 kW CO_2 激光器在 DZ125 表面熔覆了 TiN 增强 Co 基合金涂层,研究了合金涂层的组织、显微硬度以及滑动磨损性能。结果表明:合金涂层主要是由 γ-Co、TiN、TiC、$(Cr, W)_{23}C_6$ 以及 Co_3Ti 组成。合金涂层中弥散分布着许多大小不等的 TiC、未熔的 TiN 及其他硬质相,且合金涂层的耐磨性能大幅度提高。

Fei Wang 等人在 Ti-6Al-4V 表面制备了激光熔覆 TiN 增强 Co 基合金涂层,研究了 TiN 含量对合金涂层组织和性能的影响。结果表明:合金涂层主要由 γ-Co/Ni、CoTi、$CoTi_2$、Co_3Ti、NiTi、TiN、CrB、Cr_7C_3、TiC、TiB、和 $TiC_{0.3}N_{0.7}$ 相组成。合金涂层的硬度和耐磨性分别为 Ti-6Al-4V 基体金属的 3~4 倍和 18.2 倍。

徐国建等人在 SM400B 钢表面上制备了激光熔覆 VC 增强 Co 基合金涂层,研究了 VC 含量对合金涂层性能的影响。结果表明:随着 VC 含量的增加,合金涂层组织由亚共晶组织转变为过共晶组织。当 VC 含量小于 80% 时,合金涂层的硬度、裂纹敏感性及耐磨性能随 VC 含量增加而增加。当 VC 含量大于 80% 时,由于母材的稀释作用,合金涂层的硬度、裂纹敏感性及耐磨性能随 VC 增加而降低。

1.6.2　陶瓷颗粒原位合成法

原位合成技术,顾名思义就是指增强相在激光熔覆过程中通过原位合成反应而形成。采用原位合成技术制备的增强相不仅具有颗粒尺寸小、表面清洁、界面结合强度高,还能避免颗粒外加技术中的诸如颗粒烧损及熔化分解等问题,增强相颗粒能较均匀地分布于合金涂层中,从而更好地提高合金涂层性能。因此,原位合成技术的出现为激光熔覆金属基合金涂层的研究提供了新的方向,并已成为国内外研究者的研究热点。

何良华等人利用激光器结合原位合成技术制备了 $TiC-TiB_2$ 增强 Co 基合金涂层。结果表明:熔覆层与基材形成的冶金结合,组织均匀致密,无缺陷;合金涂层主要由 γ-Co、TiC、TiB_2 及 $Cr_{23}C_6$ 相组成;合金涂层平均显微硬度达 $770HV_{0.2}$,耐磨性能提高了 25 倍。

李志远等人采用激光熔覆技术在低碳钢表面熔覆 Co 基合金涂层及 Ti 增强 Co 基合金涂层。结果表明:添加 Ti 的 Co 基合金涂层中除 γ-Co、ε-Co 和 $Cr_{23}C_6$ 外,原位成了 TiC 相。TiC 相的出现促使合金涂层组织由树枝晶向等轴晶转化。添加 Ti 的 Co 基合金涂层的显微硬度和耐磨性明显提高。

Fei Weng 等人利用激光熔覆技术在 Ti-6Al-4V 基体表面制备了 Ti_5Si_3/TiC 增强 Co 基合金涂层,研究 SiC 含量对合金涂层性能的影响。结果表明:合金涂层的最大硬度和耐磨性能分别为基体的 3 倍和 $18.4\sim57.4$ 倍。当 SiC 的含量达到 20% 时,合金涂层的耐磨性能反而下降。

综合上述诸多的研究表明,陶瓷颗粒增强 Co 基合金涂层能显著提高金属基体的耐磨和耐蚀性能,并且陶瓷强化相的含量和分布对合金涂层性能的影响较大,陶瓷强化相的含量越多且分布越均匀,合金涂层的耐磨和耐蚀性能越高,但是当含量超过一定量后,合金涂层的耐磨和耐蚀性能反而降低。另外,合金涂层的性能主要取决于涂层材料的成分,而合金涂层材料体系中硬质陶瓷相的选择成为制备具有良好使用性能合金涂层的关键。

1.7 激光熔覆稀土增强 Co 基合金涂层的研究现状

目前采用的熔覆材料主要是传统的喷涂系列合金,已不能满足生产实际的需要。因此,研究和开发新型的符合资源优化配置,满足性能要求的熔覆材料,成为当务之急。稀土元素自发现以来,就以其特殊的电子层结构、突出的化学活性、大的离子半径等优良的理化性质促使其具有微合金化作用、去除晶界杂质的净化作用、细化晶粒作用和改善合金流动性能和润湿性的作用,已收到科研工作者的广泛关注,并已证明可以很明显地改善熔覆层的组织及性能。

张春华等人采用激光熔覆技术在 316 L 不锈钢表面制备了具有不同 CeO_2 稀土氧化物含量的 Co 基合金涂层,研究了稀土氧化物对 Co 基合金涂层微观组织和硬度的影响。结果表明,CeO_2 稀土氧化物的添加不仅细化了 Co 基合金涂层的组织,增加了其硬度,当 CeO_2 稀土氧化物含量为 0.5% 时,Co 基合金涂层的硬度达到 900 HV。同时,CeO_2 稀土氧化物的添加还有效延缓了由锌液沿微裂纹扩展引起的溶解腐蚀。

杨尚磊等人采用激光熔覆技术在 Ni 基合金堆焊层基体上制备了 Y_2O_3 稀土氧化物增强 Co 基合金涂层,研究了 Y_2O_3 稀土氧化物对 Co 基合金涂层微观组织、耐磨和耐腐蚀性能的影响。结果表明,Y_2O_3 稀土氧化物细化了 Co 基合金涂层显微组织,使 Co 基合金涂层的显微硬度由 Ni 基合金堆焊层的 512.8 HV 提高到 868.9 HV,耐磨性提高了 51.2 倍,在 10% HCl、10% HNO_3 和 10% NaOH 中的耐腐蚀性均比 Ni 基合金堆焊层表面有明显改善。

张世宏等人采用激光熔覆技术在 Q235 基体上制备了 CeO_2 稀土氧化物增强 Co 基合金涂层,研究了纳米 CeO_2 对 Co 基合金涂层宏观质量、显微组织、相结构和性能的影响。结果表明,纳米 CeO_2 的加入能使 Co 基合金涂层表面平整而无气孔和裂纹,使合金层的宏观质量得到改善;同时也抑制了涂层中树枝晶的生长,细化了显微组织。添加纳米 CeO_2 后,合金涂层中不仅出现新相 $CeCo_2$ 产生,并且一部分 γ-Co 转变为 ε-Co 相,纳米 CeO_2 含量为 1.5% 的 Co 基合金涂层的相对耐磨性最好,其磨损机理为磨粒磨损和黏着磨损转变为微动磨损,过量 CeO_2 的加入反而会降低其耐磨性。

丁林等人采用激光熔覆技术在 Q235 基体表面制备了添加 Sm_2O_3 的 Co 基合金涂层,研究了不同 Sm_2O_3 加入量对 Co 基合金涂层微观组织和耐磨性能的影响,结果发现:添加 Sm_2O_3 稀土氧化物的 Co 基合金涂层的微观组织明显细化,其硬度和耐磨性能也明显提高。

总之,大量研究者通过利用稀土元素自身具有的微合金化作用、去除晶界杂质的净化作用、细化晶粒作用和改善合金流动性能和润湿性的作用不仅抑制了 Co 基合金涂层的粗大树枝晶的生长,细化了合金涂层的微观组织,同时也提高了合金涂层的硬度和耐磨性能。

1.8 激光熔覆层的数值模拟

1.8.1 数值模拟的意义及存在的问题

激光熔覆是一个复杂的物理和冶金过程,在这期间进行的一切物理化学反应、固/液相变及固态相变、气体的溶解与析出和裂纹的萌生与发展等都与激光加工的热过程有关。对有固/液相变的激光表面处理过程,激光熔池中流体的流动和传热对表面处理过程起决定作用,而用试验方法测量激光熔池中液体流动的速度和温度分布是很困难的。主要原因在于激光加工过程中熔池尺寸小、温度高以及加工过程的时间相对较短。温度场和应力场的获得还只能靠数值模拟的方法。尽管目前对激光熔池中包含流体运动的传热模型和数值计算的文献已有报道,但模拟激光表面处理过程熔池内的流体流动和传热还面临一些较难解决的问题,主要困难在于以下几点:

(1)在激光熔池中,速度场和温度场强烈耦合在一起,需选择合适而有效的计算方法。

(2)对于金属液体的流动多数研究者认为是层流方式,并依此建立模型进行计算,但对于激光熔覆过程,涉及固、液、气三相,层流假设难以令人信服,但若采用湍流计算,计算量和困难相对较大。

(3)由于目前还不能准确测量激光熔池中的温度场和应力场,因此对模拟温度场和应力场的计算结果在多大程度上与实际相符也较难验证。

(4)难以确定激光熔池的边界条件也是制约数值模拟发展的因素之一,这里的边界主要是指熔池表面和内部的固/液边界。在激光熔覆过程中,激光能量和粉末粒子通过熔池表面进入熔池,与此同时表面与空气发生对流和热辐射,因此用数值模拟法准确反映熔池表面发生的物理过程有一定的难度。

(5)数值计算需要准确的材料热物性参数,这些参数都是温度的函数,在经历固/液相变的激光表面处理过程中,材料温度的变化范围很大,在较大的温度范围内,将材料的热物性参数作常量处理是不合理的。材料的热物性参数的变化关系需由试验测定,但要测量出在较大温度范围内材料热物性参数的变化较为麻烦。

1.8.2　数值模拟的作用

随着计算机技术和数值计算算法理论的发展,数值模拟在研究中的作用日益突出。激光熔覆过程由于反应时间极短,包含了极为复杂的热物理过程和微观组织结构生成等过程,还涉及含有潜热作用的运动边界问题,快速凝固过程等,因此,试验研究难度很大,这使得计算机数值模拟成为研究这类问题的有效手段。在激光加工领域,研究者们建立了众多的传热、传质数学模型。这些模型适用于不同的激光加工工艺,探讨了非稳态温度场的演化、材料微结构的生成过程和条件。

激光熔覆处理的数学模型,是以激光与材料相互作用的过程及其此后发生的物理规律为基础建立的。其目的在于用数学方法描述激光辐照后的材料所发生的各种演化过程,包括热流过程、熔覆时的材料组织结构演化过程、残余应力和变形的产生,以及进一步的微观缺陷(如位错、微裂纹)的形成过程等。可见,要以激光加工机理为基础,建立激光加工参数、材料参数和最终改性结果之间的联系是一项相当复杂的工作。但是,随着激光材料加工应用的扩展,人们对激光与材料相互作用的机理研究更加迫切,对其认识也日益深入。

数值模拟的主要作用在于:

(1)数值模拟可以进行实际中难以进行的试验。

(2)数值模拟可以展示出中间过程及变化趋势,从而更易发现工艺参数和材料参数与最终性能之间的联系。

(3)数值模拟能够提供给设计人员更直接的量化关系,使其能够重复修改设计,达到优化设计目的。

1.8.3　激光熔覆温度场和应力场的模拟方法

数学模型是基本物理规律的反映,数学物理模型的建立及相应的计算方法的选择是温度场和应力、变形的数值模拟需要首先解决的问题。激光熔覆数学模型是对激光熔覆过程本质的揭示,数值模拟成功与否、精度如何,首先取决于数学模型对实际的模拟对象的概括表达程度。目前的数学模型一般可分为解析法和数值法两种。另外就是计算方法,所建立的模型在数学表达上应该比较简单,易于求解。目前在数值模拟中采用的计算方法主要有有限差分法(FDM)和有限单元法(FEM)。有限差分法对复杂形状和复杂边界条件的问题分析困难。有限单元法具有灵活性与通用性的特点,对于各种复杂的因素(如复杂的几何形状,任意的边界条件,不均匀的材料特性,结构中包含杆件、板、壳等不同类型的构件)都能灵活地加以考虑,而不会发生处理上的困难。

对于激光熔覆而言,由于其独特的传热特点,要对其温度场、应力场和变形进行数值模拟存在较大的问题。首先,激光熔覆过程的物理机制的研究仍未成熟,熔池内存在着复杂的物理、机械甚至是化学作用,对于这种相互作用过程的研究仍在进行,要对其每个细节加以考虑是不可能的。其次,熔覆过程产生极大的温度梯度,采用数值解法进行计算时,在激光加热区内的网格必须具有很高的细化程度。这样,计算过程花费的时间是相当长的,有时候甚至是无法接受的。基于这些因素,本书所用 SYSWELD 软件采用有限单元法进行数值解法求解,并对实际熔覆过程做了简化和假设。

1.激光熔覆温度场的数学模拟方法

温度场的理论基础是传热学,各种传热过程按其传热方式可分为三种:热传导、热对流、热辐射,它们既可以单独存在,也可以同时发生。激光熔覆过程的传热模型应为:在非熔化区为固态热传导模型,即满足经典的 Fourier 热传导方程的固态传热模型;而在熔化区内满足对流传热模型。因为激光熔覆过程是一个动态过程,所以熔池内的对流传热是一个动边界的 Stefan 问题。这是一个很复杂的问题,熔池内温度场的分布直接影响其对流、传热和传质,进而影响其凝固过程和成分的均匀性。因此激光熔池温度场的分布对熔覆层质量是很重要的,但激光熔覆温度场由于熔池的流动使得温度场极为复杂。迄今为止,还没有一个完整的解析式能较为精确地描述激光熔覆温度场,因此,采用数值模拟的方法对不同工艺参数条件下的激光熔覆的温度场的研究一直受到国内外专家学者的重视。本书采用有限元方法研究激光熔覆过程中的温度场及残余应力的分布,而有限元法在固/液传热模型相衔接方面是一个难点问题。所以本书在熔池内部传热时也用热传导传热模型。激光熔覆过程与其他的激光加工技术相同,深入研究激光熔覆过程中温度场的变化具有非常重要的意义,只有准确地掌握了温度场的变化规律并通过相应的技术手段对其进行合理的控制,零件的尺寸精度、表面粗糙度等才能够达到设计要求。不仅如此,熔池及其附近区域的温度场、熔体流动的速度场、溶质场以及成形件的应力场是决定材料最终组织形态以及各种缺陷分布的主要因素,因而直接影响成形件的最终力学性能,并且由于温度场的变化对其他几个因素有着显著影响,它的作用就显得尤为重要。因此,深刻了解激光熔覆过程中熔池及其附近区域温度及温度分布对于实现零件的成形与组织性能一体化控制具有重要意义。

2. 激光熔覆的应力、变形的数学模拟方法

在激光熔覆的应力、变形的数值模拟中,一般都是考虑温度场对应力、变形的影响,而忽略应力、变形对温度场的影响。利用温度场的模拟结果来计算应力、变形。在对网格的划分中,一般在熔覆层及其附近的区域进行网格加密,采用三维实体单元,而在远离熔覆区的地方一般采用疏网格。应用适应性网格划分技术可以减少大量的网格单元,并行计算技术可以节省大量的计算时间。但适应性网格在计算应力时会产生较大的误差。对于热源的形式的处理,有的把热生成和热损失处理为内部热源,从而在激光熔覆中无须考虑熔池流动的影响。此外,在模拟中还有的采用自适应时间步技术,有的考虑夹具和重力的影响、应变松弛的影响、热影响区的软化等因素。由于激光熔覆过程包含了很多因素的影响,关注对所求结果有决定性影响的因素而忽略次要因素成为各种模型的共同特点。

1.8.4 激光熔覆数值模拟的研究现状

1. 温度场数值模拟的研究现状

为了准确地模拟激光熔覆的传热过程,必须考虑熔池内外的传导传热和对流传热,即熔池内液态金属以对流为主的传热过程和熔池外以传导为主的传热过程,以符合激光熔覆过程的实际传热状况。近十几年来,国内外研究者采用数值模拟技术,对熔覆过程进行了许多的研究,建立了众多的数学物理模型,其共同特点

如下：

(1)模拟过程为准稳态或瞬态；

(2)材料的热物性参数是温度的分段线性函数；

(3)以激光熔池的表面张力梯度和熔池内温度差引起的浮力为流体流动的驱动力；

(4)大多数研究者认为熔池表面可以假定为平面；

(5)计算大都采用交错网格；

(6)熔池内流体流动为层流。

1939 年，Rosenthal 给出了点状移动热源传热方程的解，在此基础上，苏联科学院院士 H.H 雷卡林建立了焊接传热学的理论基础，利用热传导微分方程在特定条件下所建立的数学模型来描述焊接温度场的分布特征。但是由于传热过程十分复杂，要求得一个非线性的解析解十分困难，所以利用函数解析求解均假定材料的特征值与温度无关(平均)，通常忽略对流和辐射传热，一般均假定边界面在无限远处，只在特殊情况下考虑对流和辐射传热及有限距离界面，后者可采用周期解实现。

从 20 世纪 50 年代开始，人们开始用数值法解决传热学中的温度分布问题。随着计算机的应用和发展，数值法求解热传导微分方程向两个方向发展，即差分法和有限元法。差分法的长处是对于具有规则的几何特征和均匀的材料特征问题，它的程序设计和计算过程简单，收敛性也比较好。差分法的缺点是往往局限于规则的差分网格，且只看到节点的作用，而忽略了把节点连接起来单元的贡献。有限元法是由 Courant 于 1943 年首先提出的，20 世纪 50 年代由航空结构工程师们所发展，随后逐渐波及土木结构工程及各个领域。与有限差分法相比，有限元法可以用任意形状的网格划分区域，还可以根据具体问题有疏有密地布置节点。另外，有限元法是用统一观点对区域内节点及边界节点列出计算格式，使各节点在精度上比较协调。有限元法具有很大的灵活性和适应性，特别适用于具有复杂形状和边界条件的问题。在热传导问题中有限元法得到广泛应用的另一个重要原因是：在实际应用中，温度场的计算往往服务于热应力场的计算，例如计算热应力应变的动态过程及最后的残余应力和变形，第一步就是必须进行焊接传热分析。在这种情况下，采用有限元法便于把两者统一起来。

1975 年加拿大的 Paley 和 Hibbert 用有限差分法编制了可以分析非矩形截面以及常见的单层、双层 U、V 型坡口的焊接热传导的计算机程序，研究中考虑了材料热物理性能随温度的变化关系，但忽略了向周围环境的散热损失，并假设工件为无限长。美国的 Krutz 于 1976 年用有限元法建立了二维焊接温度场的计算模型并考虑了相变潜热问题。该模型考虑了导热系数和比热随温度的变化，边界条件中也考虑了试件与周围环境介质间的辐射和对流换热,但没有说明焊接热源的处理方法,忽略了在电弧运动方向上的传热。加拿大学者 Goldak 等应用有限元法对焊接温度场进行了比较详细的分析,提出一种新的双椭球形焊接热模型,该模型考虑了熔池内液体的流动和电磁力作用下内部的磁流体动力学情况,比较清楚地给出了熔化焊接时能量密度分布的结果。该模型不仅适用于焊条电弧焊接,而且还可以用于埋弧焊。但模型中忽略了辐射传热,使得该模型仍然存在一些不足。

在国内,1981 年西安交通大学唐慕尧等首先用有限元法计算了薄板准稳态焊接温度场,计算中未考虑材料热物理性能参数的非线性和工件表面与环境的换热。上海交通大学陈楚、汪建华等对非线性热传导问题进行了有限元分析,考虑了材料热物理性能随温度的变化以及表面的散热情况,建立了焊接温度场有限元计算模型。武传松等对焊接热过程进行了比较系统的研究,针对以往模型中只注重熔池外部固体热传导的局限性,综合考虑了使熔池中液态金属发生运动的主要原因,建立了电弧固定时 TIG 焊接熔池内部液体流体状态及传热过程的二维数值模型,随后又给出了运动电弧作用下 TIG 焊接三维数值模型。

随着温度场数值模拟技术和计算机技术的发展,以及对激光热源研究的进一步深入。1993 年 Wei 提出了移动高能束焊接三维温度场计算模型,在模型中将电子束焊接中的入射电子流假定为高斯分布,考虑了高能束焊接的锁孔效应在电子束束流方向上的对流增强。S. C. Wang 等的研究发现小孔壁上的能量吸收显著偏离高斯分布,小孔深度/开口半径比、吸收率和镜面反射率对能量吸收有显著影响。Diniz 等建立的模型可以计算任意时刻粉末颗粒温度和粉末流衰减的激光能量。Picasso 等估算了激光到达基体表面的能量,将基体吸收的光能分为直接吸收和粉末热传递两部分,而粉末传递的能量又分为直接吸收和从基体反射中吸收两部分。

随着激光熔覆技术的发展,国内外部分学者开始对激光能量的分配与利用进行研究。Fu、Yunchang 等研究了在激光熔覆中粉末与激光相互作用的理论模型。刘振侠建立了粉末遮光率和升温的数学模型并将能量方程进行离散。王永峰对激光束与粉末流作用规律进行了分析,计算了能量的有效利用率。张平等在讨论了经典热源的基础上,指出采用有限元法通过计算软件实现激光熔覆过程中热源模型的添加是对熔覆过程进行数值模拟的优选方法。曾大文和谢长生在激光熔覆熔池二维准稳态模型中考虑了局部大变形自由表面,在贴体正交曲线坐标系下采用非交错网格的 SIMPLE 算法求解,计算了激光熔覆熔池二维准稳态流场及温度场。

在引进了有限元后,R. B. Paitil 利用有限元法分析了二维单道激光熔覆过程中沿 X、Y 轴的温度变化和温度梯度。Han GuoMing 等利用 ANSYS 软件动态模拟了激光焊接不锈钢的温度场。谢琼等建立了激光加热温度场的三维模型,重点研究了激光束移动速度、功率密度、光斑尺寸对空间温度场分布形态的影响。

在计算机技术日益发展的今天,采用数值方法来模拟激光熔覆的温度场已经取得了很大的进展。然而应该看到这些研究还是初步的,还有许多深入的研究工作要做。其中最关键是要正确和真实地掌握和阐明激光熔覆现象的本质,才能建立起准确的数学模型,而正确的数值模拟也有助于对激光熔覆过程规律的进一步理解。在发展数值模拟技术和建立数学模型的过程中,应十分重视试验验证工作和充分考虑有关现象的所有知识,使数学模型能反映真实现象的本质和规律。只有这样才能使数值模拟得到真正的发展和成功的应用。

目前尚存在的一些主要问题是:

(1)材料的热物理性能数据不足。许多材料的热物理性(比热容、热导率及密度等)数据在高温特别在接近熔化态时还是空白,某些材料仅有室温数据,这给非线性计算带来困难。

(2)热源模型及其分布参数的确定。由于激光热源的特殊性,其热源模型及分布参数还没有准确和系统的资料。

(3)激光功率有效利用系数的选取。由于现场情况的不同,粉末、基材材质、粉末形状和基材的表面质量、送粉速度等都会对激光功率有效利用系数产生影响。

(4)熔池的处理。激光熔覆热传导分析基于固体导热微分方程式,没有考虑熔池内部液态金属的对流传热特点。

2.应力场数值模拟的研究现状

由于集中热源作用后存在应力,导致试件产生裂纹及变形,使得其性能降低,使用寿命缩短。因此对集中热源作用后的残余应力的产生机理及瞬态热应力应变场的研究,一直是材料科研工作者关注的问题。

应力场数值模拟方法可以分为两大类。一类为不考虑热源作用过程的细节,只需要分析结构中的应力应变的残余状态,如固有应变法就是其中的典型代表。由于固有应变法不需要进行热-弹塑性耦合分析,并且假设将热源中心的作用等效为初始应变,那么模拟过程就可以采用弹性计算,因而迭代过程易于收敛,计算效率高。根据固有应变法的特点可以看出,该方法只能获得结构的残余状态信息,不能了解焊接过程的本质。另一类方法是跟踪焊接全过程的热弹塑性有限元方法,其特点是可以了解焊接过程的本质,揭示焊接应力变形的产生、发展、分布形态。但计算成本高、费时,对计算条件如计算机硬件、软件、技术人员的要求较高。有限元方法是结构热力学分析最重要的手段之一,但它又是极其复杂的分析。

多年来各国学者和专家对残余应力和残余变形进行了大量研究。有关集中热源过程中瞬态热应力的研究始于 20 世纪 30 年代。Boulton 和 Lance. Martin 在1936 年发表的文章中,讨论了焊接过程中沿板件边缘产生的瞬时热应力,粗略地研究了一维焊接残余应力的产生机制。随后,苏联的 H. O. 奥凯尔勃洛姆进行了进一步的发展完善工作。他在平截面假设的基础上,采用内力平衡法,用图解的形式进行了一维焊接热应力的热弹塑性分析,比较详细地讨论了焊接条件、焊接工艺参数、高温组织相变、原始应力等因素对焊接残余应力的影响,初步阐述了焊接应力和变形的一般原理。这一原理给出了关于焊接构件热-弹塑性分析的宝贵启示,对了解焊接应力与变形产生的原理和本质有重要的贡献,可以说至今它仍然是焊接应力与变形领域的理论基础。但这种方法只能用于较简单焊缝的一维热应力分析,如果应用于一般性的焊接应力问题难度较大。20世纪60年代初,美国Tall博士又发展了这种方法,进行了用计算机代替图形分析的尝试,编制了一套可以进行焊接热应力应变分析的计算机程序,进一步研究了一维焊接残余应力的产生机理,为计算机在焊接应力变形中的应用奠定了基础。Masubuchi等学者以Tall的工作为基础,将程序发展为FORTRAN计算机程序。随后,美国麻省理工学院又进一步完善了该程序,使之不仅能够进行理想弹塑性材料的分析,还能解决线性强化材料的焊接应力应变分析。尽管如此,由于这种方法本身的局限性,仍只能处理一维的焊接应力问题。因此,要想较准确地分析复杂的焊接应力应变,就必须用更完善的热-弹塑性理论。

20世纪70年代以来,上田幸雄和村川英一提出了考虑材料力学性能与温度有关的二维和三维焊接热-弹塑性有限单元法,并发展成为一门新的学科"计算焊接力学"。他们对多道焊、角焊和圆筒形压力容器焊接的残余应力和变形进行了三维热-弹塑性有限元分析,并得出了满意的结论。Rybicki等提出了环缝对接焊管残余应力与变形的有限元模型,模型中考虑了材料力学性能参数的非线性,材料由弹-塑性状态发生线弹性卸载,每一道焊后几何形状改变对应力的影响等,这一模型成功预测了304不锈钢管经过两道焊接后所得到的环缝的残余应力。加拿大的Goldak等对从熔点到室温时的焊接热应力进行了分析研究,提出了各个温度段的本构方程:温度低于0.5倍熔点时,材料为弹塑性;温度在0.5~0.8倍熔点时,材料为弹-黏塑性;温度超过0.8倍熔点时,材料为线黏-塑性。B. L. Josefson对C-Mn钢的多层焊接管子局部退火后的应力再分布进行了研究,发现局部退火后管子内壁的拉伸残余应力与均匀的炉内热处理时不同。加热宽度较小时,焊缝中残余拉应力较大,只有当加热半宽 $L = 150$ mm(板厚为22 mm的情况)时局部热处理与炉内整体热处理的差别才能忽略。Chang等应用热弹-塑性理论,利用有限元法分析了对接焊中的残余应力。J. R. Cho等利用热-力耦合分析了船用结构钢焊接后以及焊后热处理以后的残余应力分布。Deshayes等建立了三维有限元模型,模拟了激光焊接热循环及应力分布。Duranton采用自适应网格建立了三维有限元模型模拟了316L不锈钢管的多道焊接残余应力分布。Larsson等研究了钨极气体保护焊接过程,利用Marc建立了有限元模型,成功预测了人造卫星设备中筒体和球冠的焊接残余应力。Lee 等开展了结构用钢 SM400、SM490、SM520、SM570 同种钢和异种钢焊接的三维热弹-塑性有限元模拟,结果表明在同种工艺下,纵向残余应力最大值随着焊接的屈服强度增大而增加。Rodrigues 利用有限元法研究了高强钢在焊接拉应力作用下的塑性行为。

在国内,20 世纪 80 年代初,国内的西安交通大学和上海交通大学等就开始了关于焊接热弹-塑性理论记载数值分析方面的研究工作。西安交通大学的唐慕尧与沪东造船场合作,对大板拼接单面焊终端裂纹的产生机理和防止进行了试验和数值模拟。通过对热弹-塑性理论本构关系的研究,用虚功原理建立了有限元方程,并研制了相应的平面问题程序,程序中考虑了材料的物理、力学参数对温度的依赖性。他还就焊接过程中的力学行为的数值研究方法进行了论述,认为用热弹-塑性理论的有限元法来进行整个焊接过程的力学行为模拟是完全有效的。上海交通大学在 1985 年出版了《数值分析在焊接中的应用》一书,对当时国内外的研究成果做了介绍。天津大学的单平利用 ABAQUS 程序对薄壁球形结构焊接残余应力和变形进行了有限元分析。清华大学的鹿安理等针对实际结构应力与变形的数值模拟,研究了动态可逆的自适应网格技术、焊缝熔敷金属填充的处理、并行计算、材料性能在高温时的处理、降阶积分等关键问题。哈尔滨工业大学魏艳红等采用单元生死技术,消除了焊接构件中熔池变形对熔池尾部应力应变场的影响,通过加大材料线膨胀系数的方法,考虑凝固收缩对熔池尾部应力应变场的影响,从而建立了一种计算凝固裂纹驱动力的有效方法。何小东等研究了 BT20 钛合金激光焊接和 TIG 焊接残余应力场的分布特点,并从理论上进行了分析。研究结果表明:在热影响区,激光焊接残余应力比 TIG 焊接残余应力小;但在焊缝及熔合线上,激光焊残余应力比 TIG 焊的大。王红阳等研究了激光-氩弧复合热源的特性,在试验的基础了建立了有限元模型对镁合金 AZ31B 的焊接应力场进行了模拟。通过对实际测量和模拟数据的综合分析,基本掌握了激光-氩弧复合热源焊接镁合金残余应力的分布规律和特征。陈彦北等基于 Von Mises 屈服准则和弹-塑性本构关系,建立了连续激光辐照金属基体材料的空间轴对称有限元模型。该模型考虑了金属材料在激光作用过程中的热学及力学性质的非线性,计算了光强为高斯分布的激光光束加热钢板时的温度场和热应力场,得到了温度场和热应力场的分布及其随时间的变化规律。通过对结果的分析,认为在激光作用前期热膨胀会造成热应力上升,而后期材料的热软化会导致塑性区域应力水平下降和其他区域应力水平增加缓慢甚至下降。

采用这些比较符合实际的数学物理模型,就可以对激光加工过程的传热和流动过程进行计算机模拟,以揭示激光熔覆过程的应力场分布并优化工艺参数。

1.8.5　数值模拟温度场和应力场存在的问题

建立在激光熔覆熔池温度场、应力场数学物理模型基础之上的数值模拟,在一

定程度上揭示了激光熔覆熔池冶金动力学特性,解释了工艺参数对组织结构和性能的影响,但存在如下局限性:

(1)激光熔覆熔池自由表面模型预先确定了熔覆层高度,而不是把熔覆层高度作为求解变量。

(2)处理自由表面的算法也有一定的不足,对于激光熔覆层复杂的自由表面而言,结合交错网格技术采用有限差分法求解,会使控制方程变得异常复杂,求解难度加大。

(3)模型没有考虑低雷诺数湍流对熔池冶金动力学过程的影响,这种影响对于解释熔池流体流动复杂性是至关重要的。

激光熔池温度场、应力场数值模拟的关键是建立熔覆层自由表面形状控制方程,并采用合适的处理方法(非交错网格技术结合贴体坐标),建立一个适合于激光熔覆熔池特点的低雷诺数湍流模型,使激光熔覆温度场、应力场数值模拟更趋近真实。最后考虑符合激光熔覆熔池特点的气/液界面真实边界条件,建立自由表面物化反应模型及固/液界面区流体流动的数学物理模型,从而使激光熔覆温度场、应力场数学物理模型是一个符合实际的真三维模型。在此基础上,运用数值模拟技术,准确地计算出激光熔池合金元素成分分布以及温度梯度和凝固速度,同时结合快速凝固理论建立激光加工工艺与组织、性能之间的联系,为激光加工技术的推广和应用打下坚实的基础。

1.9　本书研究内容

针对现有机械设备及零部件在高温、高速和重载条件下连续工作时的耐磨损性能较差的现实状况,开发综合性能较为优异的复合涂层材料,以提高机械设备及零部件的表面使用性能为本书的研究目的。因此,本书利用 CO_2 激光器熔覆制备了颗粒增强 Co 基合金涂层,系统研究了合金涂层的成分、组织结构和耐磨性能之间的关系,探讨强化相含量、分布和形貌对合金涂层微观组织演变和耐磨性能的影响,探求颗粒增强 Co 基合金涂层的凝固过程及颗粒增强 Co 基合金涂层的磨损机理。通过本书的研究,有望为钢铁材料表面耐磨损提高开发新的涂层材料,对拓展钢铁材料应用空间具有重要意义。本书主要研究内容如下:

1. 激光熔覆 Co 基合金涂层的强化理论

分析 Co 基合金涂层在使用中存在的问题,阐述 Co 基合金涂层的强化理论、具体强化途径和主要强化方法。

2. 激光熔覆 Co 基合金涂层微观组织及耐磨性能研究

利用激光熔覆技术制备 Co 基合金涂层,分析工艺参数对 Co 基合金涂层宏观成形的影响和变化规律;并利用 Sysweld 有限元软件对激光熔覆 Co 基合金过程进行仿真模拟,分析扫描速度对 Co 基合金涂层温度场和应力场的影响。结合激光熔覆试验研究结果和 Sysweld 有限元仿真模拟结果,优化激光熔覆过程的工艺参数。研究激光熔覆 Co 基合金涂层的相组成、微观组织和耐磨性能,并探求 Co 基合金涂层的磨损机理。

3.颗粒增强 Co 基合金涂层微观组织及耐磨性能研究

分析 VN 合金和纳米 CeO_2 含量对颗粒增强 Co 基合金涂层相组成、微观组织结构及耐磨性能的影响和变化规律,优化 VN 合金和纳米 CeO_2 的含量。另外,还研究时效处理对合金涂层相组成、微观组织结构和耐磨性能的影响,以及时效处理前后合金涂层的磨损机制。

4.原位 TiN-VC 增强 Co 基合金涂层微观组织和耐磨性能研究

分析 Ti 含量对 TiN-VC 增强 Co 基合金涂层相组成、微观组织结构、强化相形貌和耐磨性能的影响,以期揭示 Ti 含量与合金涂层的相组成、微观组织、强化相形貌和摩擦磨损变化之间的关系。分析激光熔覆 TiN-VC 增强 Co 基合金涂层过程中原位合成增强相的热力学和动力学,研究激光熔覆 TiN-VC 增强 Co 基合金涂层过程中的凝固过程及强化相的形貌和生长机制。另外,还分析时效处理对合金涂层相组成、微观组织和耐磨性能的影响,探讨时效处理前后 TiN-VC 增强 Co 基合金涂层的磨损机制。

1.10　激光熔覆制备合金涂层存在的问题及发展趋势

激光熔覆技术是一项蓬勃发展的新技术,虽然已经经过几十年的发展,积累了大量的试验数据,并且在工业生产中获得了广泛的应用。目前,研究者们对激光熔覆技术制备合金涂层的研究主要聚集在两个方面:一是涂层材料、成分等内在因素方面;二是选择与涂层成分相匹配的熔覆技术及工艺参数等外在因素方面。但在这样一个新兴领域里仍存在许多难点需要我们去突破和解决,主要问题有以下几个方面:

(1)在激光熔覆过程中很容易产生成分偏析现象,即熔覆过程中成分和组织不均匀。造成这种现象的原因是由于激光在熔覆过程中的急热急冷,导致温度梯度过大,必然出现先后凝固的过程,而且冷却速度太快,元素可能来不及均匀扩散,从而导致出现成分偏析的现象。因此,如何在激光熔覆过程中降低或避免合金元素偏析及组织不均匀也将成为未来的一个研究方向。

(2)目前激光熔覆粉末没有系列化,许多时候是沿用的热喷涂或热喷焊的合金粉末。由于激光熔覆技术和热喷涂技术上的差异性导致在使用热喷涂合金粉末的过程中极易出现孔洞和裂纹。主要原因是激光熔覆过程中冷却速度极快导致部分硼、硅酸盐等来不及浮到表面就凝固了,这些杂质残留在熔覆层内,使熔覆层容易开裂,在进行多层熔覆时这个现象尤为明显。因此,如何开发激光熔覆专用合金粉末也将是未来的另一个研究方向。

(3)激光熔覆的数学物理模型的建立存在着太多的假设,使得模拟结果与实际情况存在一定的差异。因此,研究人员在未来还需要进一步加强对激光熔覆过程中的凝固理论和结晶过程等方面的研究,逐步完善其物理数学模型,促进激光熔覆技术的发展和大规模的应用生产。

(4)激光熔覆过程中还缺少实时监测的环节,因此,在未来的研究中,如何在激光熔覆过程中对各个环节进行实时的监控还需要进一步的研究和相关软件的开发。

参考文献

[1] M. R. Fernández, A. García, J. M. Cuetos, et al. Effect of actual WC content on the reciprocating wear of a lasercladding NiCrBSi alloy reinforced with WC[J]. Wear, 2015, 324: 80-89.

[2] Kai Feng, Yuan Chen, Pingshun Deng, et al. Improved high-temperature hardness and wear resistance of Inconel625 coatings fabricated by laser cladding [J]. Journal of Materials Processing Technology, 2017, 243: 82-91.

[3] Fencheng Liu, Yuqing Mao, Xin Lin, et al. Microstructure and high temperature oxidation resistance of Ti-Nigradient coating on TA2 titanium alloy fabricated by laser cladding[J]. Optics & Laser Technology, 2016, 83: 140-147.

[4] Parisa Farahmand, Radovan Kovacevic. Corrosion and wear behavior of laser cladded Ni-WC coatings[J]. Surface & Coatings Technology, 2015, 276: 121-135.

[5] D. Verdi, M. A. Garrido, C. J. Múnez, et al. Microscale effect of high-temperature exposition on laser claddedInconel625-Cr_3C_2 metal matrix composite[J]. Journal of Alloys and Compounds, 2017, 695: 2696-2705.

[6] 王蕾, 张静浩. 耐磨材料及其应用[M]. 武汉:湖北科学技术出版社, 2004.

[7] Jiandong Xing, Yimin Gao, Enze Wang, et al. Effect of phase stability on the Wear Resistance of White Cast Iron at 800 ℃[J]. Wear, 2002, 252(9): 755-760.

[8] R. J. Liewellyn, S. K. Yick, K. F. Dolman. Scouring Erosion Resistance of Metallic Materials Used in Slurry Pump Service[J]. Wear, 2004, 256(6): 592-599.

[9] Sutha Sytthiruangwong, Gregor Mori. Corrosion Properties of Co-based Cemented Carbides in Acid Soiutions[J]. International Journsl of Refractory Metal & Hard Materials, 2003, 21(3): 135-145.

［10］Anhui Liu,Bangsheng Li,Hai Nan,et al. Study of Interfacial Reaction between TiAl Alloys and Four Ceramic Molds[J]. Rare Metal Materials and Engineering,2008,37(6):956-959.

［11］Benbin Xin, YoujunYu, Jiansong Zhou, et al. Effect of silver vanadate on the lubricating properties of NiCrAlY laser cladding coating at elevated temperatures[J]. Surface & Coatings Technology,2016,307:136-145.

［12］Hongxi Liu, Chuanqi Wang, Xiaowei Zhang, et al. Improving the corrosion resistance and mechanical property of 45 steel surface by laser cladding with Ni60CuMoW alloy powder[J]. Surface & Coatings Technology,2013,228:S296-S300.

［13］Ma Qunshuang,Li Yajiang,Wang Juan,et al. Microstructure evolution and growth control of ceramic particles in wide-band laser clad Ni60/WC composite coatings[J]. Materials and Design,2016,92:897-905.

［14］Juan Pereira,Jenny Zambrano,Marie Licausi,et al. Tribology and high temperature friction wear behavior of MCrAlY laser cladding coatings on stainless steel[J]. Wear,2015,330:280-287.

［15］R. Vilar, E. C. Santos, P. N. Ferreira, et al. Structure of NiCrAlY coatings deposited on single-crystal alloy turbine blade material by laser cladding[J]. Acta Materialia,2009,57:5292-5302.

［16］Ma H. B. ,Zhang W. P. . Microstructure and Properties of Co-Based Alloy Laser Clad Layer on Titanium Alloy Surface[J]. Rare Metal Materials and Eenginerring,2010,39(12):2189-2192.

［17］Conde A,Zubiri F,Damborenea dey J. Cladding of Ni-Cr-B-Si Coatings with a High Power Diode Laser[J]. Materials Science and Engineering A,2002,334(1):233-238.

［18］Andrew J. Pinkerton,Lin Li. The Effect of Laser Pulse width on Multiple-Layer 316 L Steel Clad Microstructure and Surface finish[J]. Applied Surface Science,2003,209(2):411-416.

［19］应小东,李午申,冯灵芝. 激光表面改性技术及国内外发展现状[J]. 焊接,2003(1):5-8.

［20］肖爱红,邱长军,李学兵. 激光表面改性技术及其应用综述[J]. 机械制造,2006,44(499):59-61.

［21］周建忠. 激光快速制造技术及应用[M]. 北京:化学工业出版社,2009.

［22］曹凤国. 激光加工技术[M]. 北京:北京科技技术出版社,2007.

［23］赵文轸. 材料表面工程导论[M]. 西安:西安交通大学出版社,2002.

［24］王学让,杨占尧. 快速成型理论与技术[M]. 北京:航空工业出版社,2001.

［25］Amsterdam E. ,Kool G. . High Cycle Fatigue of Laser Beam Deposited Ti-6Al-4V and Inconel 718[C]. The 25th ICAF Symposium-Rotterdam. Netherlands:Springer,2009:1261-1274.

［26］J. Chen,L. Xue. Process-induced microstructural characteristics of laser consolidated IN-738 superalloy[J]. Materials Science and Engineering:A,2010,527(27):7318-7328.

［27］姜银方,朱元右,戈晓岚. 现代表面工程技术[M]. 北京:机械工业出版社,2006.

[28] Yang Y.，Wu H.. Improving the wear resistance of AZ91D magnesium alloys by laser cladding with Al-Si powders[J]. Materials Letters，2009，63(1)：19-21.

[29] Nowotny S.，Scharek S.，Beyer E.，et al. Laser beam build-up welding：precision in repair，surface cladding，and direct 3D metal deposition[J]. Journal of Thermal Spray Technology，2007，16(3)：344-348.

[30] Li Y.，Yang H.，Lin X.，et al. The influences of processing parameters on forming characterizations during laser rapid forming[J]. Materials Science and Engineering：A，2003，360(1)：18-25.

[31] Kong C.，Scudamore R.，Allen J.. High-rate laser metal deposition of Inconel 718 component using low heat-input approach[J]. Physics Procedia，2010，5：379-386.

[32] Xie Y.，Wang M.，Huang D.. Comparative study of microstructural characteristics of electrospark and Nd：YAG laser epitaxially growing coatings[J]. Applied Surface Science，2007，253(14)：6149-6156.

[33] 赵卫卫，林鑫，刘奋成，等.热处理对激光立体成形 Inconel718 高温合金组织和力学性能的影响[J].中国激光，2009，12：3220-3225.

[34] 高霁，宋德阳，冯俊文.工艺参数对钛合金激光熔覆 CBN 涂层几何形貌的影响[J].表面技术，2015，44(1)：77-80.

[35] 郭伟，徐庆鸿，田锡唐.激光熔覆的研究发展状况[J].宇航材料工艺，1998(1)：1-8.

[36] 刘传云.钴基合金激光熔覆的工艺及性能研究[D].武汉：武汉理工大学，2001.

[37] Subrata Kumar，Subhransu Roy. Development of theoretical process maps to study the role of powder preheating in laser cladding[J]. Computational Materials Science，2006，37(4)：425-433.

[38] 郭伟，徐庆鸿，田锡唐.激光熔覆的研究发展状况[J].宇航材料工艺，1998(1)：1-8.

[39] 关振中.激光加工工艺手册[M].北京：中国计量出版社，1998.

[40] Yang Sen，Liu Wenjin，Zhong Minlin，et al. TiC reinforced composite coating produced by powder feeding laser cladding[J]. Materials Letters，2004，58(24)：2958-2962.

[41] De Oliveira U.，Oeelik V.，De Hosson J. T. M.. Analysis of coaxial laser cladding processing conditions[J]. Surface & Coatings Technology，2005，197(2)：127-136.

[42] 董世运，马运哲，徐滨士.激光熔覆材料研究现状[J].材料导报，2006，20(6)：5-11.

[43] 樊增彬.WC/Ni 基合金激光熔覆工艺及熔覆层特性研究[D].济南：山东大学，2012.

[44] 张亚平，高家诚，文静.铁合金表面激光熔凝一步制备复合生物陶瓷涂层[J].材料研究学报，2009，12(4)：423-426.

[45] AYERS J D. Wear behavior of carbide-injected titanium and aluminum alloys[J]. Wear，1984，97(3)：249-266.

[46] 张维平，刘硕.激光熔覆金属陶瓷涂层连续变温高温氧化行为研究[J].航空材料学报，2005，25(4)：59-62.

[47] 吴宏亮，王文先，崔泽琴，等.TA2 钛合金表面激光熔覆 Ni60 涂层的研究[J].热加工工艺，

2010,39(12):140-143.

[48] Chao Zeng, Wei Tian, Wen He Liao, et al. Microstructure and porosity evaluation in laser-cladding depositedNi-based coatings[J]. Surface & Coatings Technology, 2016, 294: 122-130.

[49] Lin W. C., Chen C.. Characteristics of thin surfacedeposited by laser cladding layers of cobalt-based alloys[J]. Surface & Coatings Technology, 2006, 200(14):4557-4563.

[50] Guo Huo-ming, Wang Qian, Wang Wen-jian, et al. Investigation on wear and damage performance of laser claddingCo-based alloy on single wheel or rail material[J]. Wear, 2015, s328:329-337.

[51] Song W. L., Echigoya J., Zhu B. D., et al. Effects of Co on the cracking susceptibility and the microstructure of Fe-Cr-Ni laser-clad layer[J]. Surface and Coatings Technology, 2001, 138(2):291-295.

[52] 杨森,张庆茂,陈娜,等. 激光熔覆制备原位自生 $MoSi_2$/SiC 陶瓷复合涂层的研究[J]. 金属热处理,2002,27(4):4-6.

[53] Hongxi Liu, Xiaowei Zhang, Yehua Jiang, et al. Microstructure and high temperature oxidation resistance of in-situsynthesized TiN/Ti_3 Al intermetallic composite coatings on Ti6Al4Valloy by laser cladding process[J]. Journal of Alloys and Compounds, 2016, 670: 268-274.

[54] Zhang K. M., Zou J. X., Li J., et al. Surface modification of TC4 Ti alloy by laser cladding with TiC＋Ti powders[J]. Transactions of Nonferrous Metals Society of China, 2010, 20(11):2192-2197.

[55] M. Li, J. Huang, Y. Y. Zhu, et al. Effect of heat input on the microstructure of in-situ synthesized TiN-TiB/Ti basedcomposite coating by laser cladding[J]. Surface & Coatings Technology, 2012, 206:4021-4026.

[56] Gao Ya-li, Wang Cun-shan, Yao Man, et al. The resistance to wear and corrosion of laser-cladding Al_2O_3 ceramic coating on Mg alloy[J]. Applied Surface Science, 2007, 253: 5306-5311.

[57] 赵亚凡,陈传忠. 激光熔覆金属陶瓷涂层开裂的机理及防止措施[J].激光技术,2006,30(1): 16-22.

[58] Zhou S., Dai X., Zheng H.. Analytical modeling and experimental investigation of laser induction hybrid rapid cladding for Ni-based WC composite coatings[J]. Optics & Laser Technology,2011,43(3):613-621.

[59] Hivart P., Crampon J.. Interfacial indentation test and adhesive fracture characteristics of plasma sprayed cermet Cr_3C_2/Ni-Cr coatings[J]. Mechanics of Materials, 2007, 39(11): 998-1005.

[60] Sun R. L., Lei Y. W., Niu W.. Laser clad TiC reinforced NiCrBSi composite coatings on Ti-6Al-4V alloy using a CW CO_2 laser[J]. Surface & Coatings Technology, 2009, 203(10):

1395-1399.

[61] 王植,雷剑波,姜伟,等.激光熔覆 Fe 基 TiC 涂层的组织与性能[J].粉末冶金材料科学与工程,2016,21(1):43-49.

[62] Weng Fei,Yu Huijun,Chen Chuanzhong,et al. Microstructures and wear properties of laser cladding Co-basedcomposite coatings on Ti-6Al-4V[J]. Materials and Design,2015,80:174-181.

[63] 李现勤,程兆谷,梁工英.ZL111 铝合金表面 Ni-Cr-Al 激光熔覆层中的非晶组织[J].中国激光,1999,26(5):495-469.

[64] Hoadley A F A,Rappaz M. A thermal model of laser cladding by powder injection[J]. Metallurgical Transactions,1992,23(10):631-642.

[65] Gholipour A.,Shamanian M.,Ashrafizadeh F.. Microstructure and wear behavior of stellite 6 cladding on 17-4 PH stainless steel[J]. Journal of Alloys and Compounds,2011,509(14):4905-4909.

[66] Bezençon C.,Schnell A.,Kurz W.. Epitaxial deposition of MCrAlY coatings on a Ni-base superalloy by laser cladding[J]. Scripta Materialia,2003,49(7):705-709.

[67] Dinda G. P.,Dasgupta A. K.,Mazumder J.. Laser aided direct metal deposition of Inconel 625 superalloy:Microstructural evolution and thermal stability[J]. Materials Science and Engineering:A,2009,509(1):98-104.

[68] Yao Jianhua,Ma Chunan,Gao Mingxia,et al. Microstructure and hardness analysis of carbon nanotube cladding layers treated by laser beam[J]. Surface and Coatings Technology,2006,201(6):2854-2858.

[69] K.-H.哈比希.材料的磨损与硬度[M].严立,译.北京:机械工业出版社,1987.

[70] 王存山,于群.激光熔覆纳米 TiN-Ni45A 复合涂层组织与性能[J].激光加工,2016,19:39-44.

[71] 晁明举,张现虎,杨宁,等.原位生成 VC-VB-B₄C 复合颗粒增强 Ni 基激光熔覆层[J].中国激光,2008,35(11):1723-1729.

[72] 刘传云.钴基合金激光熔覆的工艺及性能研究[D].武汉:武汉理工大学,2001.

[73] 黄乾尧,李汉康.高温合金[M].北京:冶金工业出版社,2000.

[74] 邵卫东,童潮山,庄伟.新型钴基高温合金成分设计及其组织与性能[J].机械工程材料,2005,29(9):41-44.

[75] 李殿凯,袁晓敏,李明喜,等.激光熔覆钴基合金层组织[J].热加工工艺,2010,39(16):123-126.

[76] 李明喜,何宜柱,孙国雄.Co 基合金激光熔覆层组织及近表面结晶方向[J].东南大学学报(自然科学版),2002,32(6):932-935.

[77] 张春华,张松,李春彦,等.热作模具钢表面激光熔覆 Stellite X-40 钴基合金[J].焊接学报,2005,26(1):17-20.

[78] 张松,张春华,文劲忠,等.2Cr13 不锈钢表面激光熔覆 Co 基合金组级及其性能[J].稀有金

属材料与工程,2001,3(7):603-608.

[79] 王红颖,崔承云,周杰.工具钢表面激光熔覆 Co 基合金涂层的组织及性能[J].吉林大学学报(工学版),2010,40(4):1000-1004.

[80] Chabrol C,Vanner A B. Residual stresses induced by laser surface treatment[J]. Laser surface treatment of metals,1986,115:435-450.

[81] Singh Raghuvir,Kumar Damodar,Mishra S. K. ,et al. Laser cladding of Stellite 6 on stainless steel to enhance solid particle erosion and cavitation resistance[J]. Surface & Coatings Technology,2014,251:87-97.

[82] 斯松华,徐锟,袁晓敏,等.激光熔覆 Cr_3C_2/Co 基合金复合涂层组织与摩擦磨损性能研究[J].摩擦学报,2006,26(2):125-129.

[83] 李明喜,赵庆宇,何宜柱.钒氮合金对激光熔覆层钴基合金涂层组织与耐磨性的影响[J].中国激光,2008,35(8):1260-1264.

[84] 熊云,王勇,张开峰,等.激光熔覆 Stellite6/WC 的组织与性能研究[J].中国表面工程,2008,21(1):37-40.

[85] Dariusz Bartkowski,AndrzejMłynarczak,AdamPiasecki,et al. Microstructure,microhardness and corrosion resistance of Stellite-6 coatings reinforced with WC particles using laser cladding[J]. Optics & Laser Technology,2015(68):191-201.

[86] Yakovlev A. ,Bertrand P. ,Smurov I. . Laser cladding of wear resistant metal matrix composite coatings[J]. Thin solid films,2004(453):133-138.

[87] Lusquinos F. ,Comesana R. ,Riveiro A. . Fibre laser micro-cladding of Co-based alloys on stainless steel[J]. Surface & Coatings Technology,2009,203(14):1933-1940.

[88] 周俊,谢发勤,吴向清,等.DZ125 表面激光熔覆 TiN 增强 Co 基复合涂层组织与耐磨性能[J].应用激光,2010,30(4):275-279.

[89] Weng Fei,Yu Huijun,Chen Chuanzhong,et al. Microstructure and property of composite coatings on titanium alloydeposited by laser cladding with Co42+TiN mixed powders[J]. Journal of Alloys and Compounds,2016,686:74-81.

[90] 徐国建,杨文奇,杭争翔,等.Stellite-6+VC 混合粉末激光熔覆性能的研究[J].机械工程学报,2017,53(14):165-170.

[91] 何良华,周芳,杨蕙瑶.激光熔覆原位合成 TiC-TiB_2 增强钴基复合涂层的研究[J].激光技术,2013,37(3):306-309.

[92] 李志远,赵伟毅,古文全,等.Ti 对 Co 基合金激光熔覆层组织与性能的影响[J].中国激光,2010,37(8):2087-2090.

[93] Weng Fei,Yu Huijun,Liu Jianli,et al. Microstructure and wear property of the Ti_5Si_3/TiC reinforced Co-basedcoatings fabricated by laser cladding on Ti-6Al-4V[J]. Optics & Laser Technology,2017,92:156-162.

[94] 郑子樵,李红英.稀土功能材料[M].北京:化学工业出版社,2003.

[95] 许越,纪红,韦永德.稀土元素在金属表面激光处理中的应用[J].稀土,2001,22(1):50-54.

[96] 张春华,武世奇,刘凯,等.稀土对激光熔覆 Co 基合金组织及性能的影响[J].沈阳工业大学学报,2018,40(5):492-497.

[97] 杨尚磊,张文红,李发兵,等.纳米 Y_2O_3-Co 基合金激光熔覆复合涂层的分析[J].焊接学报,2009,30(2):79-82.

[98] 张世宏,李明喜,李辉生,等.纳米 CeO_2/Co 基合金复合材料激光熔覆层组织与耐磨性研究[J].锻造技术,2006,27(8):818-821.

[99] 丁林,蒋红云,李明喜.激光熔覆纳米 Sm_2O_3/Co 基涂层的硬度及耐磨性[J].特种铸造及有色合金,2013,33(9):805-808.

[100] Ehsan Toyserkani, Amir Khajepour, Steve Corbin. 3D finite element modeling of laser cladding by powder injection:effects of laser pulse shaping on the process[J],Optics and Lasers in Engineering,2004,41(6):849-867.

[101] Changyi Liu,Jehnming Lin. Thermal processes of a powder particle in coaxial laser cladding [J],Optics & Lasers Technology,2003,35(2):81-86.

[102] Subrata Kumar,Subhransu Roy. Development of theoretical process maps to study the role of powder preheating in laser cladding[J],Computational Materials Science,2006,37(4):425-433.

[103] 李景涌.有限元法[M].北京:北京邮电大学出版社,1999.

[104] 关振中.激光加工工艺手册[M].北京:中国计量出版社,1998.

[105] 雷玉成,张成,程晓农.基于 Anasys 的 GMAW 温度场计算[J].焊接学报.2004,4:31-34.

[106] 范雪燕,石娟,吴钢.激光表面淬火瞬态温度场在 Ansys 中的模拟[J].上海金属,2005,3:31-35.

[107] 汤淳渊,顾卫标,罗启富,等.45 钢激光表面合金化熔池立体对流模型探讨[J].金属热处理学报,1994(3):24-30.

[108] Chong P Cho, Guiping Zhao, Si-Young Kwak, et al. Computational mechanics of laser cladding process[J],Journal of Materials Processing Technology,2004,153(10):494-500.

[109] 武传松.焊接热过程分析[M].哈尔滨:哈尔滨工业大学出版社,1990.

[110] 李开泰.有限元方法及其应用[M].西安:西安交通大学出版社,1992.

[111] P. D. H. , Z. Paley. Computation of Temperatures in Actual Weld Designs[J]. Welding Journal,1975,54(11):385-216.

[112] L. J. S. ,G. W. Krutz. Finite Element Analysis of Welding Structures[J]. Welding Journal,1978,57(7):211-216.

[113] J. Goldak. A New Finite Element Model for Welding Heat Sources[J]. Metallurgical Transactions,1984,15(6):299-305.

[114] J. Goldak. Computer Modeling of Heat Flow in Welds[J]. Metallurgical transactions B,1986,17:587-600.

[115] 陈楚,汪建华,杨庆华.非线性焊接热传导的有限元分析和计算[J].焊接学报,1983,4(3):139-148.

[116] C. S. W. , K. S. Tsao. Fluid Flow and Heat Transfer in GMA Weld Pools[J]. Welding Journal,1988,67(3):70-75.

[117] 武传松.熔透情况下三维 TIG 焊接熔池流场和热场的数值分析[J].金属学报,1992,28(10):427-432.

[118] W. P. S. Three-dimensional Analytical Temperature Field around The Welding Cavity Produced by A Moving Distributed Hight-intensity Beam[J]. Heat Transfer,1993,113:848-856.

[119] W. P. S. ,Wang S C. Energy-Beam Redistribution and Aborption in A Drilling or Welding Cavity[J],Metallurgical transactions B,1992,23(B):505.

[120] D. N. deO O,daS R M C. Vilar. Interaction between the laser beam and power jet in blown powder laser alloying and cladding [J]. Processings of International Congress on the applicationg of Lasers and electro-Optics,1998,2:180-187.

[121] M. Picasso, C. F. Marsden. A Simple but Realistic Model for Laser Cladding [J]. Metallurgical and materials transactions,1994,25B(4):281-291.

[122] Y. Fu,A. Loredo,B. Martin. A theoretical model for laser and powder particles interaction during laser cladding[J]. Journal of Materials Processing Technology, 2002, 128 (1):106-112.

[123] 刘振侠.激光熔凝和激光熔覆的数学模型及数值分析[D].西安:西北工业大学,2003.

[124] 王永峰.激光束与流动金属粉末作用规律及粉材熔融行为研究[D].北京:北京理工大学,2004.

[125] 张平,马琳,赵军军.激光熔覆数值模拟过程中的热源模型[J].中国表面工程,2006,19(5):161-164.

[126] 曾大文,谢长生.激光熔覆熔池二维准稳态流场及温度场的数值模拟[J].金属学报,1999,35:604-610.

[127] R. B. Patil,V. Yadava. Finite element analysis of temperature distribution in single metallic powder layer during metal laser sintering[J]. International Journal of Machine Tools and Manufacture,2007,47(7):1069-1080.

[128] H. Guoming,Z. JianL,JianQang. Dynamic simulation of the temperature field of stainless steellaser welding[J]. Materials and Design,2005(28):244-257.

[129] 谢琼,许振鄂.激光加热三维瞬态温度场显示[J].华中科技大学学报,2001,29(7):69-71.

[130] 奥凯尔勃洛姆. H. O. 焊接应力与变形[M].北京:中国工业出版社,1958.

[131] L. Tall. Residual Stress in Welding Plates-A Theoretical Study[J]. Welding Journal,1964,43(1):20-23.

[132] 宋天霞.非线性结构有限元分析计算[M].华中理工大学出版社,1996.

[133] D. W. S. ,E. F. Rybiciki. A Finite Element Model for Residual Stresses and Deflections in Girth-butt Welded Pipes [J]. Journal of Pressure Vessel Technology, 1978, 100 (8):256-262.

[134] B. L. Josefson, C. T. Karlsson. FE-calculated stresses in a multi-pass butt-welded pipe--A simplified approach[J]. International Journal of Pressure Vessels and Piping,1989,38(3): 227-243.

[135] P. H. Chang,T. L. Teng. Numerical and experimental investigations on the residual stresses of the butt-welded joints[J]. Computational Materials Science,2004,29(4):511-522.

[136] J. R. Cho, B. Y. Lee, Y. H. Moon. Investigation of residual stress and post weld heat treatment of multi-pass welds by finite element method and experiments[J]. Journal of Materials Processing Technology,2004(155):1690-1695.

[137] Y. Deshayes, L. Bechou, J. Y. Deletage. Three-dimensional FEM simulations of thermomechanical stresses in 1. 55 mm Laser modules[J]. Microelectronics Reliability, 2003,43(7):1125-1136.

[138] P. Duranton,J. Devaux, V. Robin. 3D modelling of multipass welding of a 316 L stainless steel pipe[J]. Journal of Materials Processing Technology,2004(153):457-463.

[139] C. Larsson, T. M. Holden, M. Stout. E. Lindgren. Measurement and modeling of residual stress in a welded Haynes(R)25 cylinder[J]. Materials Science and Engineering A,2005, 399(1):49-57.

[140] C. H. Lee, K. H. Chang. Numerical analysis of residual stresses in welds of similar or dissimilar steel weldments under superimposed tensile loads[J]. Computational Materials Science,2007,40(4):548-556.

[141] D. M. Rodrigues,L. F. Menezes, J. V. Fernandes. Numerical study of the plastic behaviour in tension of welds in high strength steels[J]. International Journal of Plasticity,2004,20(1): 1-18.

[142] 唐慕尧,丁士亮,孟繁森. 焊接过程力学行为的数值研究方法[J]. 焊接学报,1988,9(3): 125-133.

[143] 陈楚,汪建华,杨庆华. 数值分析在焊接中的应用[M]. 上海:上海交通大学出版社,1985.

[144] 单平. 薄壁球形结构焊接变形控制的有限元分析[J]. 压力容器,1992,9(6):38-42.

[145] 鹿安理,史静,赵海燕. 焊接过程仿真领域的若干关键技术问题及其初步研究[J]. 中国机械工程,2000,11(12):201-205.

[146] 刘任培,董祖钰,魏艳红. 不锈钢焊接凝固裂纹应力应变场数值模拟模型的建立[J]. 焊接学报,1999,20(4):238-242.

[147] 魏艳红,刘仁培,董祖钰. 不锈钢焊接凝固裂纹应力应变场数值模拟结果分析[J]. 焊接学报,2000,21(2):36-38.

[148] 何小东,史交齐,冯耀荣. BT20 钛合金激光焊接残余应力场及热处理研究[J]. 热加工工艺,2005(5):45-48.

[149] 王红阳,迟明声,黄瑞生. 激光-氩弧复合热源焊接镁合金残余应力分析[J]. 焊接学报,2006,27(11):33-36.

[150] 陈彦北,陆建,倪晓武. 激光作用金属板材的温度场和热应力场[J]. 华中科技大学学报(自

然科学版),2007,35(s1):129-132.

[151] Jehnming Lin. Numerical simulation of the focused powder streams in coaxial laser cladding [J]. Journal of Materials Processing Technology,2000,105(1):17-23.

[152] 应丽霞,王黎钦,陈观慈.3D 激光熔覆陶瓷-金属复合涂层温度场的有限元仿真与计算[J]. 金属热处理,2004,29(7):24-28.

[153] Ringsberg Jonas W, Skyttebol Anders, Lennart Josefson B. Investigation of the rolling contact fatigue resistance of laser cladded twin-disc specimens:FE simulation of laser cladding,grinding and a twin-disctest[J]. International Journal of Fatigue,2005,27(6):702-714.

[154] Semak V. Numerical Simulation of Weld Pool Geometry in Laser Beam Welding[J]. Phys. D:Application Physics,2000,33(3):662-671.

2　激光熔覆 Co 基合金涂层的强化理论

  Co 基合金是一种含有相当数量的镍、铬、钨和少量的钼、铌、钽、钛、镧等合金元素,偶尔也还含有铁元素的一种硬质合金,也即通常所说的钴铬钨(钼)合金或司太立(Stellite)合金(司太立合金由美国人 Elwood Hayness 于 1907 年发明)。Co 基合金因具有较高的强度、良好的耐磨性能和耐腐蚀性能以及良好的综合力学性能,被广泛应用于能源、石化、冶金、航空航天等重要领域。而随着科学技术和工业生产的快速发展,人们对 Co 基合金的硬度和强度等性能的要求也在逐步提高,因此 Co 基合金的强化便成为广大学者关注的一个重要课题。所谓 Co 基合金的强化是通过合金化、塑性变形和热处理等手段提高 Co 基合金的强度。因此,本章内容主要介绍 Co 基合金的强化理论基础和强化方法。

2.1　强化理论基础

  从根本上讲,金属强度来源于原子间结合力。许多离子晶体和共价晶体材料受力后直到断裂,其变形都属于弹性变形。金属材料的应力与应变关系如图 2-1 所示,它在断裂前通常有大量塑性变形。它是晶体的一部分相对于另一部分沿一定晶面晶向的相对滑动。但是,晶体的实际滑移过程并不是晶体的一部分相对于另一部分的刚性滑移。

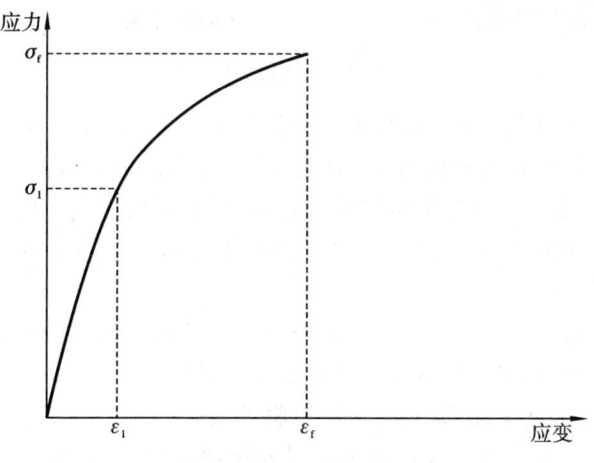

图 2-1　应力与应变关系

如果是刚性的滑移,则滑移所需的切应力极大,其数值远高于实际测定值。例如,使铜单晶刚性滑移的最小切应力(计算值)为 1540 MPa,而实际测定值仅为 1 MPa。各种金属材料的这种理论强度与实际测定值均相差 3~4 个数量级。这样的结果,迫使人们去探求滑移的机理问题。

直到 20 世纪 40 年代,奥罗万(E. Orowan)、波拉尼(M. Polanyi)和泰勒(G. I. Taylor)分别提出晶体位错的理论才解决了这一问题。位错理论的发展揭示了晶体实际切变强度低于理论切变强度的本质。在有位错存在的情况下,切变滑移是通过位错的运动来实现的,所涉及的是位错线附近的几列原子。而对于无位错的近完整晶体,切变时滑移面上的所有原子将同时滑移,这时需克服的滑移面上下原子之间的键合力无疑要大得多。金属的理论强度与实际强度之间的巨大差别,为金属材料的强化提供了可能性和必要性(见形变和断裂)。可以认为实测的纯金属单晶体在退火状态下的临界分切应力表示了金属材料的基础强度,是材料强度的下限值;而估算的金属材料的理论强度是经过强化之后所能期望达到的强度的上限。位错是实际晶体中存在的真实缺陷。现已可以直接观察到位错结构,如图 2-2 所示。

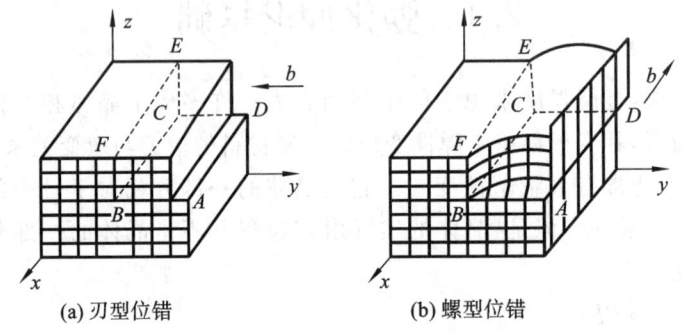

(a) 刃型位错   (b) 螺型位错

图 2-2   位错结构

位错在切应力的作用下向左滑移,最终移出表面而消失。由于只需沿滑移面改变近邻原子的位置即可实现滑移,因此,所需的力很小,上述过程很易进行。由上述的分析可知,金属晶体中的位错数量越少,则其强度越高。现已能制造出位错数量极少的金属晶体,其实测强度值接近理论强度值。这种晶体的直径在 1 μm 数量级,称之为晶须。

由位错参与的塑性变形过程似乎可得到另一结论,即金属材料中位错越多,滑移过程越易于进行,其强度也越低。但事实并不是这样。

可见,在位错密度增加的初期,金属材料的实际强度下降;位错密度继续增大,则金属材料的强度又上升。这是因为位错密度继续增加时,位错之间会产生相互作用:

（1）应力场引起的阻力，如位错塞积，当大量位错从一个位错源中产生并且在某个强障碍面前停止的时候就构成了位错塞积；

（2）位错交截所产生的阻力；

（3）形成割阶引起的阻力（两个不平行柏氏矢量的位错在交截过程中在一位错上产生短位错）；

（4）割阶运动引起的阻力。

金属材料受力变形达到断裂之前，其最大强度由两部分构成：其一是未变形金属材料的流变应力，即宏观上为产生微量塑性变形所需要的应力。流变应力的大小取决于位错的易动性：晶体内部滑移面上的位错源越容易动作，运动位错在扫过晶体滑移面时所受的阻力越小，则流变应力越低；其二是因应变硬化产生的附加强度，它由塑性变形过程中应变硬化速率和塑性变形量来决定。

工程结构材料主要是在弹性范围内使用的，因此，在构件的设计和使用中，流变应力的重要性更为突出。

对流变应力有贡献的阻力主要有两类：

（1）抑制位错源开动的应力，称之为源硬化。

（2）前面谈到的阻力，这种阻力是位错开始运动之后才起作用的，对位错的运动起着妨碍的作用，称为摩擦阻力。

为了提高含有位错晶体的流变应力，研究者所做的种种努力无非就是通过各种手段来增加这两类阻力。

金属材料中这些阻力（除移动位错使它从一个平衡位置滑移到下一个平衡位置之间的位垒所需的点阵阻力，也就是在完整晶体中运动时所受的摩擦阻力）是随组织的变化而大幅度变化的。一切合金化、加工和热处理所引起的流变应力的提高主要是依靠对组织敏感的阻力的变化来实现的。

点阵阻力对组织不敏感，它的大小主要取决于键合强度和点阵类型，其中共价键的点阵阻力最高，所以在诸如硅、金刚石之类的晶体中，点阵阻力构成了位错运动的主要障碍；对于金属键结合的晶体，它的点阵阻力很小，不足以构成对位错运动的主要妨碍，在考虑流变应力时可以把这个因素忽略掉。

为了寻求强度更高的金属材料，原则上可以沿着下列两条道路进行探索：

由于塑性变形是位错在晶体中运动的结果，而位错的易动性又是金属抗变形能力被大大削弱的原因，所以强化金属基本的途径应该是设法提高位错运动的阻力：其一设法改变合金的键合类型，从而提高金属晶体内的点阵阻力，使位错的运动增加困难。这个方法还没有为人们所采纳，因为当晶体中的点阵阻力足以构成位错运动的主要阻力时，金属键的成分被共价键大量取代了，这样金属所拥有的一些性能上的基本优点（例如良好的塑性）往往就丧失了。其二设法在金属中引入大量的晶体缺陷,如位错、点缺陷、异类原子、晶界、高度弥散的质点或不均匀性(如偏聚)等,大大增加位错之间、位错和其他晶体缺陷之间的交互作用,从而阻碍位错的运动,也会明显地提高金属强度。事实证明,这是提高金属强度最有效的途径。

在工业生产中,通常采用的强化方法有固溶强化、弥散强化、细晶强化、位错强化、相变强化等,而 Co 基合金的强化如同其他金属材料的强化一样,也是由多种强化方法共同作用来达到的。

2.2　固溶强化

固溶强化是指合金元素固溶于基体金属中形成固溶体造成一定程度的晶格畸变从而使合金硬度和强度提高的现象。溶入固溶体中的溶质原子造成晶格畸变,晶格畸变增大了位错运动的阻力,使滑移难以进行,从而使合金固溶体的强度与硬度增加。

Co 基合金中含有大量的 C、Cr、Mo、Ni、W、Nb 等合金元素。激光熔覆是一个快速加热和快速冷却的过程,在加热过程中大量的合金元素在 γ-Co 基体金属中的溶解度增加,在随后的快速冷却过程中这些合金元素在 γ-Co 基体中的溶解度下降,但由于冷却速度太快,部分合金元素来不及析出而形成过饱和固溶体,从而使晶格产生畸变,降低堆垛层错能,出现短程有序及原子偏聚现象,阻碍位错运动,强化了 Co 基合金涂层。合金元素的固溶度越大,固溶强化效果越明显。

合金元素固溶于 γ-Co 基体中构成固溶体后,合金的流变应力以及整个应力-应变曲线都向上提升,合金的应变强化能力一般比纯金属要高。

对于一般的稀固溶体,流变(屈服)应力随溶质浓度的变化可以用下式表示:

$$\sigma = \sigma_0 + kc^m \tag{2-1}$$

式中:σ——合金的流变应力;

σ_0——纯金属的流变应力;

c——溶质的原子浓度;

k、m——常数,取决于基体和合金元素性质。

在 γ-Co 基体中,不同溶质元素溶解度的大小鲜明地反映出它们强化效果的差异。在相同的浓度下,Co 基合金强度的增加是随溶质元素溶解度的倒数成正比的。如果进一步分析,就会了解到溶质和溶剂两元素原子尺寸的不同、化学性质的差异、电学性质的区别等因素将直接从本质上影响 γ-Co 固溶体的强度。

为了解释合金元素固溶于 γ-Co 固溶体中造成强化的原因,最简单的办法是假定溶质原子在 γ-Co 固溶体中是理想均匀分布的,由于各类原子在尺寸、化学性质、电学性质等方面的差异,在点阵中任何一个溶质原子的周围都存在弹性应力场,位错在通过这种具有内应力场的晶体点阵的时候自然需要克服更大的阻力,这就是固溶合金原子造成 γ-Co 固溶体强化的最简单理由。

严格说来,用溶质原子均匀分布的模型来解释固溶强化的规律是不合适的,对一些试验现象(如屈服现象)无法解释。问题在于固溶原子并不是均匀分布的,有两种原因引起溶质原子分布的不均匀性。

(1)若溶质原子溶入以溶剂原子为基体的金属中,由于原子自身键合的能力和相互键合的能力往往是不同的,会引起溶质的偏聚态(如果溶质原子的键合力大,它们常常在小范围内聚合到一起,一般是在某些晶面上偏聚成片状,而偏聚区的周围则成为溶质原子贫化的区域)和有序态(如果异类原子结合的倾向大于同类原子,则原子将在几十个以至几百个原子的范围内以一定的排列规律结合在一起)。因此,在较大的尺度下观察时,固溶体的分布可以说是无序的,但在足够小的体积下仍然是呈一定规则排列的。

(2)另一个造成溶质原子分布不均匀的原因是实际晶体中存在着大量点阵缺陷、晶界和亚晶界、层错、位错等。这些缺陷影响所及的区域都是高能区域,为了降低系统的能量,合金元素有可能优先分布在点阵缺陷的附近,形成晶界的内吸附和位错周围的原子气团。因此点阵缺陷的存在更增加了溶质原子分布的微观不均匀性。

γ-Co 固溶体的形变比纯金属需要更大的外力,除了溶质原子应力场的影响外,上面所述的溶质原子分布不均匀的状态也是一个组织因素,有时比前者的作用还大。可以把溶质原子分布不均匀的状态对 γ-Co 固溶体形变的影响分解为以下几个方面:

(1)弹性因素:它包括两个内容。第一个是因溶剂和溶质原子的尺寸差异而在 γ-Co 固溶体内引起的弹性应力场。它除了增加位错运动的摩擦阻力外,在"稀"的 γ-Co 固溶体中突出地表现在对位错的钉扎作用上(溶质原子会在位错周围形成原子气团,这种气团将能产生与屈服现象有关的一系列效应,就像我们在低碳钢变形时常常看到的那样)。第二个是由于溶质原子的溶入,Co 基合金的弹性模量会发生变化,特别是在位错的周围形成原子气团之后,弹性常数的变化使位错应力场也发生变化,从而会引起位错和溶质原子间更大的交互作用能。

(2)电子浓度因素:电子对应力场同样是敏感的。在有弹性应力场的晶体缺陷区域电子会较多地集中到张应力地段,这样就产生了电偶极子的作用,溶质原子与带电荷的位错区域之间就有电交互作用,从而促使溶质更倾向于在位错的周围偏聚。

(3)化学因素:层错能比较低的晶体点阵中存在有堆垛层错,堆垛层错的结构与基体并不相同。溶质原子溶入 γ-Co 基体后,除了层错能大小会变化,层错区的宽窄也跟着伸缩,从而使扩张位错的分解或合成所需的外力也要变化,溶质原子在层错区和基体的溶解度是不一样的。晶体发生塑性变形时,当扩张位错沿滑移面平移的时候,以及它分解、合成、交集的时候,上述浓度的差异并不能和扩张位错的运动做同步的变化。由于塑性变形破坏了这种热力学的平衡,所以位错的运动同样要求外界提供更大的能量。

(4)结构因素:无论是短程有序还是偏聚状态的 γ-Co 固溶体,在塑性变形的同时,其有序区域或偏聚区域将遭到破坏。引起这种稳定状态破坏的塑性变形是要付出更多的能量作为代价的。

2.3　弥散强化

弥散强化(第二相强化或沉淀强化)是指材料通过基体中分布有细小弥散的第二相细粒而产生强化的方法。激光熔覆 Co 基合金涂层的弥散强化主要以硬而脆的颗粒沉淀析出硬化为主,硬质颗粒主要有以下几个来源:一是激光熔覆过程中 Co 基合金粉末中加入的一些高熔点的硬质相,在加热过程中部分质点未完全熔化而保留下来;二是激光熔覆过程中 Co 基合金粉末中的强碳化物、氮化物和硼化物形成元素如钨、钼、铬、钒等与 C、N 和 B 原子结合形成高熔点的硬质颗粒;三是激光熔覆过程中形成的高熔点硬质金属间化合物(如 Laves 相等),这些硬质金属间化合物弥散分布于基体中,一方面可以提高其硬度和耐磨性,另一方面阻止晶粒长大,间接提高其硬度和耐磨性能。

产生弥散强化的第二相一般是稳定化合物,如氧化物:Al_2O_3、ThO_2、MgO、SiO_2、BeO、CdO、Cr_2O_3、TiO_2、ZrO_2 以及 Y_2O_3 和镧系稀土氧化物;金属间化合物:Ni_3Al、Fe_3Al 等;碳化物、硼化物、硅化物、氮化物:WC、Mo_2C、TiC、TaC、Cr_3C_2、B_4C、SiC、TiB_2、Ni_2B、$MoSi_2$、Mg_2Si、TiN、BN 等。在弥散强化合金中,弥散相和基体并没有共格关系,两相相互溶解的能力也很差,借助于弥散强化达到高强度的材料往往是热稳定的,在热强材料的研究中这是一个很值得推荐的手段。

弥散强化的代表理论是位错理论。在弥散强化材料中,弥散相是位错线运动的障碍,位错线需要较大的应力才能克服障碍向前移动,所以弥散强化材料的强度高。在激光熔覆 Co 基合金涂层过程中,当 γ-Co 晶体中的位错在运动的前方遇到第二相质点的阻碍的时候,它可以有不同的通过质点的方式,具体如下:

(1)切割:这种情况多数出现在质点与 γ-Co 基体仍然存在着共格联系的情况下,如图 2-3 所示。①当一个大小为 b 的位错通过质点之后,在质点的两边就各增加一个宽度为 b 的面积,这就增加了表面能;②如果质点是有序的话,则除了这部分表面能之外,在质点内部还会出现反相畴界,增加了部分畴界能;③若质点的弹性模量大于 γ-Co 基体的弹性模量时,这种模量的差别会使位错线进入质点前后的线张力发生变化,因而需要附加的能量;④γ-Co 基体和质点对位错运动的点阵阻力不同,在大多数情况下,位错在质点中运动的点阵阻力比较大;⑤相界面的弹性应力场也是位错前进的阻力之一。位错切割机制引起的附加阻力与质点体积分数和半径间的关系大致为:

$$\Delta\tau \infty f^{1/3\sim1/2} \cdot r^{1/2} \qquad (2-2)$$

式中:f ——质点的体积分数;

r ——质点的半径。

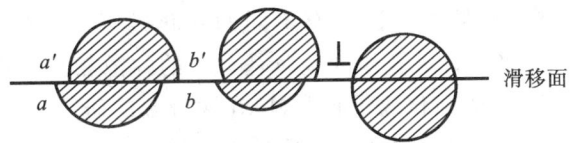

图 2-3　位错切割质点的机制示意图

质点半径越大,数量越多,则强化效果越显著。

(2)绕过:当质点长大到其尺寸已经使位错难以借切断的方式通过的时候,位错就只能用绕过的方式前进了。当移动的位错与第二相质点相遇时,受到质点的阻挡,使位错线绕着它发生弯曲,如图 2-4 所示。随着外加应力的增大,位错线受阻部分的弯曲加剧,以致绕着粒子的位错线在左右两边相遇,于是正负号位错彼此抵消,形成包围粒子的位错环,位错线的其余部分则越过粒子继续移动,材料由此被加强。位错线绕过时所需的切应力为:

$$\tau = \sqrt{\frac{6}{\pi}} \frac{Tf^{1/2}}{br} \qquad (2-3)$$

式中:T ——位错的线张力;

f ——第二相粒子的体积分数;

b ——位错强度;

r ——第二相粒子的半径。

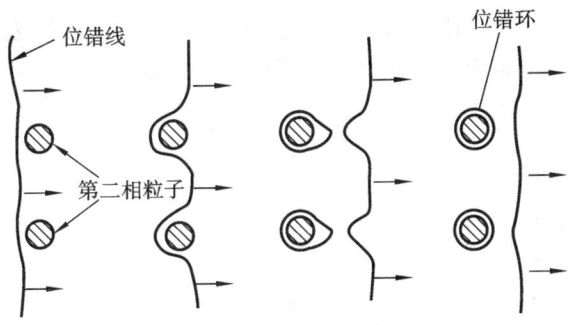

图 2-4　位错绕过质点的机制示意图

在位错绕过机制中,第二相粒子的细化及其体积分数的增加,均会增大 Co 基合金的强化效果。

弥散强化材料的强度不但取决于基体和弥散相的本性,而且取决于弥散相的含量、粒度、分布、形态以及弥散相与基体的结合情况,同时也与工艺(如加工方式、加工条件)有关。下面分别加以讨论。

1. 弥散相和基体的性质

1)弥散相的性质

对同一基体而言,弥散相不同会有不同的强化效果。例如,实践证明,采用 Al_2O_3、SiO_2、TiO_2、MgO、ZrO_2 等作为金属基合金的弥散相都未得到突出的效果,而 ThO_2 增强 Ni 基合金的强化效果较明显;在铜合金的研究中,Al_2O_3 就比 ZrO_2、SiO_2 好。这就是说对弥散相的硬度、化学稳定性等有一定的要求。

弥散相要求具有高的化学稳定性、高的熔点,从热力学来说,要求弥散相的生成自由能负值大。因为物质生成自由能的大小反映物质的稳定性,生成自由能负值越大,弥散相在合金中就越稳定。从这一点出发,一般认为选用氧化物作弥散相比碳化物、氯化物、硼化物、硅化物好。

此外,弥散相也要求具有高的结构稳定性,例如,Al_2O_3 在高温下有结构类型的变化($\alpha \rightarrow \gamma$),不过,它在 1000 ℃ 以后却是稳定的。

2)基体的性质

不同的金属具有不同的属性。就同种金属来看,纯金属的强度就不如固溶体的大,如果使基体合金化形成固溶体,则强度会有提高。例如,在 Co 基合金涂层中加入适量的 Mo 使 Ni 基体固溶强化,则强度有所提高。

又如在 Co 基合金涂层中加入 20%Cr,不但能提高 Co 基合金涂层的强度,而且提高了其抗氧化能力。

2. 弥散相的几何因素和形态

弥散相的含量、粒度和粒子间距互相是有联系的。当含量一定时,粒子越细,则粒子数越多,因而粒子间距也就越小。这些弥散相的几何因素是影响材料强度的重要因素。克雷门斯(W. S. Cremens)等研究了三者之间的关系,具体如下:

$$\lambda = \frac{2}{3}d\left(\frac{1}{f} - 1\right) \tag{2-4}$$

式中:λ ——粒子间距;

f ——弥散相体积百分率;

d ——粒子直径。

1)弥散相的含量

在烧结铝时,Al_2O_3 含量对硬度、强度和伸长率的影响如图 2-5 所示。随着

Al_2O_3 含量的增加,合金硬度、强度也随之提高,但延性降低。

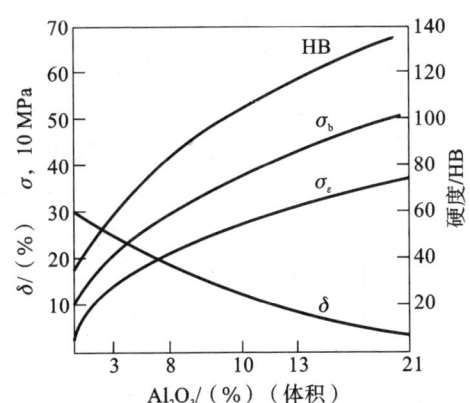

图 2-5　铝合金含量对烧结铝性能的影响

大量实践证明,弥散相的含量一般可在 1％～15％ 的范围内选用。

2)弥散相的粒度和粒子间距

讨论位错理论的模型时,已得知弥散强化材料的屈服强度与粒子间距或成比例关系。当弥散相含量一定时,粒子越细,粒子间距也就越小。弥散强化材料要求弥散相均匀分布于基体中,这与生产方法有关。分布不均匀,就会导致弥散相的聚集和粒子间距的增大,结果材料性能下降。

关于弥散相的形状对性能的影响尚未进行深入的研究。有人认为:球形粒子可能比片状粒子好,因为片状粒子对于与其平行的原子面上运动的位错阻力小,而球形粒子对任何原子面上的位错具有相同的阻力。

3.弥散相与基体之间的作用

(1)弥散相在基体中要求几乎不溶解,与基体不发生化学反应。

(2)基体与弥散相之间的界面能要求低。

两者之间的界面能低意味着两相结合较好,这是粒子阻碍位错运动所需要的。相反,高界面能就等于粒子周围的空洞多,不仅不能阻碍位错运动,而且可能产生显微裂纹。

4.压力加工

在生产弥散强化材料的过程中,一般采用热挤压工艺。热挤压可以提高材料的密度,更重要的是使材料发生高速应变,储存大量的能量而强化材料。

5.生产方法

除了上述主要方面的因素外,不同生产方法制取的弥散强化材料可以有不同的性能。因此,在确定成分后,也要根据具体条件采用适当的生产方法。弥散强化材料的生产方法很多,有内氧化法、机械混合法、表面氧化法、氧化-还原法、弥散相颗粒悬浮液沉积法、共沉淀法、粉末包覆法等。一般来说。共沉淀法生产的弥散强化材料的性能比机械混合法或氧化-还原法生产的就好一些。例如,氧化-还原法生产的 $Fe+16\%Al_2O_3$ 材料(经过挤压),650 ℃时的抗拉强度为 193 MPa;而共沉淀法生产的同样成分的材料,在 650 ℃时的抗拉强度有 226 MPa。

综合以上影响性能因素,可以得出结论:为了提高材料的强度性能,除了正确选择合金成分外,还要在一定范围内提高弥散相的含量,减小弥散相的粒度和粒子间距,使弥散相均匀分布于基体中,并采用大的加工形变。但必须指出,在实践中不能片面强调某一方面,因为随着强度、硬度的提高,延性和其他某些性能可能降低,同时还要考虑经济效果与资源条件。

弥散强化材料固有的低延性,需要予以重视和研究改进,但弥散强化材料在性能上的优越性还是主要的。

(1)再结晶温度高,组织稳定。

纯金属的再结晶温度($T_{再}$)一般是金属熔点($T_{熔}$)的 $35\%\sim40\%$,即 $T_{再}/T_{熔}=0.35\sim0.40$。由于再结晶,金属材料的组织和机械性能都发生变化。因此,提高金属材料的再结晶温度仍是研究耐热合金的一个目标。弥散强化材料在这方面显示了它的特点,它的再结晶温度很高,甚至在金属熔点附近的温度下退火也不发生再结晶。

(2)屈服强度和抗拉强度高。

一般变形材料的屈服强度是不太高的。屈服强度越接近于极限抗拉强度,材料的刚性就越好,就越不容易发生形变。例如,用于微波管中的铜构件就要求刚性好,以免变形造成误差。弥散强化材料正具有这一优点,弥散强化材料的屈服强度不但有很高的绝对值,而且很接近其抗拉强度,这种关系在高温下更加明显。

(3)随温度提高硬度下降得少。

随温度提高硬度下降得少是弥散强化材料一个很大的优点。再结晶温度高,高温时硬度变化小以及蠕变速度低都说明弥散强化合金具有很好的热稳定性。

(4)高温蠕变性能好。

高温蠕变是衡量高温合金的一个不可缺少的指标,要求高温材料具有很好的抗蠕变能力。随着温度的提高,很多耐热合金的持久强度降低得很快,而温度对弥散强化材料的持久强度的影响较小。

(5)高的传导性。

很多弥散强化材料的传导性都很好。首先是导热性,高温材料的导热性是非常重要的,如果导热性太差,就可能因工作中温度梯度太大而产生大的热应力,以致使材料遭到破坏。

(6)高的导电性。

导电性也是材料的一个重要性能。铜是一种很好的导电材料,可是纯铜的强度低,若能在不降低铜的导电性的前提下又能大大提高其强度则是最理想的。铜-铍合金的强度较高,而导电性却大大降低了。弥散强化合金恰好克服了这一缺点,例如,以纯铜的电导率为 100%,则铜-铍合金的电导率只 35% 左右,而 Cu-Al₂O₃ 弥散合金的电导率却有 95%。我国的中南大学、黄河冶炼厂等单位在弥散强化无氧铜方面做了不少工作,取得了可喜的成绩。

2.4　细晶强化

晶界是指周期性排列的点阵的取向发生突然转折的区域。根据点阵取向的突变程度不同和转折区域构造的差异,一般分为大角度晶界和小角度晶界。对于纯金属多晶体中大角度晶界的厚度为几个原子间距,但含有不同原子的 Co 基合金的晶界厚度则大得多。Co 基合金晶界上原子排列紊乱,杂质富集,晶体缺陷的密度较大,且晶界两侧晶粒的位向也不同,所有这些因素都对位错滑移产生很大的阻碍作用,从而使强度升高的现象称为细晶强化或晶界强化。晶粒越细小,晶界总面积就越大,强度越高。

由于 Co 基合金晶界两边的晶粒取向不同,滑移一般难以从一个晶粒直接传播到取向有差异的另一个晶粒上,但多晶体变形必须满足连续性条件(以保持各晶粒之间微观的连续性),为了使邻近的晶粒也发生滑移,就必须外加更大的力,因此,Co 基合金晶界就是滑移的障碍。也说明 Co 基合金晶界阻碍变形的能力并不是 Co 基合金晶界自身拥有很高的强度;在金属强化中,大角度晶界起的作用是主要的。

晶界可引起多种强化因素,对于面心立方结构的金属,晶界对形变的影响主要是促进多滑移的产生。细晶强化的主要宏观表现是使流变应力提高,根据著名的 Hall-Patch 关系,金属屈服强度(流变强度、疲劳强度等)与晶粒大小的关系为:

$$\sigma_s = \sigma_i + k_y d^{-\frac{1}{2}} \tag{2-5}$$

式中:k_y——与材料有关、与晶粒大小无关的常数;

　　　d——晶粒直径;

　　　σ_i——位错在单晶体中运动时的摩擦阻力,它与晶粒大小无关。

晶界是位错运动的障碍,因而晶粒越细小,晶界的总面积越大,位错的运动越困难,材料的强度也就越高。Hall-Petch 公式是一应用很广的关系式,在大多数情况下可以定量地反映材料组织与强度的关系。

另外一点很重要,细化晶粒在提高 Co 基合金强度的同时,也使其塑性与韧性得以提高(通常结构和工具材料对热处理后晶粒度的要求不是出于强度上的考虑,而是希望在韧性方面取得一点点好处）。晶粒越细，单位体积中晶粒越多，变形时，同样的变形量便可分散到更多的晶粒中，产生较均匀的变形而不致造成局部应力集中，引起裂纹的过早产生和发展。

由金属凝固理论可知，等轴晶的形成条件是：凝固界面前沿的液相中有晶核来源，在液相中存在晶核形成和生长所需的过冷度。因而对 Co 基合金材料凝固组织的细化，无外乎是基于以下的基本原理：增加液相中的形核质点，提高形核率；降低晶核的长大速度或抑制晶核的长大；控制结晶前沿的温度分布等。目前，Co 基合金材料凝固组织细化方法主要有四类：熔覆过程和传热条件控制方法、化学处理方法、机械处理方法和外加物理场方法。

1. 熔覆过程和传热条件控制方法

熔覆过程和传热条件控制方法包括熔覆工艺控制技术、低温熔覆、提高冷却速度和增加过冷度等。

在激光熔覆过程中，通过控制熔覆工艺，如实施快速熔覆措施，能细化金属凝固组织。

除了控制熔覆方式外，降低熔覆过程中过热度，在接近于液相线温度下熔覆也是细化凝固组织、扩大等轴晶区的有效方法。

提高冷却速度快速凝固可明显细化金属的凝固组织，获得非常好的细化效果。

2. 化学处理方法

化学处理方法是指向 Co 基合金熔体中添加少量的化学物质或化学元素。这种物质一般称为孕育剂或变质剂。该方法操作简便，细化效果显著。但要求孕育剂细小且弥散才能有效细化晶粒，否则将影响 Co 基合金涂层材料的性能。

金属液中存在的固态化合物可以作为金属液凝固初生铁素体相或者初生奥氏体相的形核核心，促进金属液非均质形核，从而实现凝固组织的细化。根据点阵错配度理论和经验电子理论，对 δ-Fe 非均质形核有显著效用的孕育剂为 CaS、La_2O_3、TiN、Ce_2O_3、TiC、CeO_2、Ti_2O_3、TiO_2、MgO；对 γ-Fe 非均质形核有显著效果的孕育剂为 ZrO_2、Ti_2O_3、MnS、SiO_2、MnS、CaO、Al_2O_3、CeO_2。

3. 机械处理方法

机械处理方法主要包括机械搅拌和机械振动两种方法。

采用机械搅拌可造成 Co 基合金液相和固相之间产生不同程度的相对运动，即液态金属的对流运动，从而引起枝晶臂的折断、破碎和增殖，达到细化晶粒的目的。但该方法存在两方面不足，一是对熔体搅拌时，易卷入气体，且得不到金属液的及时补充，易形成气孔、缩松等缺陷；二是对高熔点的金属液进行搅拌时，搅拌器损耗严重，对金属熔体造成污染，产生新的质量问题。

采用机械振动的方法也是借助 Co 基合金金属熔体的对流运动破碎枝晶、引起晶核增殖来达到细化凝固组织的目的。但该方法在操作中,当机械振动频率提高时,Co 基合金金属凝固组织细化效果会降低,引起钢锭碳化物偏析和疏松严重等问题。

4.外加物理场方法

外加物理场处理技术是在 Co 基合金金属液凝固前或凝固过程中对金属熔体施加物理场,利用金属和物理场的相互作用,改善其凝固组织。该技术具有环境友好、操作简便等优点。目前该领域的研究热点主要集中在以下三个方面:让电流通过金属熔体的电流处理、让金属熔体在磁场中凝固的磁场处理和对金属熔体进行的超声波处理。

1)电流处理

电场作用于熔点附近的凝固系统时,金属液中近程有序原子团的结构、尺寸和数量都会随着电场强度、方向而变化,加剧了结构起伏、能量起伏及温度起伏,从而促进均质形核。

当有快速变化的强脉冲电流通过金属熔体时,将在熔体内产生快速变化的强脉冲磁场。强脉冲电流和强脉冲磁场之间的相互作用会在金属熔体内产生很强的收缩力,使熔体反复地被压缩,并使熔体在垂直于电流方向作往复运动。往复运动除了碎断树枝晶外,同时还使熔体迅速失去过热、提高形核率。所以脉冲电流越强,细化效果越显著。

2)磁场处理

在交变磁场作用下,凝固系统内将产生一个感应电流,磁场与感应电流之间发生电磁作用,产生电磁力,其方向是沿径向将金属压向或拉离轴心,从而使凝固体系产生了规则的波动。这种波动对凝固过程的影响与通常的强化对流产生的影响没有实质区别,因此,交变磁场具有细化晶粒的作用。

从磁场带来的波动效应看,磁感应强度越大,电磁压力越大,因而波动越激烈,晶粒细化效果越显著。但是在磁感应强度增加的同时,感应电流也成比例地增加,这相应地会在凝固体系内增大热效应,从而使过冷度减小,进而使形核率下降,所以磁感应强度过大时,会引起晶粒粗化。因此,磁场强度与晶粒细化效果之间的关系曲线应是一条有极值的曲线。

脉冲磁场使熔体内产生脉冲涡流。涡流和磁场之间相互作用产生洛仑兹力和磁压强。它们是剧烈变化的,且其强度远大于金属熔体的动力压强,这就使金属熔体产生强烈振动。这种振动一方面增加了熔体凝固中的过冷度,提高了形核率;另一方面在熔体内造成了强迫对流,使凝固过程中树枝晶或难以长大,或被折断、击碎,而这些破碎的枝晶颗粒游离于结晶前沿的液体中又会成为新的生长核心。所以脉冲磁感应强度越大,细化效果越显著。

强磁场或电场与温度、压力、化学成分等因素一样,也是影响金属相变的重要因素。首先,由于不同相具有不同的磁导率或电介质常数,电磁场将影响其吉布斯(Gibbs)自由能进而影响到 $\gamma \rightarrow \alpha$ 相变温度。在热轧过程中采用间断施加磁场或电场的方法可以改变 A_{c3} 温度,反复进行奥氏体/铁素体相变,进而促进铁素体晶粒细化。另外,电磁场将影响原子迁移的扩散速度和相形态。外加磁场或电场将增大淬火冷却时从奥氏体向马氏体转变的相变驱动力,即可获得与增大过冷度相同的效果,从而增加马氏体的形核率,并且降低其生长速度,达到细化组织的目的。在强磁场或电场淬火时,具有场强度越大,获得的淬火马氏体的尺寸就越细的规律。

3)超声波处理

超声波在液体中传导时,将会产生周期性的应力和声压变化,在声波的波面处形成很强的压强梯度,产生局部的高温高压效应,这种效应导致瞬间的正压、负压变化,致使结晶过程中固/液界面正在形核、长大的晶胚脱落下来,它们漂移到熔体的各个部位,从而改变了固/液界面的结晶方式。液体中产生的空化和搅动作用使合金液整体的温度和化学成分均匀化,细化了合金显微组织,减轻了合金的宏观偏析倾向,提高了铸态组织的均匀性。

总的来说,从强韧化观点出发,晶粒细化是最重要的强化方式之一。晶粒细化一般包括相变前奥氏体细化或位错化、奥氏体内部增加形核质点和相变冷却细化等。利用结晶生核、长大现象进行晶粒细化时,临界晶核尺寸大小成为晶粒细化极限的大体目标。临界晶核的尺寸是形核驱动力的函数,驱动力越大,临界晶核尺寸就越小。通常情况下,相变时的驱动力比再结晶时的驱动力大很多。因此,利用相变时得到很细小的临界晶核尺寸,再控制冷却速度,就可使金属材料组织超细化。

2.5 位错强化

位错,是晶体中的一条管状区域,在此区域内原子的排列很不规则,也就是说形成了缺陷。由于这个管道的直径很小(只有几个原子间距),可以将它看成是一条线,所以位错是一种线性缺陷。

当 Co 基合金塑性变形时,γ-Co 基体内位错密度增加,位错之间的交互作用加剧,位错运动阻力增大,导致位错运动受到阻碍不断塞积,从而导致 Co 基合金的强度、硬度增加。这种现象称为位错强化,或称为加工硬化。

位错强化的本质在于,形变造成位错的大量增殖,位错之间的交互作用导致其运动越发困难，从而使金属强度增加，提高了流变应力。流变应力是多种阻力来源共同作用的结果，其一般表达方式为：

$$\sigma_d = \sigma_0 + \alpha G b \rho^{1/2} \tag{2-6}$$

式中：σ_0——派-纳力；

  G——金属的切变弹性模量；

  b——位错的柏氏向量；

  ρ——位错密度（$1/cm^2$）；

  α——与材料状态有关的常数。

可见，高的位错密度引起相应的流变应力提高。位错密度越大，金属抵抗塑性变形的能力就越大。位错强化本身对金属材料强度的提高有很大的贡献。

金属塑性变形的实质是位错的运动，作为抗疲劳制造方法中的冷形变强化来说，其着眼点在于提高金属的塑性变形抗力。因此，从微观角度来讲，造成某种障碍用以阻碍位错运动是提高金属疲劳寿命的本质。疲劳强度的提高需要位错阻力的增加，这种位错阻力主要来自以下几个方面：

1. 位错塞积

位错塞积，即滑移过程中，在同一滑移面上许多同号位错在受到晶界等障碍前堆积而形成的一种位错组态，如图 2-6 所示。这是由于同号位错间具有斥力的性质，使滑移面上由位错源放出的许多位错圈在领先位错遇到障碍时相继受阻，以一定的次序排列起来。为了使位错向前滑动，位错源不断增殖，这样就势必增大外加切应力 τ。在实际金属中有许多这样的位错塞积群，它们之间还会相互作用，这都会增加位错阻力。

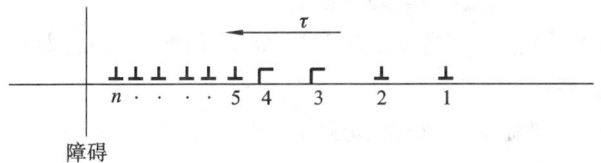

图 2-6 单一刃型位错塞积群

2. 位错割阶

在位错运动过程中，经常会发生位错线的相互交割或弯折。这将会在晶体中形成对位错起锚固作用的结点或产生新的位错线段（见图 2-7 中的 MM'），这种由位错交割而产生新位错线段的现象称为位错割阶。这增加了位错线的长度，需要附加新的能量，况且新位错线段处于新的滑移面上，要继续滑动必须增大相应的切应力。

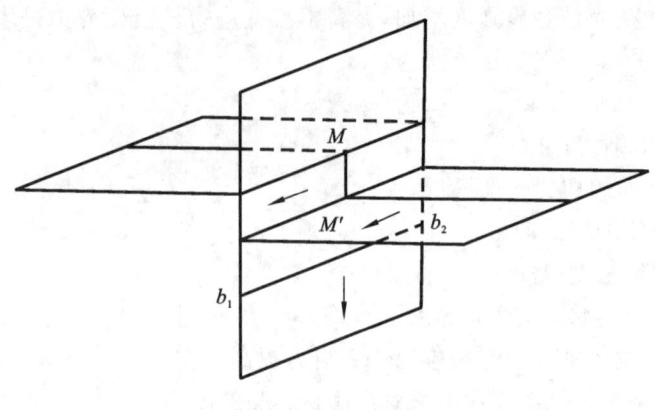

图 2-7   位错割阶

3. 位错林

金属塑性变形过程中,位错群不断增殖,它们杂乱分布,像森林一般,称为位错林。位错滑动过程中遇到位错林,产生割阶,形成位错锁,在位错林斥力作用下,使滑动位错弯曲。随着位错林的不断稠密,位错间的距离不断减小,滑动位错的曲率半径减小,相互斥力增加,因而使位错运动阻力增大。

位错对 Co 基合金的塑性和韧性具有双重作用。一方面,位错的合并以及在障碍处的塞积会使裂纹形核,可以使塑性和韧性降低;另一方面,由于位错在裂纹尖端塑性区内的移动可减缓尖端的应力集中,又可以使塑性、韧性提高。因此,在讨论位错强化和塑性、韧性的关系时,必须考虑这两方面的关系。

影响位错强化的主要因素如下:

(1)位错交滑移(或高温下攀移)的能力。其中:

①层错能越低,位错越不易交滑移和攀移,滑移面上出现列阵位错和位错塞积群,加工硬化率变高;

②层错能越高,螺旋位错越难以分解,出现交滑移,滑移迅速发展,倾向于构成亚晶(胞状亚结构),使加工硬化率明显降低。透射电镜下看不到位错塞积群,多为位错缠结和胞状亚结构。

(2)位错密度与塑性变形量有正比变化关系,晶粒细小的 Co 基合金具有较高的加工硬化率。

(3)冷变形、淬火应力或较低温度下的相变造成的应变、第二相沉淀粒子与 γ-Co 基体间线膨胀系数的差异、伴随沉淀物的形成而引起比热容改变、在局部区域出现位错增多等都会加强位错强化。

2.6　相变强化

相变强化是指通过一定的工艺使 Co 基合金材料中的相或组织发生转变,进而产生强化效应的现象。

当合金元素加入量超过极限溶解度时,合金固溶处理时就有一部分合金元素不能溶入固溶体,这部分组成第二相,称为过剩相。过剩相一般为硬而脆的金属化合物(如渗碳体),当其数量一定且分布均匀时,对合金有较好的强化作用,但也会使塑性、韧性下降,数量过多还会使合金脆化,强度也随之降低。

在生产中,根据具体的情况,可采用不同的方法或综合使用几种方法来达到强化的目的。重要的机械零件在生产过程中都要进行热处理,这是因为其在热处理过程中会发生很多变化:①固溶体时的固溶强化效应;②不同金属化合物沉淀时的沉淀强化效应;③细小相或组织的细晶强化效应;④不同位错密度相或组织的位错强化效应。因此,相变不仅能产生强化效应,还能综合多种强化效应。具有相变金属材料的淬火热处理就是相变强化的典型应用。淬火形成的马氏体是一种过饱和的固溶体,可产生强烈的固溶强化效应。马氏体中的位错密度较高,会产生位错强化效应,比如低碳马氏体的位错密度与经过大量冷加工变形的位错密度相似,因此,其屈服强度较高。此外,形成的马氏体束取向不同,且较为细小,因此,起着细晶强化的作用,比如高碳马氏体具有明显的细晶强化效应。将淬火马氏体再回火,可析出大量细小而弥散分布的碳化物,产生第二相强化。淬火与回火是具有相变的金属材料最经济、最有效的综合强化方法,被广泛应用于各种重要机械零件和工具的强化中。Co 基合金材料的强化可以改善零件的使用性能,提高产品的质量,充分发挥材料的性能潜力,延长工件的使用寿命,在实际应用中,有着非常重要的意义。

2.7　本章小结

本章主要介绍了 Co 基合金的强化原理、途径和方法,具体如下:

(1)Co 基合金的强化实质是 Co 基合金基体材料的一部分相对于另一部分沿一定晶面晶向的相对滑动难度增加,而晶体的实际滑移是通过位错的运动来实现的。

(2)Co 基合金强化的具体途径:一是通过改变合金的键合类型,提高 Co 基合金晶体内的点阵阻力,增加位错运动难度;二是引入大量晶体位错,增加位错之间、位错和其他晶体缺陷之间的交互作用,从而阻碍位错运动。

（3）Co 基合金的主要强化方法：固溶强化、弥散强化、细晶强化、位错强化、相变强化。

参考文献

[1] 王安安,程顺琪,郭治遥,等.Co 基合金激光快速熔凝亚稳组织的结构研究[J].昆明工学院学报,1994,19(4):104-111.

[2] 刘艳,刘志林,刘伟东.应用相结构因子研究合金元素的固溶强化[J].自然科学进展,2002,12(11):1172-1176.

[3] Y. He, H. Pang, H. Qi. Micro-crystalline Fe-Cr-Ni-Al-Y$_2$O$_3$ ODS alloy coatings produced by high frequency electric-spark deposition[J]. Materials Science and Engineering A,2002,334(1):179-186.

[4] 吴安如,董丽君,夏长清.稀土元素对镁合金高温力学性能的影响[J].热加工工艺,2006,35(4):26-30.

[5] 王经涛,古川稔,堀田善治.球状颗粒强化复合材料 Al-6061/Al$_2$O$_3$ 的强化作用[J].复合材料学报,2001,18(3):52-55.

3 激光熔覆 Co 基合金涂层微观组织及耐磨性能研究

　　激光熔覆 Co 基合金涂层的质量不仅取决于 Co 基合金涂层优质的宏观成形，还需要具有优良的性能。优质的熔覆层宏观成形质量主要体现在基体对熔覆层的稀释率低、表面平整、无气孔及裂纹缺陷、与基材呈冶金结合且结合性强不易脱落、熔覆层对基体的润湿性良好等。优良的熔覆层使用性能主要体现在良好的耐磨性能、耐腐蚀性能、力学性能等方面，熔覆层的性能是由其微观组织决定的。不管是激光熔覆层的宏观成形质量，还是熔覆层的使用性能都直接或间接地受到激光熔覆过程中工艺参数的影响，因此，选用合适的激光熔覆工艺参数是激光熔覆过程成功与否的关键。

　　另外，激光熔覆作为材料科学几个快速凝固理论的交叉学科，其涉及物理、力学、传热学和冶金学的复杂过程，激光熔覆现象包括熔覆时的电磁、传热过程、金属的熔化和凝固、冷却时的相变、应力和变形等。熔覆过程中产生的应力和变形，不仅影响熔覆结构的制造过程，而且还影响熔覆结构的使用性能。这些缺陷的产生主要是熔覆时不合理的热过程引起的。由于高度集中的瞬时热输入，在熔覆过程中和熔覆后将产生相当大的残余应力和变形（残余变形、收缩、翘曲），熔覆应力和变形是影响熔覆结构质量和生产率的主要问题之一。因此对激光熔覆过程温度场和应力场的定量分析、预测、模拟具有重要意义。

　　本章以 Co 基合金粉末为熔覆材料，其化学成分如表 3-1 所示。采用 5 kW 的 TJ-HL-T5000 横流式 CO_2 激光器以及配套设备，以氩气作为保护气体，在 Q235 钢板表面制备了激光熔覆 Co 基合金涂层。利用 Olympus Pme-3 金相显微镜（OP）分析工艺参数对 Co 基合金涂层的宏观成形质量的影响，获得工艺参数与熔覆层宏观成形质量的相互关系；同时利用 Sysweld 有限元软件，采用高斯热源，建立激光熔覆过程的有限元模型，分析工艺参数对 Co 基合金涂层温度场和应力场的影响，综合分析工艺参数对宏观成形和温度场及应力场的影响，优化工艺参数。

　　另外，本章还利用 Olympus Pme-3 金相显微镜（OP）、Hitachi su1510 和 S-3400N 配有能谱仪（EDS）的扫描电镜、XD-3A 型 X 射线衍射仪（XRD）、HV-1000 型显微硬度计以及 MM200 环-块磨损试验机对 Co 基合金涂层的微观组织、显微硬度和耐磨性能进行研究，并探讨了其摩擦磨损机理。

表 3-1 Co 基合金粉末化学成分

元素	C	Mo	Cr	Ni	Si	Fe	Co
含量/(%)	0.27	5.4	28.6	2.27	0.9	0.5	bal

3.1　工艺参数对激光熔覆 Co 基合金涂层宏观成形的影响

　　激光熔覆工艺参数是决定激光熔覆能否实现合金粉末预期性能的关键因素，最优的工艺参数可以将材料的性能发挥到极致。衡量激光熔覆合金涂层质量好坏的主要是宏观成形质量，而激光熔覆合金涂层宏观成形质量主要受表面形貌、润湿角和稀释率影响。表面形貌主要反映熔覆层表面的成形平整度以及缺陷存在情况。润湿角是指在平衡状态时，在气、液和固三相界面处，由固/液界面与气/液界面形成的夹角，它是熔覆材料在基体表面上铺展性能的重要指标。一般来说，润湿角在 0~90°时，表示熔覆材料在基体表面上铺展性能良好。从理论上讲，润湿角越小，熔覆材料在基材表面的铺展性能越好，然而润湿角太小，熔覆层厚度减小，反而对成形不利。

　　稀释率是指熔化的基材混入熔覆层金属中而使熔覆合金成分变化的程度。相同条件下，稀释率和比能量成正比。这是由于单位面积的激光能量的增加熔化了更多基材的原因。在相同的比能量下，稀释率和激光功率成正比，较高的功率使合金粉末在更短的时间内熔化，从而熔化了更多的基材，导致稀释率上升。在其他条件相同的条件下，激光头的扫描速度和稀释率成反比，因为扫描速度越慢，光束在合金粉末上作用的时间越长导致稀释率的上升。相同条件下，同步送粉的情况下，送粉速度越快，稀释率越低；预置送粉情况下，预置粉末越厚稀释率越低。这是因为单位时间内需要熔化的合金粉末越多，所需要的能量就越多，而基材熔化得就越少，因此稀释率就越高。总而言之，只要保证激光熔覆的稀释率在 10% 以下就能保证熔覆层既能获得预期的性能，又能保证熔覆层与基材的结合强度。

　　一般来说，较低的稀释率能使熔覆层保持原有合金的成分和性能，但稀释率过低，在使用过程中熔覆层容易因与基材的冶金结合性较差而出现脱落。相反，如果稀释率过高，过多熔化的基体材料进入熔覆层中，导致熔覆层材料的成分和组织改变，进而降低熔覆层的使用性能。因此，稀释率对熔覆层的宏观成形、组织和性能有着重要的影响。一般来说，熔覆层的稀释率控制在不高于 10% 较好。稀释率 η 的计算公式为：

$$\eta = \frac{A_1}{A_1 + A_2} = \frac{h}{H + h} \times 100\%$$

(3-1)

式中：A_1——熔化的基材区域的横截面积；

　　A_2——熔覆层的横截面积；

　　h ——基体的熔化深度；

　　H ——熔覆层的厚度。

激光熔覆过程中，辐射到熔覆材料表面的热源通过在电磁环境下与材料中电子的交互作用，使预置熔覆材料和基体材料表面熔化形成熔池，熔池中的合金元素之间存在复杂的物理化学反应，随着激光束的移动，熔池快速凝固形成熔覆层。因此工艺参数直接影响着熔覆层的宏观成形，进而影响熔覆层的组织和性能。激光熔覆工艺参数主要包括光斑直径 D、预置粉末层厚度 H、激光功率 P、扫描速度 V、多道搭接率 α 等。本部分以普通碳钢表面预置的 Co 合金粉末作为研究对象，研究工艺参数对 Co 基合金涂层宏观成形的影响，以便确定工艺参数。

3.1.1　光斑直径

本研究采用的激光器为 CO_2 激光器，光斑形状为圆形，其能量分布呈高斯分布，光斑尺寸对熔覆层的宏观成形和熔覆效率有着直接的影响。一般来说，激光输出功率一定的情况下，光斑尺寸越小，激光束能量越集中，熔覆材料熔化越充分，熔覆层宏观表面越平整光滑，润湿角及稀释率越大；随着光斑尺寸增大，激光束能量密度分散，会导致熔覆层与基体出现未熔合、咬边等缺陷。但如果光斑尺寸过小，会导致润湿角及稀释率明显增大，同时不利于大面积熔覆层的制备，降低了加工效率。因此，为确保激光熔覆时热源具有足够的能量密度、熔覆层具有良好的宏观成形及获得较高的加工效率，光斑直径选定为 5 mm。

3.1.2　预置粉末层厚度

在激光熔覆过程中，高能激光束首先作用在预置粉末层表面，然后热量通过预置粉末层传递到基材，但由于合金粉末层热导率较小，其对上部的高能激光束和下部的基材起隔离作用，因此，激光束必须具备足够高的能量输入才能保证预置粉末层和部分基材熔化形成良好的宏观成形。可见，预置粉末层厚度决定着激光熔覆过程中能量的传递，影响熔覆层的宏观成形。

图 3-1 为不同预置粉末层厚度的熔覆层宏观成形（ $D=5$ mm，$P=2.3$ kW，$V=4$ mm/s）。由图 3-1(a)可以看出，当预置粉末层厚度为 0.8 mm 时，熔覆层宏观表面平整光滑，熔覆材料铺展良好，但由于预置粉末层较薄，隔离作用较为有限，通过预置粉末层传递到基材的热量增加，造成基材的熔化量增加，导致基体对合金涂层的稀释率达到 16.12%，熔覆材料对基体的润湿角为 50.3°。当预置粉末层厚度为 1.0 mm 时，熔覆层宏观表面平整光滑，熔覆材料铺展良好，由于预置粉末层厚度

增加,隔离作用增加,基材熔化量减少,使基体对合金涂层的稀释率达到 10.53％,熔覆材料对基体的润湿角为 47.6°,如图 3-1(b)所示。稀释率的计算结果与文献[4]的结果相一致。当预置粉末层厚度增大到 1.5 mm 时,熔覆层宏观表面形貌较差,出现由于预置粉末层与基材的未熔合而造成熔覆层脱落现象,基体对合金涂层的稀释率减小为 3.81％,熔覆材料对基体的润湿角为 17.9°,如图 3-1(c)所示。因此,为了获得优质的熔覆层宏观成形,预置粉末层厚度选择为 1.0 mm。

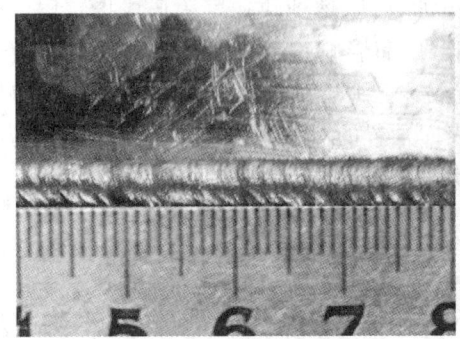 

(a) 预置粉末层厚度为0.8 mm   (b) 预置粉末层厚度为1.0 mm

(c) 预置粉末层厚度为1.5 mm

图 3-1   不同预置粉末层厚度熔覆层的宏观成形

3.1.3   搭接率

在激光熔覆应用过程中,由于机械设备及零部件的失效往往表现为表面大面积磨损或腐蚀,因此,需要对机械零部件表面实施大面积激光熔覆维修。但是,由于单道熔覆所覆盖的面积较小,为了弥补单道熔覆的不足,多道熔覆就成为解决该问题最有效的方法。大量研究结果表明,多道熔覆的搭接率是影响熔覆层宏观成形、组织和性能的重要参数之一。

图 3-2 为不同搭接率熔覆层的宏观成形和微观组织($D = 5$ mm,$P = 2.3$ kW,

$H = 1.0$ mm，$V = 4$ mm/s）。由图 3-2(a)可以看出，搭接率为 10％的熔覆层表面呈现"驼峰状"。另外，由于搭接区域能量密度较低，容易造成气孔、未熔合、夹杂等缺陷存在。当搭接率增加到 50％时，熔覆层宏观表面平整，搭接区域熔合良好，未

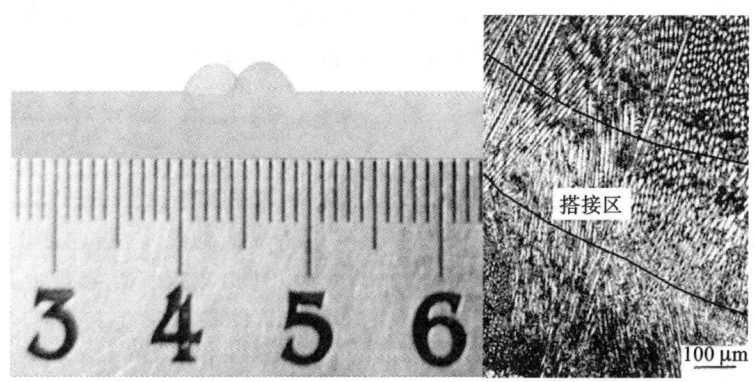

(a) 搭接率为10%

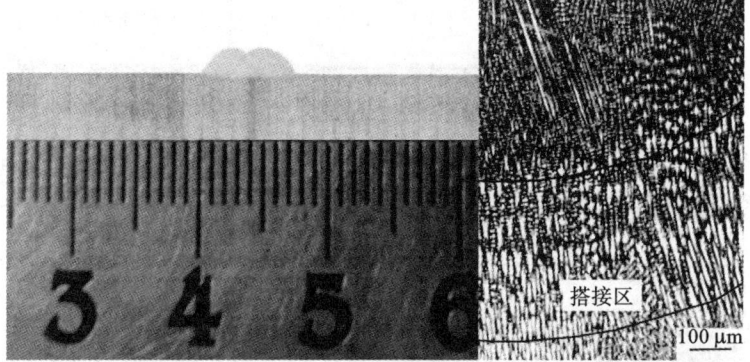

(b) 搭接率为50%

(c) 搭接率为70%

图 3-2　不同搭接率熔覆层的宏观成形和微观组织

出现气孔、夹杂等明显缺陷,如图 3-2(b)所示。当搭接率增加到 70％时,虽然熔覆层宏观表面平整,搭接区域熔合良好,但由于搭接区域存在二次加热甚至三次加热作用,搭接区域熔覆层组织会存在明显粗化现象,必然会导致搭接区域熔覆层性能的降低,如图 3-2(c)所示。通过对上述分析的综合考虑,为了提高熔覆工作效率,避免出现熔覆层宏观表面"驼峰"现象和搭接区域组织粗化,本研究采用的多道熔覆搭接率为 50％。

3.1.4 扫描速度

扫描速度决定着激光束辐射在预置粉末材料表面的热量,进而影响着熔覆层宏观成形、微观组织及熔覆效率。一般来说,在保证熔覆层良好宏观成形情况下,采用较快的扫描速度来提高熔覆效率。图 3-3 为不同扫描速度下熔覆层的宏观成形($D=5$ mm,$P=2.3$ kW,$H=1.0$ mm)。由图 3-3(a)可以看出,当扫描速度为 2 mm/s 时,熔覆层宏观表面较为光滑,但由于扫描速度较慢,基材熔化量较大,导致熔覆层对基体表面的润湿角达到 49.3°,基体对熔覆层的稀释率达到 15.4％。当

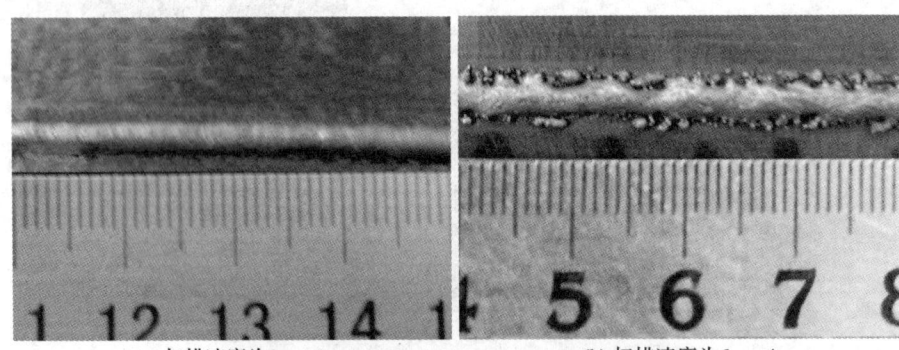

(a) 扫描速度为2 mm/s   (b) 扫描速度为6 mm/s

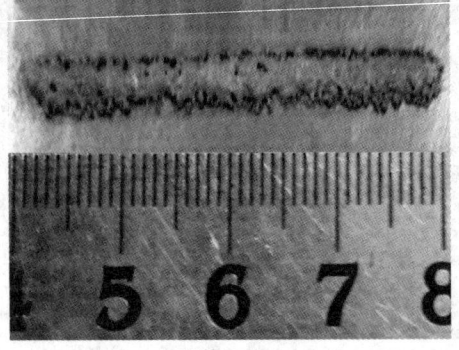

(c) 扫描速度为8 mm/s

图 3-3 不同扫描速度下熔覆层的宏观成形

扫描速度增加到 6 mm/s 时,熔覆层表面出现褶皱、未融合甚至是断续现象,熔覆层对基体表面的润湿角为 45.6°,基体对熔覆层的稀释率为 7.3%,如图 3-3(b)所示。当扫描速度继续增加到 8 mm/s 时,熔覆层表面出现大量因未熔合而导致的剥落现象,熔覆层对基体表面的润湿角为 39.7°,基体对熔覆层的稀释率为 4.1%,如图3-3(c)所示。通过相关试验及观察分析,在上述工艺参数下,扫描速度在 2~6 mm/s 范围内能制备出较好宏观成形的熔覆层。综合考虑激光熔覆的宏观成形和熔覆效率,本研究选用的激光熔覆扫描速度为 4 mm/s。

3.1.5 激光功率

在光斑尺寸和扫描速度确定后,激光功率决定着激光熔覆过程中的线能量,进而会影响熔覆层的宏观成形、组织和性能。图 3-4 为不同激光功率下熔覆层的宏观成形($D = 5$ mm,$H = 1.0$ mm,$V = 4$ mm/s)。从图 3-4(a)中可以看出,当激光功率为 1.8 kW 时,预置粉末层熔化,而基材表面基本未熔化,熔覆层对基体的润湿角和基体对熔覆层的稀释率明显增加,分别达到 40.6° 和 2.3%,因此,预置粉末层与基材未形成良好的冶金结合,且结合强度较差导致熔覆层出现脱落。当激光功率继续增大到 2.8 kW,虽然熔覆层宏观表面平整光滑,但由于线能量增加,基材表面熔化量增多,导致熔覆层对基体的润湿角和基体对熔覆层的稀释率明显增加,分别达到 50.1° 和 17.1%,同时也会造成熔覆层组织粗化和性能降低。因此,合适的激光功率有助于熔覆层获得良好的宏观成形。基于以上分析,本研究选用激光熔覆的功率为 2.3 kW。

(a) 激光功率为1.8 kW   (b) 激光功率为2.8 kW

图 3-4 不同激光功率下熔覆层的宏观成形

综合上述分析,当激光熔覆的工艺参数选定为:光斑尺寸为 5 mm,预制粉末层厚度为 1.0 mm 左右,搭接率为 50% 左右,扫描速度为 2~6 mm/s,功率为 2.3 kW 左右时,激光熔覆 Co 基合金可以获得优良的合金涂层。

3.2 激光熔覆 Co 基合金涂层温度场和应力场数值模拟

3.2.1 热源模型的建立

激光熔覆是一个涉及物理、传热、冶金和力学的复杂过程,熔覆期间进行的一切物理化学反应、固/液相变等都与激光加工的热过程有关。由于激光熔覆过程中熔池尺寸小、温度高以及加工过程的时间相对较短,因而用试验方法测量激光熔池中的温度分布和应力状态是很困难的。激光熔覆过程的有限元模型是真实系统理想化的数学抽象,是进行有限元分析的基础。因此,建立一个正确的有限元模型是其中非常重要的一环,有限元模拟原则上允许考虑几乎任何复杂的情况,但是实际上,资源和经济上的要求给予了限制,这就要求在建模时,重点考虑那些对结果有直接或重要影响的因素,适当考虑甚至忽略那些对计算结果只有间接或次要影响的因素。

1.单元类型确定

有限元模型由一些简单形状的单元组成,单元之间通过节点连接,并承受一定载荷。其中,单元是由一组节点自由度间相互作用的数值、矩阵描述(称为刚度或系数矩阵)。节点是空间中的坐标位置,具有一定自由度和存在相互物理作用。信息是通过单元之间的公共节点传递的。自由度用于描述一个物理场的响应特性。有限元分析仅仅求解节点处的自由度值。在激光熔覆过程的计算机模拟中,有限元数值计算温度场时单元的自由度是温度的变化,而计算变形时自由度为位移。

在有限元模型中,每个单元的特性都是通过一些线性方程式即形函数来描述的。作为一个整体,单元形成了整体结构的数学模型。单元形函数是一种数学函数,规定了从节点自由度值到单元内所有节点处自由度值的计算方法,提供了一种描述单元内部结果的"形状",它与真实工作特性吻合的好坏程度直接影响求解精度。

在 SYSWELD 单元库中有许多种不同的单元类型,如矩形、三角形、四面体、六面体等。单元类型决定了单元的自由度以及单元是在二维空间还是三维空间。在实际选用单元类型时需要考虑以下两个方面的内容:首先需要确定自由度是否相容,根据自由度的不同可供选择的单元有线、面或三维实体的单元种类;其次还需要决定采用线形、四面体或六面体单元。线性单元和高阶单元之间明显的差别是线性单元只存在"中间节点",而高阶单元不存在"中间节点"。线性单元内的自由度按线性变化,二次单元内的自由度是二阶变化的,六面体单元的自由度从 2 阶到 8 阶变化,而且具有求解收敛自动控制功能,自动确定在各位置上分析应当采用的阶数。

在激光熔覆分析中,单元确定还要考虑到以下几个因素:首先研究对象为工件就不得不考虑 z 向变化的情况,单元必须为三维实体单元;其次要能进行热分析;最后所用单元还应能够进行瞬态非线性分析。根据这些要求可选用六面体单元。

2.几何模型建立

一般而言,在激光熔覆过程中,熔池、熔覆材料之间甚至熔覆材料与激光束之间均发生着剧烈的物理、化学反应,其间包括熔池中的流体动力学和热过程,激光熔覆的物理过程(如图 3-5 所示),热源与金属间的相互作用,熔池金属凝固,熔覆层的应力及变形发展过程。每一种现象互相关联但又各自自成一体,而具体到本研究的内容,则着重分析熔覆层的温度场、应力场和变形的瞬态变化情况。因而,在进行模拟分析时,应该弱化处理甚至不处理那些对温度场、应力场及变形影响微弱的因素。例如针对激光熔池中的流体动力学和热过程,可以仅考虑熔池内部液态金属对流传热对熔池形状的影响结果,而对其中液态金属具体如何流动以及表面张力梯度如何变化等问题不做分析。

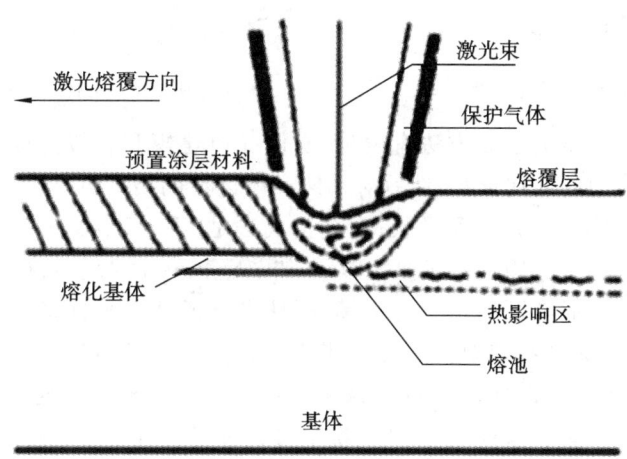

图 3-5　激光熔覆的物理过程

另外,考虑到激光熔覆 Co 基合金三维模型网格划分后的单元数量庞大,使得计算时间过长,材料物理参数的严重非线性导致求解过程收敛困难;多道激光熔覆过程影响了数值模拟的精度等诸多因素,需对分析模型进行适当简化处理(例如减小模型尺寸),并做如下的假设:

(1)工件的初始温度为室温(20 ℃);

(2)忽略熔池内部的化学反应和搅拌、对流等现象;

(3)激光熔覆以恒定速度 V 进行,热源的能量密度服从高斯分布;

(4)熔覆材料和基体都是各向同性材料;

(5)不考虑工件与试验台之间的热传导,假设工件的所有外边界仅与空气发生对流换热。

在 SYSWELD 中,如果分析对象呈对称的几何形状,并且所受载荷也对称,则可考虑只计算模型的一部分,并且在对称点、面、线或面上施加对称边界条件。本章所研究的是在低碳钢基体材料表面上激光熔覆 Co 基合金涂层,并且主要是对单道熔覆层与多道熔覆层温度场与应力场的分析,同时由于考虑到计算量与时间问题,本研究选择采用较小的模型尺寸、较密网格的三维模型。工件形状及其载荷均沿熔覆道次对称,可以只考虑对其中的一半建模,如图 3-6 和图 3-7 所示。

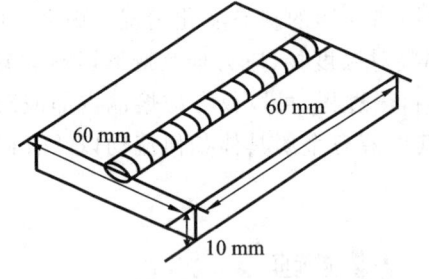
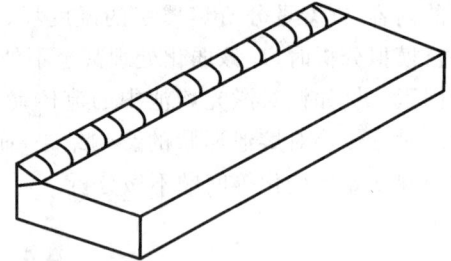

图 3-6　激光熔覆模型　　　　　图 3-7　工件三维模型

有限元几何模型的建立方法有两种:实体几何建模和直接生成法。实体几何建模是先画出模型的几何形状,然后对几何实体进行网格划分产生节点和单元,可以控制程序生成单元的大小和形状;直接生成法是“手动”定义每个节点的位置和每个单元的连接。可采用一些简便的操作,如节点和单元的复制、对称投影等。

空间任何一点通常可用笛卡儿坐标、圆柱坐标或球面坐标来表示该点的坐标位置,不管哪种坐标系都需要三个参数来表示该点的正确位置。每一坐标系统都有确定的代号,进入 SYSWELD 的默认坐标系是笛卡儿坐标系统。上述的三个坐标系统又称为整体坐标系统,在某些情况下可通过辅助节点来定义局部坐标系统。

对于简单的几何模型,可以采用直接生成法,这样可以很容易控制节点和单元的分布、数量和序号。但是,如果要构造复杂的几何模型,使用直接生成的方法费时费力,一般采用实体几何建模。在实体几何建模时,可以自底向上构造有限元模型。首先定义关键点,再利用这些关键点定义较高级的实体图元(即线、面和体);也可以采用自顶向下构造有限元模型,即通过汇集线、面、体等几何体元素的方法构造模型。实体建模的最终目的是划分网格以生成节点和单元。所以,在建立几何模型时,必须充分考虑划分网格的问题,要使几何模型在满足计算要求的基础上最简化。

3. 网格划分

对于简单的几何模型可直接在 SYSWELD 中划分网格,而对于复杂的模型可在专用网格划分软件中划分或在其他通用有限元分析工具,如 ANASYS 中划分,再通过其接口导入 SYSWELD 中。

网格划分包括三部分:1D(D 代表维数)、2D、3D,其先后次序没有严格规定。但是一般顺序为 3D、2D、1D。划分网格时首先定义网格密度,再生成网格。网格划分完后,一定要合并节点,使节点重新排序,目的是缩小计算矩阵的自由度。划分完网格后将多余的自由点、线等删去,使模型干净。然后保存相应的数据文件(∗.MOS、∗.TIT),以备日后修改网格模型及分组时使用。划分网格时,密度要适中,相连的实体之间网格必须连续,节点必须重合且密度相同,否则计算时会出错。划分时尽量采用正方形网格,以便提高计算精度。另外,在划分网格之后,为了使计算结果更准确,需根据实际工况对网格做局部手工调整。

在 SYSWELD 中划分网格的方式有两种,分别为自由网格划分和规则网格划分。自由网格对于单元形状没有限制,用这种方式划分的网格排列不规则,可以应用于具有不规则几何形状的模型或者是需要网格过渡的区域;而规则网格对包含的单元形状有限制,通常规则面网格只包含四边形或三角形单元,规则体网格只包含六面体单元、四面体和三棱柱。用规则网格划分方式得到的网格具有规则的几何形状,而且它对载荷的施加和收敛的控制相当有利。因而,在实际应用中一般优先选用规则网格划分,当不能用规则网格划分时考虑选用自由网格划分作为补充。

在有限元分析中,网格划分的合适与否与计算结果的精度和计算效率息息相关。网格划分得越细,计算精度越高,所花费的计算时间越长;反之,计算精度越低,所花费的时间越短。网格的划分细到一定程度,计算精度变化较小甚至不发生变化。激光熔覆过程是一个加热非常不均匀的过程,在熔覆处温度梯度变化很大,划分网格时一般不采取均匀的网格,而是在熔覆层及其附近的部分采用较密的网格,在远离熔覆层的区域,能量传递缓慢,温度分布梯度变化相对较小,这时可以采用相对稀疏的单元网格。总之,在保持精度的同时减少网格的数量。要获得一个良好的瞬态激光熔覆的温度场,熔覆层处的单元网格最好在 2 mm 以下,而具体到本研究课题根据激光熔覆的特点,单道激光熔覆层处以及多道激光熔覆的温度场分析时的单元网格大小最小定为 0.08 mm,最大为 0.16 mm。具体网格划分情况如图 3-8 所示。

4. 组的建立

根据上述网格划分结果,导入数据文件 ∗.TIT,分别定义熔覆线、参考线(熔覆线和参考线必须平行且等长)、起始单元和节点、终止节点(顺序是从熔覆线到参考线)以及热交换面(包括传导面和辐射面)和约束条件(根据实际情况决定),最后将

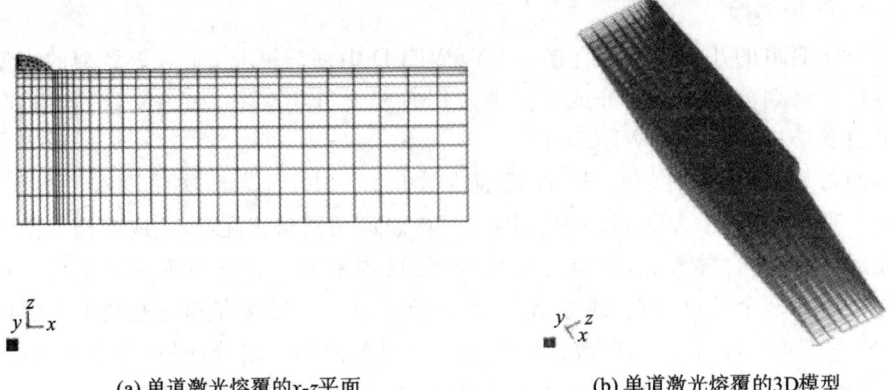

(a) 单道激光熔覆的x-z平面   (b) 单道激光熔覆的3D模型

图 3-8　单道网格示意图

这些定义的组保存为相应的文件 * . ASC。

5.材料特性参数

金属材料的物理性能参数,如比热容、导热系数、弹性模量、屈服应力等一般都随温度的变化而变化。当温度变化范围不大时,可采用材料物理性能参数的平均值进行计算。但激光熔覆过程中,工件局部加热到很高的温度,整个工件温度变化十分剧烈,如果不考虑材料的物理性能参数随温度的变化,那么计算结果定会有很大的偏差。所以在激光熔覆温度场和应力场的模拟计算中,一定要给定材料的各项物理性能参数随温度的变化值。

但是,许多材料的物理性能参数在高温特别是接近熔化状态时还是空白,并且某些参数,如热导率和比热容,虽然随温度的变化而变化,但由于熔覆过程中塑性应变的产生,使得其变化的结果与变化的过程相关,有时两者随温度变化的方向甚至相反,而高温性能参数对激光熔覆过程的模拟结果和计算过程均有较大影响,这会给模拟计算带来很大的困难。通过实验和线性插值的方法可获得高温时的一些数据,但有时处理不当,就会导致计算不收敛或结果不准确。例如,激光熔覆时熔池金属处于熔化状态,其屈服极限和弹性模量是没有实际物理意义的,但由于激光熔覆过程的模拟计算是基于弹塑性理论,这些参数必须为非零值,若参数取得过小会导致计算收敛困难,并且即使收敛也会使计算时间大幅度增加,参数取值偏大又会影响结果的准确性。

在本研究课题中,Co 基合金的激光熔覆模拟属于典型的非线性瞬态分析,为解决这一问题,可以在 SYSWELD 中输入材料在典型温度值的热物理性能参数,建立相关参数的工程数据库,而对于那些未知温度处的参数可以通过插值法和外推法来确定。在进行熔覆分析时必须确定的热物理性能参数有:热导率(W/mm・℃)、密度(kg/mm³)，比热(J/kg·K)、熔点(℃)；针对应力应变场模拟必须要确定的热物理性能参数还有：泊松比、弹性模量(N/mm²)、热膨胀系数(1/℃)、屈服强度(MPa)等。Co基合金涂层和基体低碳钢的各项热物理性能参数具体取值如图3-9和图3-10所示。

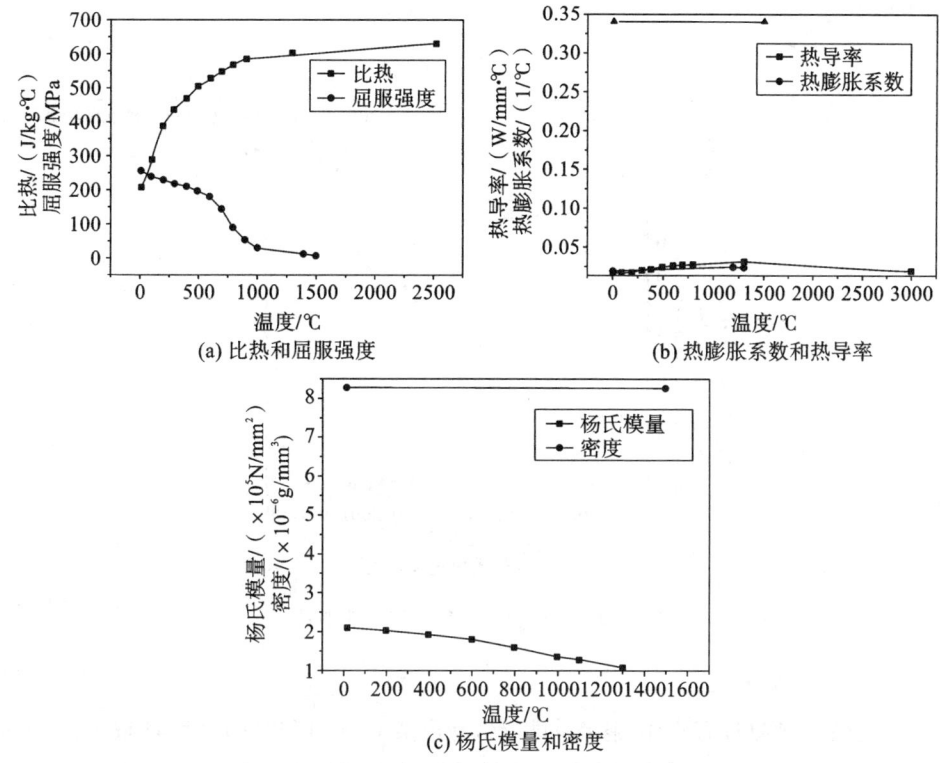

(a) 比热和屈服强度　(b) 热膨胀系数和热导率

(c) 杨氏模量和密度

图3-9　Co基合金涂层材料的热物理性能参数

在激光熔覆过程中被熔覆金属不断进行着熔化-冷却，因而在此过程中总存在着固/液之间的相变，由此产生的相变潜热对温度场的分析以及由于温度变化而引起的应力应变场的分析都会产生一定的影响，本研究课题忽略固态相变对温度场和应力场的影响。

6. 生死单元技术

在多道激光熔覆过程中，随着激光的逐道扫描，各道熔覆层依次产生，因此，熔覆层所在的某些单元在激光开始扫描的时候并不存在，而是随着激光熔覆过程的进行不断产生的，要真实地再现这一过程就必须用到SYSWELD中的生死单元技术。单元的生或死是指如果模型中加入或删除材料，模型中相应的单元就"存在"或"消亡"。单元生死选项就用于在这种情况下杀死或重新激活选择的单元。

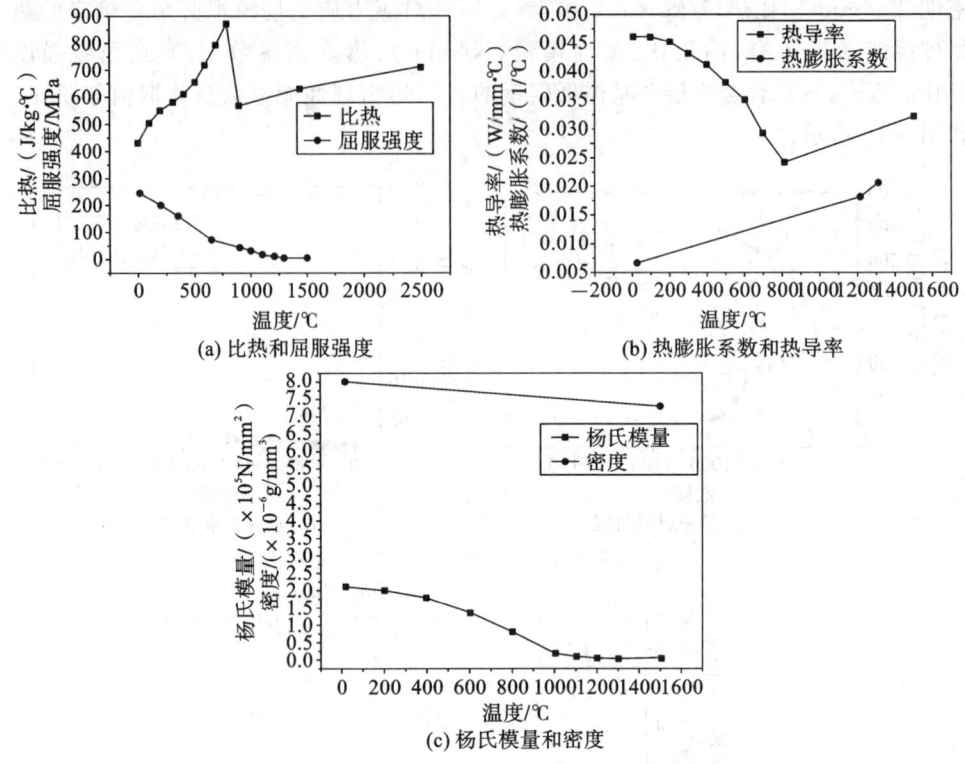

(a) 比热和屈服强度　　　　　　　(b) 热膨胀系数和热导率

(c) 杨氏模量和密度

图 3-10　基体材料的热物理性能参数

7. 热源模型确定

激光熔覆热源具有集中、移动的特点,易形成对空间和时间梯度都很大的不均匀温度场,而正是这种不均匀温度场是形成激光熔覆后残余应力与变形的根本原因。因此,焊接热源模型选取是否得当,对焊接温度场、应力场和变形的模拟计算精度会有很大的影响,特别是靠近热源的地方。激光熔覆热源模型的建立与激光熔覆温度场的模拟是激光熔覆数值模拟的重要部分。

在热弹塑性有限元方法中,温度场对结果有十分重要的影响,为了得到准确的温度场,人们采用了各种热源模型,比较精确的激光热源模型通常会考虑空腔形成和熔池效应,计算中温度场和应力场的计算均采用相同的有限元网格。

在 SYSWELD 软件模拟中,激光熔覆过程热弹塑性模拟一般采用高斯表面热源和柱状热源的复合模型。

高斯函数的热流分布是比点热源更切实际的一种热源分布函数,因为它将热源按高斯函数在一定的范围内分布,图 3-11 为 3D 高斯热源分布函数图,其函数定义为:

$$q(r) = q(0)\mathrm{e}^{-2\sigma} \tag{3-2}$$

式中:$q(r)$——半径 r 处的表面热流;

　　$q(0)$——热源中心处的热流量最大值;

　　c——热源集中系数;

　　r——到热源中心的距离。

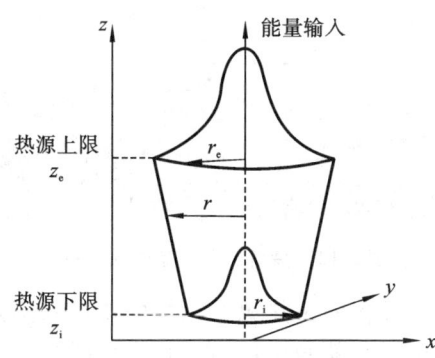

图 3-11　3D 高斯热源分布函数图

图 3-12 为 SYSWELD 软件中高斯热源的参数输入图。激光熔覆过程中相当一部分热量是通过热传导和辐射直接传输给工件的。为此,另一种高斯分布的热源可写为:

$$q(x,\zeta) = \frac{3Q}{\pi c^2} e^{\frac{-3x^2}{c^2}} e^{\frac{-3\zeta^2}{c^2}} \tag{3-3}$$

式中:Q——能量输入率;

　　c——热流分布特征半径。

为方便起见,将固定坐标系(x,y,z)引入。动、静坐标系关系可写为:

$$z = z + v(\tau - t) \tag{3-4}$$

式中:v——扫描速度;

　　τ——热源位置滞后的时间因素。

在(x,y,z)坐标系中式(3-3)可写为如下形式:

$$q(x,z,t) = \frac{3Q}{\pi c^2} e^{\frac{-3x^2}{c^2}} e^{\frac{-3[z+v(\tau-t)]^2}{c^2}} \tag{3-5}$$

此时,$x^2 + \zeta^2 < c^2$,对 $x^2 + \zeta^2 > c^2$,$q(x,\zeta,t) = 0$。

图 3-12 中,Q_0 为单位能量,$r_e > r_i$,$z_e > z_i$。x_0、y_0、z_0 为热源中心的位置,Energy 为输入的总能量。

影响激光熔覆温度场的热源主要参数是熔覆时的热输入,在瞬时作用热源中其为热量或热能,在连续作用热源中其为热流量。在两种情况下,都需要考虑的是它们的净值或有效值,因此需要考虑热源有效利用率。激光温度场计算的不准确很大程度上源于相关的热量和热流量不准确,

热效率 η 取决于热源性质、激光熔覆工艺方法、熔覆材料的种类、基材金属的性

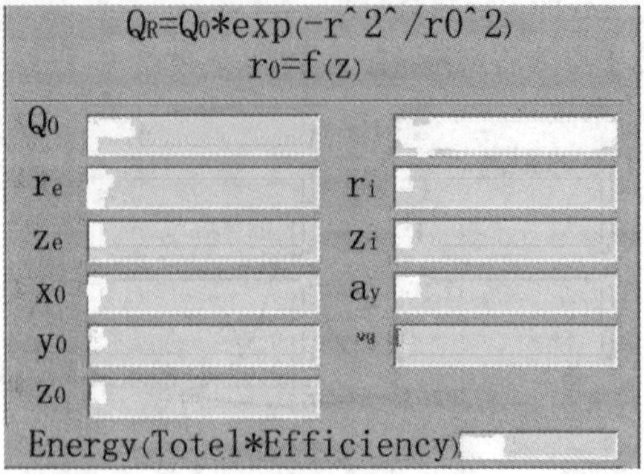

图 3-12　高斯热源的参数输入图

质及尺寸形状等。在熔覆过程中由热源所提供的热量并不是全部被利用,有一部分热量损失于周围介质中。也就是说,真正用于熔覆的热量只是由热源提供的热量的一部分。工件吸收到的热量要少于热源提供的热量,吸收的热量一方面用于熔化金属形成熔池,另一方面传给母材由表面辐射及造成热影响区散失热量。严格来讲,用于熔化金属形成熔池的热能才是真正的热效率,本研究采用的激光热效率为 40%。

3.2.2　激光熔覆温度场模拟理论基础

1.传热的基本形式

熔覆时,由于工件是局部受热,工件中存在很大的温度差,因此,不管是工件内部还是工件与周围介质之间都会发生热能的流动。根据传热学的理论,热量的传递不外乎是热传导、对流和辐射三种基本形式。

激光熔覆传热过程所研究的内容主要是熔覆层上的温度分布及其随时间的温度变化,因此,研究熔覆层温度场在激光与熔覆材料交互作用过程中主要是辐射和对流作用,在试样内部主要是以热传导为主。

1)热传导传热定律

热传导的傅立叶定律表明,物体等温面上的热流密度 $q*$[J/mm^2 · s],通过热导率 λ[J/mm · s · K]与垂直于该处等温面的负温度梯度 $\partial T/\partial n$[K/mm]成比例,如式(3-6)所示。

$$q^* = -\lambda \frac{\partial T}{\partial n} \qquad (3-6)$$

2)对流传热定律

根据牛顿定律,对于某一与流动气体或液体接触的固体的表面微元,其热流密度 q_c* 通过对流传热系数 α_c[J/mm · s · K]与固定表面温度 T 和气体或液体温度

T_0 之差成比例,如式(3-7)所示。

$$q_c{}^* = \alpha_c(T - T_0) \tag{3-7}$$

3)辐射传热定律

加热体的辐射传热是一种空间的电磁波辐射过程,可穿过透明体,被不透光的物体吸收后又转变成热能。根据斯忒藩-波耳兹曼定律,受热物体单位面积、单位时间辐射的热量,即其热流密度与其表面温度的 4 次方成比例,如式(3-8)所示。

$$q_r{}^* = \varepsilon C_0 T^4 \tag{3-8}$$

式中:C_0——辐射系数;

ε——灰度特征。

2. 热源控制方程

图 3-13 是激光熔覆工件模型示意图,由热传导理论,固体传热现象采用传热通用方程和反映传热体与周围环境交互作用的边界条件来描述。在一束功率为 P,速度为 V,沿 y 轴正向扫描的激光作用下,设在 t 时刻材料各处的温度场分布为 $T(x, y, z, t)$。

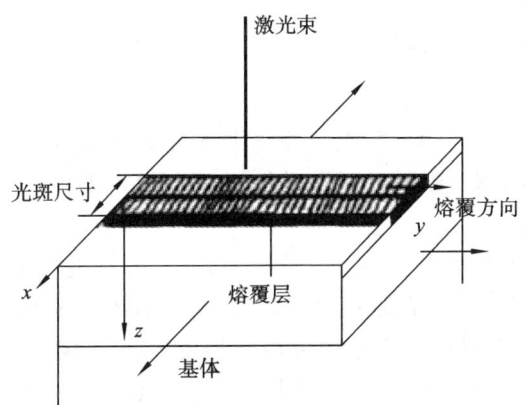

图 3-13 激光熔覆工件模型示意图

则在该三维坐标系下热传导准稳态偏微分方程为:

$$\frac{\partial^2 T}{\partial^2 x} + \frac{\partial^2 T}{\partial^2 y} + \frac{\partial^2 T}{\partial^2 z} + \frac{Q}{\rho C_p} = \frac{1}{\alpha}\frac{\partial T}{\partial t} \tag{3-9}$$

式中:$\alpha = (\lambda/\rho_c)$——热扩散系数($m^2/s$);

λ——材料的导热系数($W/(m \cdot K)$);

ρ——材料密度(kg/m^3);

C_p——比热容($J/(kg \cdot K)$);

Q——材料的内热源(包括激光施加的热量以及相变释放的热量),即单位时间单位体积的发热量。

激光熔覆三维瞬态温度场热源控制方程采用 Fourier 导热微分方程,即

$$\rho C_p \frac{\partial T}{\partial t} = \nabla(\lambda \nabla T) + Q \tag{3-10}$$

式中:T——温度;

t——时间。这些参数中 ρ、C_p 都随温度的变化而变化。

3.初始条件及边界条件

采用 3D 高斯热源模型,考虑工件与周围环境的对流换热。

初始条件: $T|_{t=0} = 20\ ℃$

对称面设为绝热边界条件: $\frac{\partial T}{\partial t} = 0 \tag{3-11}$

其余表面考虑为对流换热边界条件:

$$-\lambda \frac{\partial T}{\partial n} = h(T_s - T_\alpha) \tag{3-12}$$

式中:h——换热系数;

T_α——周围介质温度;

T_s——工件表面上的温度。

4.非线性瞬态热传导

由于激光熔覆温度场的分析是典型的非线性瞬态热传导问题,这类问题的求解特点是在空间域内用有限单元网格划分,在时间域内则用有限差分网格划分。

1)空间域的离散

在采用有限元法求解激光熔覆热传导问题时,通常把一个求解微分方程问题转化为求解泛函极值的变分问题,然后对物体进行有限元分割,把变分问题近似地表达成线性方程组,求解该方程组便可得到热传导问题的解。但是对于非线性问题有时很难找到相应的泛函,此时可采用加权余量法。加权余量法的基本思想是构造插值函数,使得所要求解的微分方程的残余量在加权积分意义下达到最小。

首先对空间域离散,记形函数为 $[T]$,单元节点温度为 $\{T\}^e$,则单元内温度可表示为:

$$T = [N]\{T\}^e \tag{3-13}$$

采用加权余量法可求得如下方程:

$$[K]\{T\} + [C]\frac{\partial}{\partial t}\{T\} = \{P\} \tag{3-14}$$

式中:

$$[K] = \sum([K_1]^e + [K_2]^e)$$

$$[C] = \sum[C]^e$$

$$\{P\} = \sum(\{P_1\}^e + \{P_2\}^e + \{P_3\}^e)$$

$$[K_1]^e = \int_{\Delta V} \left(\frac{\partial [N]^{\mathrm{T}}}{\partial x} \lambda \frac{\partial [N]}{\partial x} + \frac{\partial [N]^{\mathrm{T}}}{\partial y} \lambda \frac{\partial [N]}{\partial y} + \frac{\partial [N]^{\mathrm{T}}}{\partial z} \lambda \frac{\partial [N]}{\partial z} \right) \mathrm{d}V$$

$$[K_2]^e = \int_{\Delta S} [N]^{\mathrm{T}} \beta [N] \mathrm{d}S$$

$$[C]^e = \int_{\Delta V} [N]^{\mathrm{T}} c\rho [N] \mathrm{d}V$$

$$[P_1]^e = \int_{\Delta V} [N]^{\mathrm{T}} Q \mathrm{d}V$$

$$[P_2]^e = \int_{\Delta S} [N]^{\mathrm{T}} q_s \mathrm{d}S$$

$$[P_3]^e = \int_{\Delta S} [N]^{\mathrm{T}} \beta T_a \mathrm{d}S$$

式(3-14)中,系数矩阵$[K]$为导热矩阵,也称为温度刚度矩阵;$\{T\}$是未知温度值向量;$[C]$称为热容量矩阵;$\{P\}$是热流向量。$[K]$、$[C]$、$\{P\}$都与温度 T 有关,因为其中包括的 λ、ρ、c、β 都不是常数,而是温度的函数,因而式(3-14)是一个非线性的微分方程组。

2)时间域的离散

由于式(3-14)中的$[K]$、$[C]$、$\{P\}$都是未知量 T 的函数,它们也随时间而变化(因温度 T 随时间变化),这里采用加权差分法来对时间域进行离散。

在每个时间步长 Δt 内,对$(t+\Delta t)$点建立差分格式,θ 是加权系数$(0 \leqslant \theta \leqslant 1)$。

由泰勒级数展开式可得

$$\{T\}^{(t+\Delta t)} = q\{T\}^{(t+\Delta t)} + (1-q)\{T\}^{(T)} + o(\Delta t^2) \tag{3-15}$$

$$\frac{\partial}{\partial t}\{T\}^{(t+\theta\Delta t)} = \frac{1}{\Delta t}(\{T\}^{(t+\Delta t)} - \{T\}^{(t)}) + o(\Delta t^2) \tag{3-16}$$

将上述两式代入式(3-14),并对$\{P\}$作同样展开,可得用$(t+\Delta t)$时刻的方程表示的由$\{T\}^{(t)}$决定$\{T\}^{(t+\Delta t)}$的矩阵方程。

$$\left(\frac{1}{\Delta t}[C^\theta] + \theta[K^\theta]\right)\{T\}^{(t+\Delta t)} = \left(\frac{1}{\Delta t}[C^\theta] - (1-\theta)[K^\theta]\right)\{T\}^{(t)} \tag{3-17}$$
$$+ \theta\{P\}^{(t+\Delta t)} + (1-\theta)\{P\}^{(t)}$$

式中,上角标 θ 表示矩阵 $[C^\theta]$、$[K^\theta]$ 是根据 $t+\theta\Delta t$ 时刻的温度 $T^{(t+\theta\Delta t)}$ 代入而计算出来的,经过以上步骤,就将一个非线性微分方程组转化为非线性的代数方程组。

在式(3-17)中 θ 取不同的值,可得不同的差分格式:

$\theta = 1$　向后差分格式;

$\theta = 1/2$　Crank-Nicolson 格式(简称 C-N 格式);

$\theta = 2/3$　加列金格式。

通常向后差分格式稳定而且不振荡,计算时步长可取得较大,但计算精度稍差。C-N 格式虽然是稳定的,计算精度也比较高,但要求 Δt 值取得比较小,否则容易出现衰减振荡。加列金格式介于两者之间,也是常用的差分格式之一。

式(3-17)可简写为：

$$[H]\{T\} = \{F\} \tag{3-18}$$

式中：$[H]$、$\{F\}$ ——温度 T 的函数。

3）非线性热传导方程的解法

求解上述非线性方程组有许多方法，如直接迭代法、牛顿-拉弗森法、增量法、极小化法以及变步长外推法等。由于牛顿-拉弗森法具有较好的收敛性和较高的收敛率，使它成为求解各种类型非线性问题的重要近似方法。在 SYSWELD 中求解非线性问题时大多也选用这种方法。它的基本思想是用分段的线性代替非线性。

$$\{\psi(T)\} = [H(T)]\{T\} - \{F(T)\} = 0 \tag{3-19}$$

将 $\{\psi(T)\}$ 在 T_r 点作一阶泰勒级数展开：

$$\{\psi(T)\} = \{\psi(T_r)\} + \frac{\partial}{\partial\{T\}}\{\psi(T)\}_r\{\Delta\psi\} = 0 \tag{3-20}$$

这样，非线性方程在 T_r 附近变成近似的线性方程。最后可得

$$\begin{cases} \{\Delta T_{r+1}\} = -\left[\dfrac{\partial}{\partial T}\{\psi(T)\}_r\right]^{-1}\{\psi(T_r)\} \\ \Delta T_{r+1} = T_{r+1} - T_r \end{cases} \tag{3-21}$$

$\dfrac{\partial}{\partial T}\{\psi(T)\}$ 可按下法求出，由式(3-20)可得

$$\frac{\partial}{\partial T}\{\psi(T)\}\mathrm{d}T = [H]\{\mathrm{d}T\} + \mathrm{d}[H]\{T\} - \mathrm{d}\{F\} \tag{3-22}$$

如果 λ、ρ、c、β 都是温度 T 的直接函数，则

$$\begin{cases} \mathrm{d}[H]\{H\} = [A]\mathrm{d}\{T\} \\ \mathrm{d}\{F\} = [D]\mathrm{d}\{T\} \end{cases} \tag{3-23}$$

这样可得到

$$\frac{\partial}{\partial T}\{\psi(T)\} = [H] + [A] - [D] \tag{3-24}$$

迭代过程如下：如果已知第 r 次近似值 $\{T_r\}$，由式(3-23)、式(3-19)算出 $\{\psi(T_r)\}$、$[A_r]$、$[D_r]$ 和 $[H_r]$，再由式(3-14)、式(3-11)算出未知向量的第 $r+1$ 次值 $\{T_{r+1}\} = \{T_r\} + \{\Delta T_{r+1}\}$，多次迭代直至收敛。

由于材料热传导率、比热等随温度变化所引起的非线性，属于中等非线性，用迭代方法求解这类非线性温度场时，比较容易收敛到正确解。控制求解过程收敛性的参数设置包括确定时间增量步数方案和给定误差容限。总结起来，与收敛性控制相关的参数有下列四个：

（1）本加载历程的瞬态热传导分析允许的最大时间增量步数。程序完成了给定的最大增量步数的计算后，会自动中止下一时间步的计算，而无视所需计算的瞬态加载是否完成。最好将该值给大，但盲目加大这个增量步数，可能会在时间过分小的情况下导致太多增量步运算而难以自动停止，造成计算机运算的极大浪费。

（2）在重新评价热物理参数随温度变化的规律，并重新集成系数矩阵前，可以忽略由温度变化所造成系数矩阵改变的最大温度变化的允许值。设置这一最大值的目的就是避免不必要的系数矩阵重新集成和分解计算，既可以保证足够的结果精度，又能大大加快计算速度。

（3）对用于评价材料系数随温度变化的温度迭代值设置的最大误差。这个参数用于控制迭代是否收敛。对非线性温度场的迭代求解，必须将该值设为非零温度值，用来指示可以接受的最大温度误差。

（4）允许增量步内节点温度变化的最大值。这一数值主要被自适应步长控制方案用来自动控制时间步长大小。将该值取大，则自动确定的时间步长变大，否则变小。

以上参数的设定，在 SYSWELD 中可以在根据实际情况选择相应的收敛判定条件，也可以通过 FORTRAN 语言自己编写。

5.加载计算

进入 SYSWELD 软件焊接向导，逐次从材料数据库及建立好的组中读入材料种类、热源以及定义好的各个组，然后保存为 ＊.prj。打开求解器，直接读入 ＊.prj 文件就可以计算。整个求解计算过程共分为熔覆和冷却两个阶段，单道熔覆过程用时 10～20 s 不等，然后冷却 500 s；多道熔覆过程用时 216～380 s 不等，然后冷却 1000 s。计算过程中载荷步的选择由程序进行自适应控制，在保证计算精度的同时，可适当增大步长。下面就载荷步设定做具体说明。

首先是载荷子步。对于非线性分析，每个载荷步包含多个载荷子步（称为时间增量），时间步长的大小关系到计算的精度，步长越小，计算精度越高，同时计算所需的时间越长。根据线性传导热传递，可以按如下公式估计初始时间步长：

$$ITS = \delta^2/4\alpha \tag{3-25}$$

式中：ITS——初始时间步长；

　　δ——沿热流方向热梯度最大处的单元的长度；

　　α——导温系数，它等于导热系数除以密度与比热的乘积（$\alpha = \lambda/\rho c$）。

如果载荷在某个载荷步是恒定的，需要设为阶跃选项；如果载荷随时间线性变化，则要设定为渐变选项。

其次是迭代次数。每个子步默认次数为 20，这对大多数非线性热分析已经足够。

最后是自动时间步长。在 SYSWELD 中打开求解器自动时间步长就启动了二分法，这时会自动地用一个较小的时间步长启动求解，但必须对时间步长设置一个最大限度，可以确保所有重要特性将被精确地包含进去，这对于复杂的模型或者是具有很短的渐进加载时间的问题尤其重要。如果时间步长太大，载荷历程的渐进部分可能不能被精确地表示出来，也可能导致不收敛；但如果选择一个太小的最小时间步，这样又会加大 SYSWELD 的运算时间。另外，被自动激活的二分法能够使有限元计算从由于采用一个太大的时间步导致的收敛失败中恢复过来，同时它也受最小时间步长限制。总之,对于任何对加载步长敏感的分析,二分法一般是有益的;对于发现一个非线性系统的屈曲临界负载它同样有用。

3.2.3 激光熔覆 Co 基合金熔覆层温度场数值模拟结果及分析

综合考虑激光熔覆 Co 基合金试验过程中工艺参数对合金涂层宏观成形的影响,本小节在利用 SYSWELD 有限元软件模拟激光熔覆 Co 基合金涂层的过程时,采用的工艺参数如下:光斑尺寸为 5 mm,预制粉末层厚度为 1.0 mm,搭接率为 50% 左右,扫描速度为 3~5 mm/s 之间,功率为 2.3 kW。

1. Co 基合金熔覆层的温度场分布

图 3-14 为熔覆层表面不同时刻的温度分布。利用 SYSWELD 软件显示整个熔覆过程中温度场的变化状况,从图中可以看出,在加热过程中,随着热源的移动,熔覆层上各点的温度迅速升高;开始一段时间内,温度很不稳定,而且熔覆层升温迅速;经一段时间后形成准稳态温度场,即熔覆层上各点的温度虽然随时间变化,但各点以固定的温度跟随热源一起移动。在随后的冷却过程中由于受到后面热源的再热作用,各位置的冷却速度互不相等,随时间的变化熔覆层上各点的温度趋于

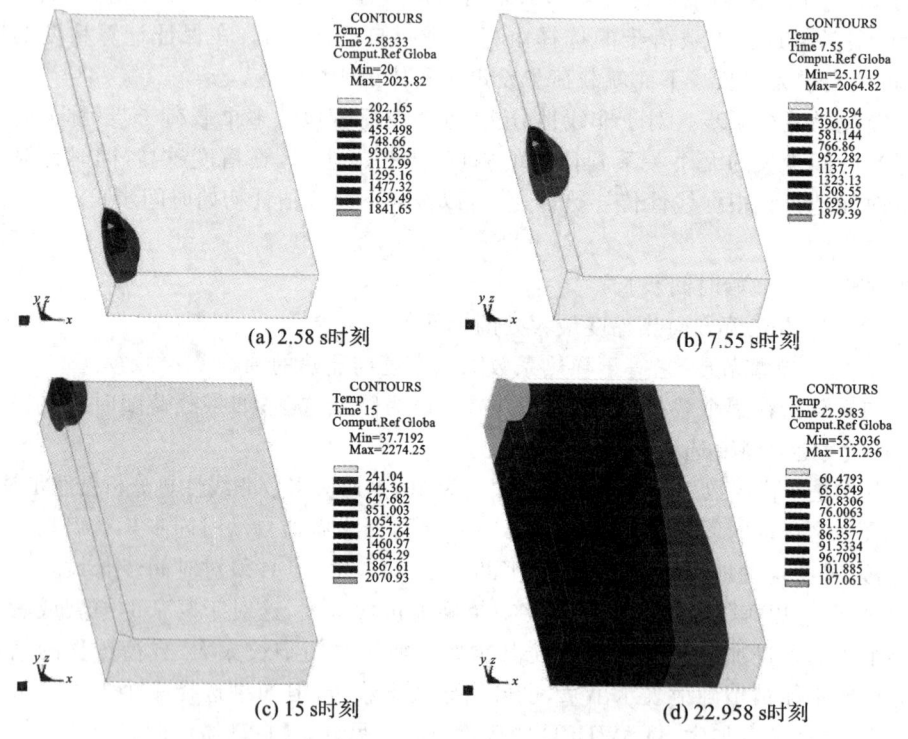

(a) 2.58 s时刻

(b) 7.55 s时刻

(c) 15 s时刻

(d) 22.958 s时刻

图 3-14　熔覆层表面不同时刻的温度分布

稳定，最终降至室温。

2.扫描速度对单道激光熔覆温度场的影响

图 3-15(a)和图 3-15(b)、图 3-15(c)和图 3-15(d)、图 3-15(e)和图 3-15(f)是扫描速度分别为 3 mm/s、4 mm/s 和 5 mm/s 不同时刻同一位置处(Y＝30 mm)的温

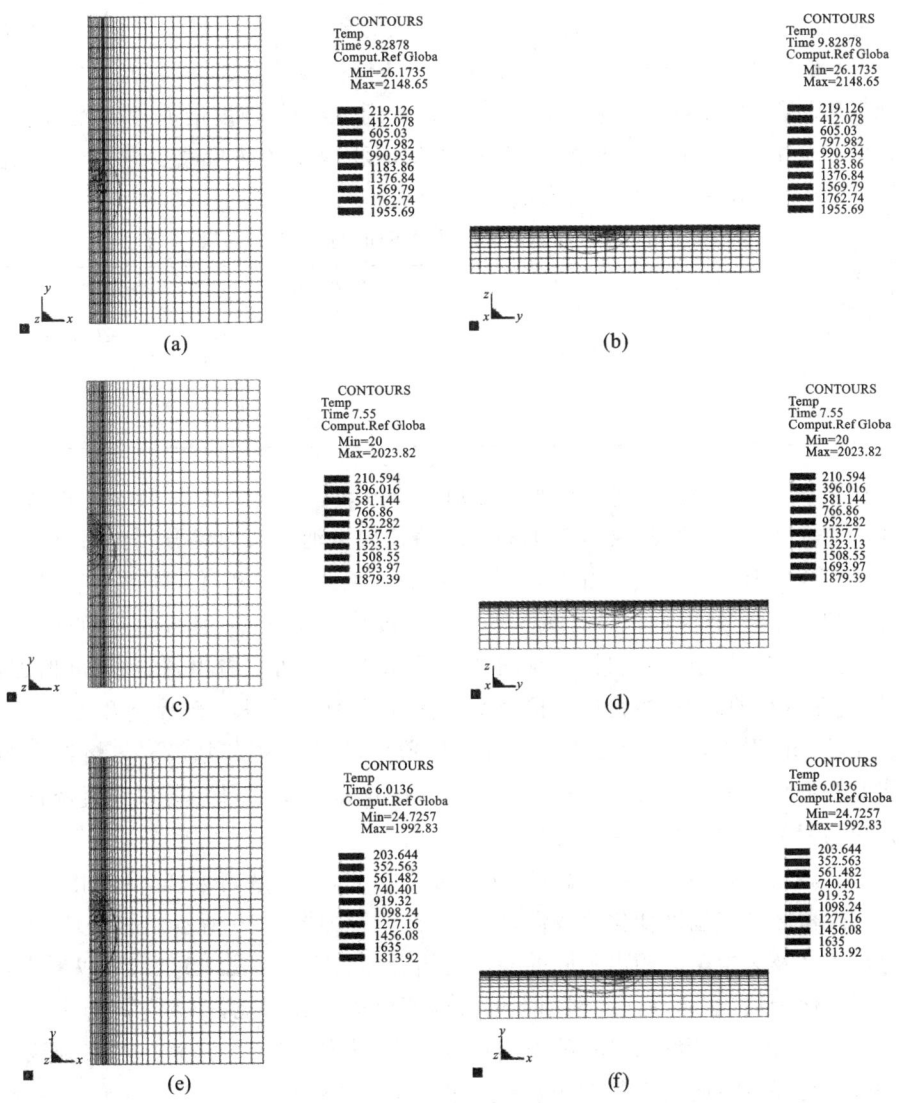

图 3-15　同一位置、不同时刻、不同扫描速度熔覆层的温度分布

(a)、(b)扫描速度为 3 mm/s 的 9.82878 s 时刻；(c)、(d)扫描速度为 4 mm/s 的 7.55 s 时刻；

(e)、(f)扫描速度为 5 mm/s 的 6.0136 s 时刻

度分布。图 3-15(a)、(b)是熔覆到熔覆层中部位置,熔覆层温度场处于准稳定状态时,熔覆层温度场的分布图。由图 3-15(a)可见,移动激光熔池表面形状不同于静止激光束形成的圆形熔池,而是整个熔池形状类似于四分之一"椭球"形,熔池中部(即热源中心)温度很高,前部等温线很密集,而后部等温线比较稀疏。熔池中最高温度不在激光束的中心,而是稍稍滞后于激光束中心。由图 3-15(b)可见,移动激光熔池纵切面的温度分布等温线呈勺状,以该时刻激光光斑中心位置为分界点观察,可以发现,在激光光斑中心以后,熔池温度较高,熔深较大,而在光斑中心以前,熔池温度较低,熔深较小。从图 3-15 中可以看到,当扫描速度增加时,熔池的熔深、熔宽均相应减小,主要是扫描速度增加,单位面积获得的热量减少,结果导致熔池区域温度下降,表 3-2 是熔池的模拟计算结果。

表 3-2　模拟计算单道激光熔覆层不同扫描速度的熔深、熔宽

扫描速度/(mm/s)	熔深/mm	熔宽/mm	稀释率/(%)
3	1.26	4.46	20.63
4	1.14	4.28	12.28
5	1.07	3.96	6.54

从图 3-15 可以看出,在扫描速度分别为 3 mm/s、4 mm/s 和 5 mm/s 的激光热源移动到 9.82878 s、7.55 s 和 6.0136 s 时熔覆层熔池最高温度分别为2148.65 ℃、2023.82 ℃ 和 1992.83 ℃。由于 Co 基合金的熔点约为 1400 ℃,因此,在与模拟结果一致的工艺参数的条件下,此模型的计算温度能够实现 Co 基合金材料的良好熔覆,这与理论结果相符合。另外,从图 3-15 和表 3-2 中可以看出,扫描速度增加,熔深、熔宽在减小的同时,熔覆层的稀释率也在减小,而稀释率一般控制在 10% 左右。通过比较可以看出,扫描速度为 4 mm/s 熔覆层的稀释率为 12.28%,熔覆层与基体能够获得良好的冶金结合。扫描速度为 3 mm/s、5 mm/s 时,可以通过降低或增加激光功率的方法降低熔覆层的稀释率。

激光熔覆过程中,各点的温度变化十分不均匀,熔覆区附近,温度变化比较快,而远离熔覆区各点温度变化比较慢,所取节点位置如图 3-16 所示。图 3-17 为 A-A 线上熔覆区及离熔覆区距离不同的各点的热循环曲线。从图 3-17(a)可以看出,0 s 时刻开始熔覆后,在移动热源作用下母材逐渐熔化形成熔池,受熔化高温金属的预热作用,熔覆区上节点(12113)的温度逐渐升高,大约在 10 s 时刻热源移到该节点处,温度达到峰值;而后随熔覆过程继续进行,热源移开,该节点处熔池开始冷却,由于受到后面熔池的热作用,与加热速度相比冷却速度明显缓慢;在热影响区,各节点(12779,4850,15159,4863 和 4867)同样经历了与熔覆区类似的热循环,热源不对这些位置直接加热,而是通过热传导间接加热,各节点所达到的峰值温度要远

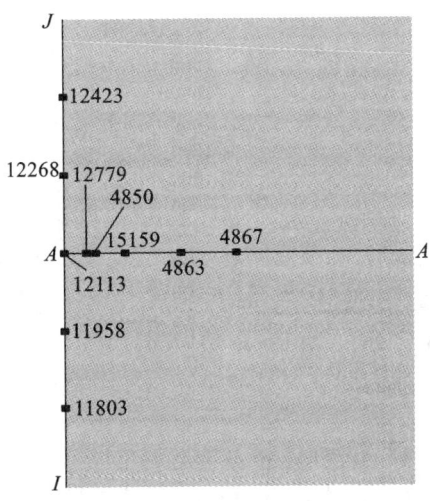

图 3-16 单道熔覆层节点选取分布图

低于熔覆区上的节点,并且随着远离熔池距离的增大,峰值温度明显降低。

从图 3-15 和图 3-17 中可以看到,在不同扫描速度、同一位置下,其温度场的分布不同,小扫描速度下,温度场的分布比大扫描速度的较宽;在同一节点处,其经历的热循环也不相同,随扫描速度的增加,热循环在高温时刻的停留时间减少,冷却速度增加。

图 3-18 为激光熔覆试样中心线 $I—J$ 上沿扫描方向各点的热循环分布曲线。图 3-18(a)是扫描速度为 3 mm/s 的条件下,熔覆层上表面不同位置处各点(见图 3-16)温度随时间的变化情况。当激光束扫描到点 11803 时,该点温度由低温迅速升高达到最大值,并发生熔化,当激光束离开该点,该点温度迅速下降至熔点温度以下,各点的升温速度均明显地比冷却速度要大;冷却时,各点温度逐渐趋于某一值,即降到试样的平均温度为止。激光束扫描过点 11958、12113、12268 和点 12423 时,其温度变化与点 11803 情况基本相同,只是所处的时间和位置不同。即熔覆层上各点的温度虽然随时间变化,但各点以固定的温度跟随热源一起移动。仔细观察图 3-18(a),可以发现,点 12423 的温度要比点 11803、11958、12113 和点 12268 的温度高,这是因为激光扫描熔覆层前部时,由于热传导的作用使熔覆层的温度升高,从而使得激光在熔覆层后部扫描时,熔覆层的初始温度发生变化。从图 3-18 可以看出,当扫描速度从 3 mm/s 增加到 5 mm/s 时,熔覆层扫描速度方向上各点的热循环曲线形状类似,只是热循环曲线的最大值有所降低,各点达到峰值温度所需的时间有所减少。

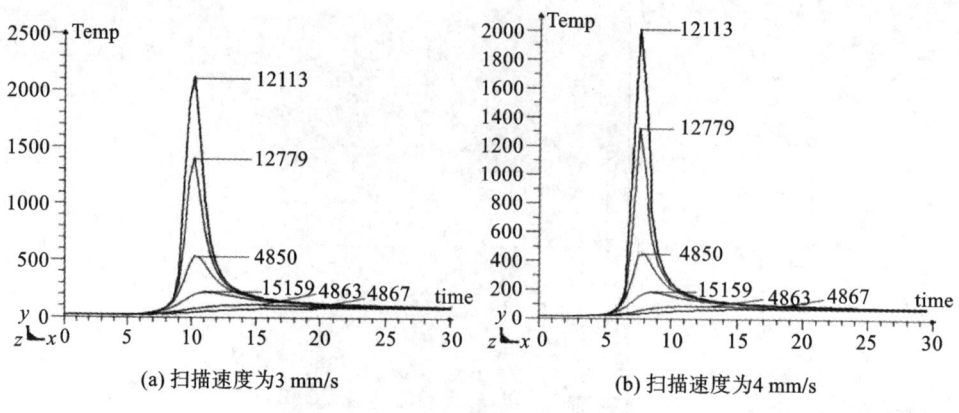

(a) 扫描速度为3 mm/s　　　　　　(b) 扫描速度为4 mm/s

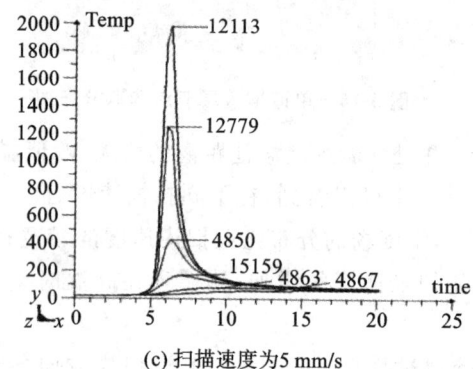

(c) 扫描速度为5 mm/s

图 3-17　扫描速度不同，x 方向的熔覆区、熔合区、热影响区各点的热循环曲线

对于激光表面熔覆来说，相当于在半无限大的板上进行激光堆焊，根据焊接传热学理论，式(3-9)经拉普拉斯变换，可求得厚板（大于 25 mm）三维温度场中任一点（$T(l,t)$）的温度的解析表达式：

$$T(l,t) - T_0 = \frac{E}{2\pi\lambda t}\exp(-\frac{l^2}{4\alpha t}) \tag{3-26}$$

式中：T_0——工件的初始温度（或预热温度）；

$l^2 = x^2 + y^2 + z^2$ ；

E——激光的线能量输入，$E = \frac{P}{V \cdot D}$ ，其中，P 为激光输出功率，V 为激光扫描速度。

因激光熔池很小，整个熔池的冷却过程很快，由传热学理论计算熔池瞬时冷却速度（做粗略估计，仅考虑熔池中部的凝固结晶情形），厚板上激光熔覆的熔池瞬时冷却速度可由式(3-26)两边求导求出。因激光熔池很小，可将熔池形状进一步简化为计算熔池中心的温度分布，则 $l=0$：

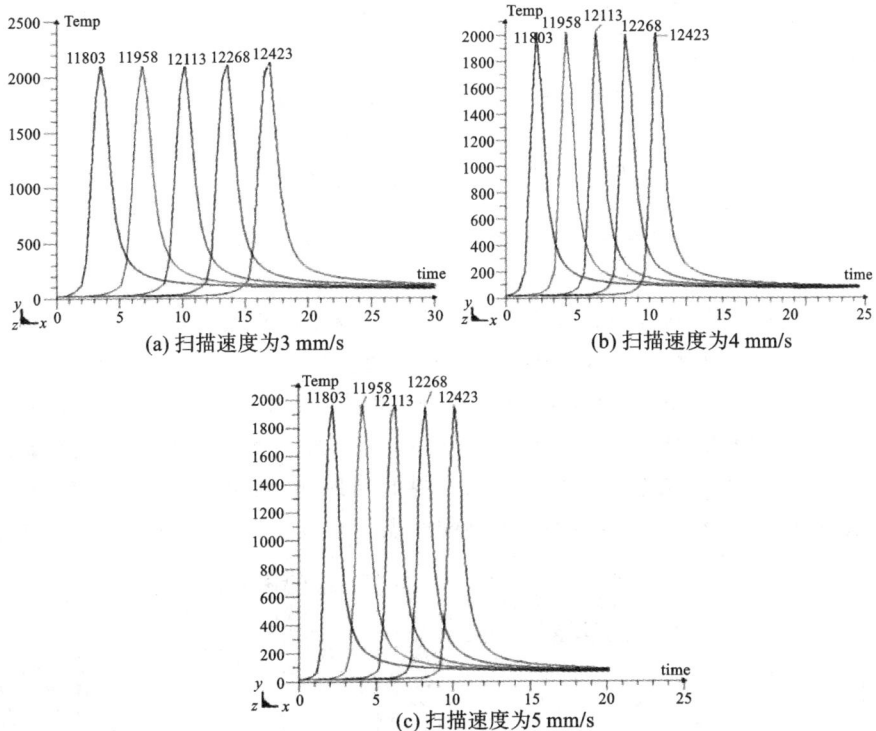

图 3-18　扫描速度不同的熔覆层表面 y 方向各点热循环曲线

$$T(0,t) - T_0 = \frac{E}{2\pi\lambda t}$$

$$\omega = \frac{\mathrm{d}T}{\mathrm{d}t} = -2\pi\lambda \frac{(T_c - T_0)^2}{E} \tag{3-27}$$

式中: ω ——激光熔池的瞬时冷却速度;

T_c ——所求冷却速度处的瞬时温度。

对于工件(8~25 mm)表面的激光熔覆,熔池的瞬时冷却速度可以利用式 (3-27)乘一修正系数 K 得到:

$$\omega = \frac{\mathrm{d}T}{\mathrm{d}t} = -K2\pi\lambda \frac{(T_c - T_0)^2}{E} \tag{3-28}$$

式中: K ——修正系数, K 是无因次参数 ε 的函数 $[K = f(\varepsilon)]$。

$$\varepsilon = \frac{2E}{\pi c\rho h^2 (T - T_0)} \tag{3-29}$$

式中: h ——板厚;

ρc ——容积比热容。

对于扫描速度不同的单道激光熔覆, T_0 为室温,当扫描速度增加时, ω 增大。

取 T_c 为液态金属的凝固温度,$T_c=1400\ ℃$,这样就可以比较扫描速度不同时的瞬时冷却速度为(假定其他参数均不变):

$$\frac{\omega_4}{\omega_3}=\frac{E_4}{E_3}=\frac{V_4}{V_3}=\frac{4}{3}=1.33(倍)$$

$$\frac{\omega_5}{\omega_3}=\frac{E_5}{E_3}=\frac{V_5}{V_3}=\frac{5}{3}=1.67(倍)$$

式中:E_3、E_4、E_5——扫描速度为 3 mm/s、4 mm/s 和 5 mm/s 的线能量;

V_3、V_4、V_5——3 mm/s、4 mm/s 和 5 mm/s。

由上式的计算可见,扫描速度增加时熔池的瞬时冷却速度增加,扫描速度为 4 mm/s 和 5 mm/s 的瞬时冷却速度分别是扫描速度为 3 mm/s 的 1.33 倍和1.67倍。

图 3-19(a)、(b)和(c)为对应于图 3-15 熔覆层温度场的熔池内部 z 方向各点的温度梯度、凝固速度和形状因子随离熔覆层与基体结合界面距离变化曲线。从图 3-19(a)中可以看出,从熔覆层与基体结合界面到顶部,其温度梯度逐渐减小,底部最大值可达 $9.0×10^5\ ℃/m$,而到熔池顶部时温度梯度下降到约熔覆层与基体结合

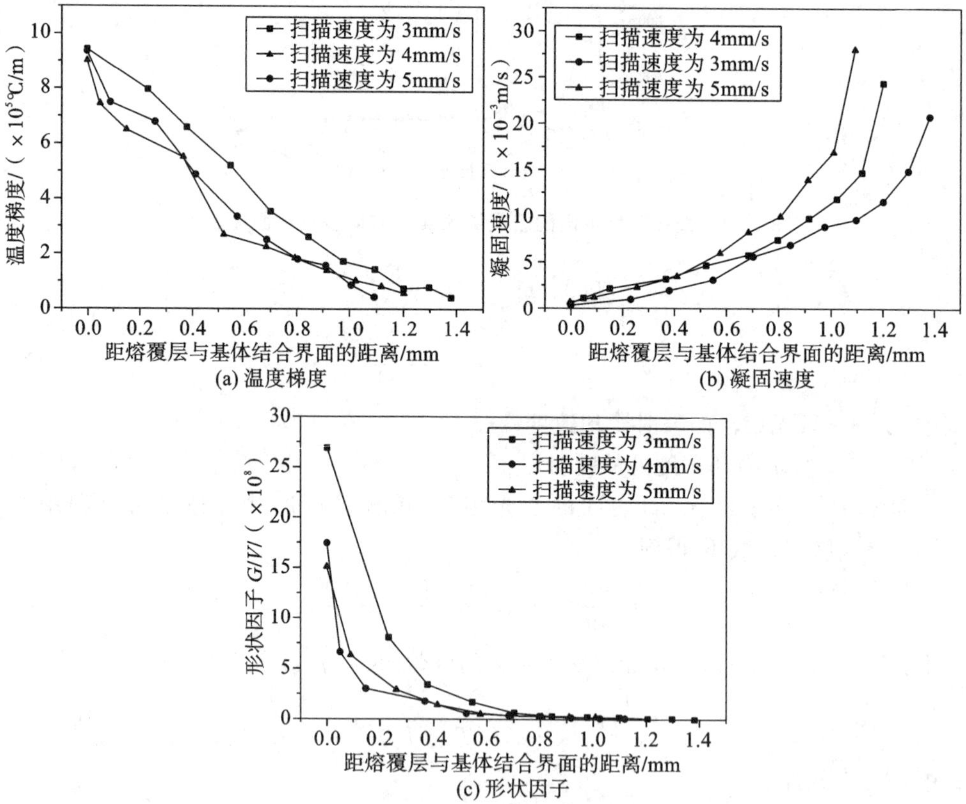

(a) 温度梯度

(b) 凝固速度

(c) 形状因子

图 3-19 温度梯度 G 和凝固速度 V 随离熔覆层与基体结合界面距离变化曲线

界面的1/20。从图3-19(b)中可以看出,熔池底部的凝固速度V很小,为$0.4×$ 10^{-3} m/s,从熔池底部到达顶部时,熔覆层表面的凝固速度增加了近60倍。从图 3-19(c)中可以看出,从熔池底部到达顶部时,液态金属凝固的形状因子逐渐增加, 尤其是在熔覆层顶部时,形状因子快速增加。

3.2.4　激光熔覆Co基合金涂层应力场数值模拟结果及分析

激光熔覆具有快速局部加热和冷却的特点,这不仅引起热影响区的组织变化, 同时也产生了应力与应变。激光熔覆应力是内应力的一种,它可分为热应力和组 织应力,在本研究课题中,主要考虑熔覆过程中温度分布不均匀所造成的应力,即 热应力(也称为温度应力)。因此,激光熔覆应力及变形的有限元计算是以热分析 为基础的。

激光熔覆应力场的计算是包括塑性、非线性等多方面因素影响的热弹塑性问 题,比一般弹性和弹塑性问题要复杂得多。在熔覆过程中,熔覆层附近最高温度可 高达材料的沸点,而离开热源后温度急剧下降。工件由于不均匀的温度产生热应 力,如果不均匀温度场所造成的内应力达到材料的屈服极限,会使局部区域产生塑 性变形。当工件温度恢复到原始的均匀状态后,就产生新的内应力。这种内应力 是温度均匀后残存在工件中的,称之为残余应力。一般把沿熔覆方向的应力称为 纵向应力,用σ_y表示。其主要由熔池冷却纵向收缩引起。垂直于熔覆方向的应力 称为横向应力,用σ_x表示。其产生的主要原因是来自熔池冷却的横向收缩,间接原 因来自熔池冷却的纵向收缩。另外,沿试样厚度方向的应力用σ_z表示。

激光熔覆残余应力的存在是导致裂纹产生的重要因素。因此,分析熔覆过程 中应力的产生过程,对深入研究残余应力形成机理具有重要的工程实际意义。

1.激光熔覆应力和应变的分析理论

由于高度集中的瞬时热输入,在焊接过程中和焊后将产生相当大的应力和应 变。应力和变形计算是以熔覆层温度场的分析为基础。目前,研究焊接应力和应 变的理论很多,如热弹塑性分析、固有应变法、黏弹塑性分析、考虑相变与热应力耦 合效应等。热弹塑性分析是在焊接热循环过程中通过一步跟踪热应变行为来计算 热应力和应变的。该方法需要采用有限元计算方法在计算机上实现。采用这种方 法可以详尽地掌握焊接应力和应变的产生及发展过程。该方法首先由日本学者 Watanable提出,随着大型有限元计算软件的开发取得了良好的效果,以后被越来 越多的学者采用。本书也是基于此理论,借助于有限元软件在计算机上实现对激 光熔覆层的应力和应变进行模拟研究的。

热弹塑性问题是一个热力学问题。作为热力学系统的熔覆材料,其自由能密 度不仅与应变有关,而且还与温度有关。从能量上看,输入的热能使熔覆材料温度上升的同时,还由于结构的膨胀变形做功而消耗一部分。在热传导平衡方程中,要增加与应力有关的项。因此,严格来说,温度场与应力场是相互耦合的。不过这种耦合的效果除个别特殊情况外,一般都很小,而且熔覆层附近的温度变化很大,材料的各种物理性能也相应变化很大,这种影响与上述耦合效应相比要大得多。所以就熔覆的热弹塑性而言,取非耦合的应力场和温度场是合适的。

在进行热弹塑性分析时有如下一些假定:

(1)材料的屈服服从米塞斯(Von Mises)屈服准则;

(2)塑性区内的行为服从塑性流动准则和强化准则;

(3)弹性应变、塑性应变与温度变化是不可分的;

(4)与温度有关的力学性能、应力应变在微小的时间增量内呈线性变化。

2. 塑性理论

塑性主要包括三个主要方面:屈服准则、流动准则和强化准则。

1)屈服准则

在简单拉伸时,可以通过比较轴向应力与材料的屈服应力来解决是否有塑性变形发生,然而,对于复杂的应力状态,是否达到屈服点并不是明显的。

屈服准则可以用一个与单轴测试的屈服应力相比较的应力状态的标量表示。因此,知道了应力状态和屈服准则,计算时就能够确定是否有塑性应变产生。

屈服准则的值我们通常叫等效应力。其定义为:

$$\bar{\sigma} = \frac{\sqrt{2}}{2} \sqrt{(\sigma_1 - \sigma_2)^2 + (\sigma_2 - \sigma_3)^2 + (\sigma_3 - \sigma_1)^2} \tag{3-30}$$

式中:σ_1、σ_2、σ_3 ——三个正交方向的主应力。

当等效应力 $\bar{\sigma}$ 超过材料的屈服极限 σ_s 时,将会发生塑性变形。

与等效应力对应,定义等效应变为:

$$\bar{\varepsilon} = \frac{\sqrt{2}}{2} \sqrt{(\varepsilon_1 - \varepsilon_2)^2 + (\varepsilon_2 - \varepsilon_3)^2 + (\varepsilon_3 - \varepsilon_1)^2} \tag{3-31}$$

式中:ε_1、ε_2、ε_3 ——三个正交方向的主应变。

2)流动准则

材料屈服以后,在加载条件下会引起塑性流动。流动准则描述了发生屈服时,塑性应变的方向,即流动准则定义了单个塑性应变分量随着屈服是怎样发展的。塑性应变增量与应力状态有如下流动准则:

$$\{d\varepsilon\}_p = \xi \frac{\partial \bar{\sigma}}{\partial \{\sigma\}} \tag{3-32}$$

式中:ξ ——数量因子;

$\dfrac{\partial \bar{\sigma}}{\partial \{\sigma\}}$ ——数量函数 $\bar{\sigma}$ 对向量 $\{\sigma\}$ 的偏导数。

这个准则几何上可解释为塑性应变增量向量的方向与屈服曲面的法向一致，因此也称为法向流动准则。

3）强化准则

强化准则描述了初始屈服准则随着塑性应变的增加是怎样发展的。一般来说，屈服面的变化是以前应变的函数。通常使用的强化准则有两种：等向强化准则和随动强化准则。

等向强化是指屈服面以材料中所做的塑性功的大小为基础的尺寸上的扩张。对米塞斯屈服准则来说，屈服面在所有方向均匀扩张，如图 3-20 所示。由于等向强化，受压的屈服应力等于受拉过程中所达到的最高应力。

随动强化假设屈服面的大小保持不变而仅在屈服的方向上移动，当某个方向的屈服应力升高时，其相反方向的屈服应力应该降低，如图 3-21 所示。在随动强化中，由于拉伸方向屈服应力的增加导致压缩方向屈服应力的降低，所以在对应的两个屈服应力之间总存在一个 $2\sigma_y$ 的差值，初始各向同性材料在屈服后将不再是各向同性的。

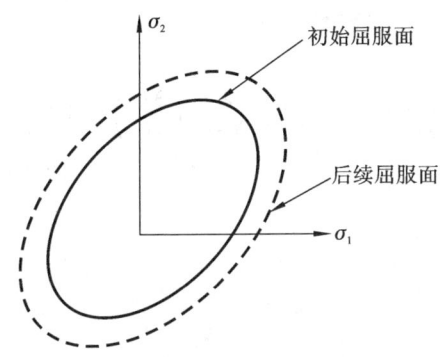

图 3-20　等向强化时屈服面变化图

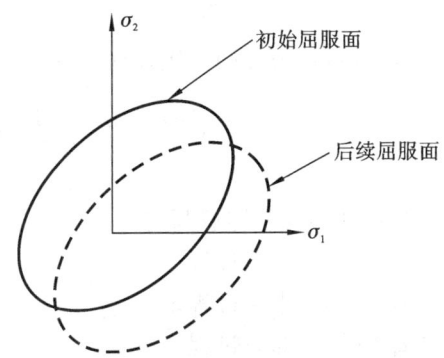

图 3-21　随动强化时屈服面变化图

3. 热弹塑性有限元方法

热弹塑性分析主要由两个方面构成：应力-应变关系和平衡方程。

1）应力-应变关系

材料处于弹性或塑性的应力应变关系可以用以下公式求得：

$$\{d\sigma\} = [D]\{d\varepsilon\} - \{C\}dT \tag{3-33}$$

式中：$[D]$——弹性或弹塑性矩阵；

$\{C\}$——与温度有关的向量。

在弹性区和塑性区它们的数值各不相同。

（1）弹性区。

$$[D] = [D]_e \tag{3-34}$$

$$\{C\} = \{C\}_e = [D]_e\left(\{\alpha\} + \frac{\partial [D]_e^{-1}}{\partial T}\{\sigma\}\right) \tag{3-35}$$

式中：α——线性膨胀系数；

T——温度。

(2)塑性区。

材料的屈服条件为：

$$f(\sigma) = f_0(\varepsilon_p, T) \tag{3-36}$$

式中：f——屈服强度；

f_0——与温度和塑性应变有关系的屈服应力的函数。

根据塑性流动法则，塑性应变增量$\{d\varepsilon\}_p$可表示为：

$$\{d\varepsilon\}_p = \xi\left\{\frac{\partial f}{\partial \sigma}\right\} \tag{3-37}$$

$$S = \left\{\frac{\partial f}{\partial \sigma}\right\}[D]_e\left\{\frac{\partial f}{\partial \sigma}\right\} + \left(\frac{\partial f_0}{\partial K}\right)\left\{\frac{\partial K}{\partial \varepsilon_p}\right\}^T\left\{\frac{\partial f}{\partial \sigma}\right\} \tag{3-38}$$

$$[D] = [D]_{ep} = [D]_e - [D]_e\left\{\frac{\partial f}{\partial \sigma}\right\}\left\{\frac{\partial f}{\partial \sigma}\right\}^T[D]_e/S \tag{3-39}$$

这里$[D]_{ep}$为弹塑性矩阵。

$$\{C\} = \{C\}_{ep} = \left([D]_{ep}\{\alpha\} + [D]_{ep}\frac{\partial [D]_e^{-1}}{\partial T}\{\sigma\} - [D]_e\left\{\frac{\partial f}{\partial \sigma}\right\}\left(\frac{\partial f_0}{\partial \sigma}\right)/S\right) \tag{3-40}$$

塑性区的加载卸载判定：

若 $\xi > 0$　加载过程；

若 $\xi = 0$　中性过程；

若 $\xi < 0$　卸载过程。

2)平衡方程

考虑结构的某一单元，有如下的平衡方程：

$$\{dF\}^e + \{dR\}^e = [K]^e\{d\delta\} \tag{3-41}$$

式中：$\{dF\}^e$——单元节点上的力增量；

$\{dR\}^e$——温度引起的单元初应变等效节点力增量；

$\{d\delta\}$——节点位移增量；

$\{K\}^e$——单元刚度矩阵，并且有

$$\{dR\}^e = \iint_{\Delta V} [B]^T\{C\}dTdV \tag{3-42}$$

$$[K]^e = \iint_{\Delta V} [B]^T[D][B]dV \tag{3-43}$$

式中：$[B]$——联系单元中应变向量与节点位移向量的矩阵。

按单元是处于弹性状态还是塑性状态,分别用$\{C\}_e$、$[D]_e$或$\{C\}_{ep}$、$[D]_{ep}$代替上式中的$\{C\}$、$[D]$,形成单元的等效节点载荷及刚度矩阵,然后置入总刚度矩阵$[K]$及总载荷列向量$\{dF\}$,便形成了整个构件的平均方程组:

$$[K]\{d\delta\} = \{dF\} \tag{3-44}$$

式中:
$$[K] = \sum [K]^e \tag{3-45}$$

$$\{dF\} = \sum (\{dF\}^e + \{dR\}^e) \tag{3-46}$$

考虑到熔覆过程中一般无外力作用,环绕每个节点的单元相应节点的力是自相平衡的力系,即可取

$$\sum \{dF\}^e = 0 \tag{3-47}$$

故有
$$\{dF\} = \sum \{dR\}^e \tag{3-48}$$

在热弹塑性应力有限元分析过程中,一般先把构件划分成有限个单元,然后逐步加上温度增量(熔覆时的温度预先算出)。每次温度增量加上后,由上述公式可求得各节点的位移增量$\{d\delta\}$。每个单元内的应变增量$\{d\varepsilon\}^e$和单元节点位移增量$\{d\delta\}^e$的关系为:

$$\{d\varepsilon\}^e = [B]\{d\delta\}^e \tag{3-49}$$

再根据应力应变关系式(3-33),可求得各单元的应力增量$\{d\sigma\}$,这样就可以求得熔覆过程中动态应力应变的变化过程和最终的残余应力及变形的状态。

4. 激光熔覆三维应力场的求解

显而易见,激光熔覆的应力分析是一个非线性瞬态行为的过程,它以载荷增量的形式加载,程序在每一步中进行平衡迭代,并且要求激活时间积分效应。进入 SYSWELD 求解器后,针对应力场分析,考虑计算时间和文件所占空间的大小,单道激光熔覆的模型采用与三维温度场分析相同的模型,多道激光熔覆的模型采用与温度场不同的模型,主要是表现在熔覆层厚度方向的网格划分相对较少。另外,要得到残余应力和应变,工件温度至少要冷却到 200 ℃以下。

用有限元法处理热弹塑性问题,本质上是将非线性的应力应变关系按加载过程逐渐转化为线性问题处理。因激光熔覆过程中并无外力作用,所以载荷项实际上是由于温度变化 ΔT 而引起的,这样处理的方法是将从温度场分析中算得的从 T 到 $T + \Delta T$ 内温度变化 ΔT 分成若干增量载荷,逐渐加到结构上求解。

通常,求解弹塑性问题一般有增量切线刚度法、增量初应力法、增量初应变法三种方法。后两种方法在每一步加载时须求解一个具有相同刚度矩阵的线性方程组,但对于热弹塑性,由于材料的机械性能随温度而变化,而温度是不断变化的,这无法保证刚度矩阵在每一步求解中都相同;另外这两种方法在求解时迭代容易导致不收敛,所以不适合于热弹塑性问题的求解。

增量切线刚度法是在每次加载过程中,按单元所处的应力状态调整刚度矩阵来求得近似解。

当有单元进入屈服后,式(3-44)左端的刚度矩阵$[K]$与当时的应力水平有关,所以方程式(3-44)是非线性的。为了达到线性化的目的,采用逐渐增加载荷的方法:在一定的应力和应变水平上增加一次载荷,只要载荷适当地小,式(3-44)可近似地由下式给出:

$$[K]\{\Delta\delta\}_i = \{\Delta F\}_i = \frac{1}{n}\{F\} \tag{3-50}$$

式中:$\{\Delta\delta\}_i$——第 i 次加载所得的位移增量;

$\{\Delta F\}_i$——第 i 次加载的载荷,$\{\Delta F\}i = \frac{1}{n}\{F\}$,$n$ 是某个正整数。

由于将应力与应变的微分用增量来代替,上式中$[K]$仅与加载前的应力水平有关,从而载荷和位移增量为线性关系。这样就不难求出位移、应变和应力的增量,然后再与第 $i-1$ 次加载后的总位移、总应变和总应力叠加,得到第 i 次加载后的位移、应变和应力总量,并用这个应力进行下次加载计算。

以上是在每一个增量求解完后,继续进行下一个载荷增量之前调整刚度矩阵以反映结构刚度的非线性变化。这种近似的非线性求解是将载荷分成一系列的载荷增量,可以在几个载荷步内或者在一个载荷步的几个子载荷步内施加载荷增量。但是,纯粹的增量不可避免地要随着每个载荷增量积累误差,导致结果最终失去平衡,如图 3-22 所示。

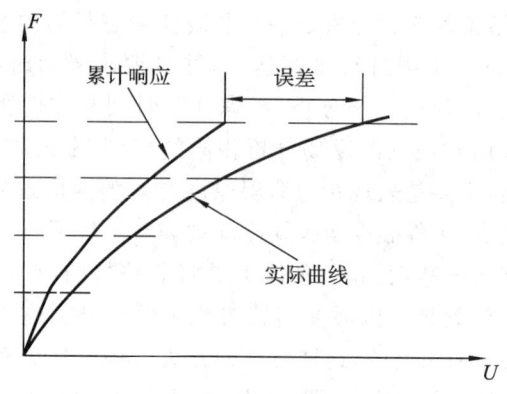

图 3-22 纯粹增量式求解

若使用牛顿-拉弗森平衡迭代,它不仅可以克服这种困难,而且还会获得最佳的收敛特性。它迫使在每一个载荷增量的末端解达到平衡收敛(在某个容限范围内),如图 3-23 所示。在每次求解前,用牛顿-拉弗森法估算出残差矢量,这个矢量是回复力(对应于单元应力的载荷)和所加载荷的差值,然后使用非平衡载荷进行

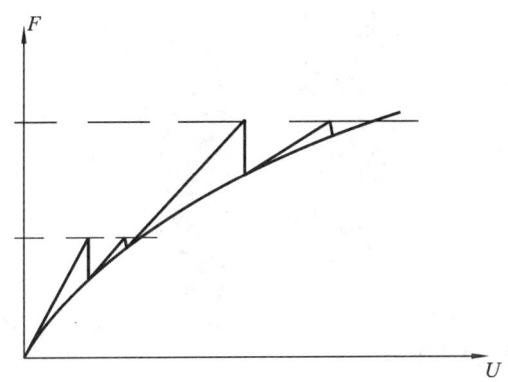

图 3-23　牛顿-拉弗森迭代求解

线性求解,且核查收敛性。如果不满足收敛准则,则重新估算非平衡载荷,修改刚度矩阵,获得新解。持续这种迭代过程直到问题收敛。

5.激光熔覆 Co 基合金应力场数值模拟结果与分析

图 3-24 是分析单道和多道激光熔覆层表面上各点残余应力分布节点选择示意图。

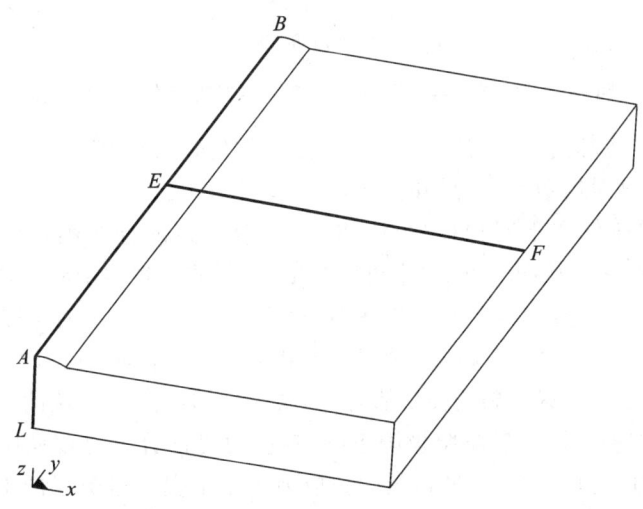

图 3-24　节点选择示意图

1)激光熔覆 Co 基合金应力场分布

图 3-25 是扫描速度为 3 mm/s 激光熔覆过程中 0.1 s、15 s、500 s 时刻工件的等效应力场分布云图。从图中可以看出,在熔覆开始时刻($t=0.1$ s),工件的应力较小;当熔覆到 15 s 时刻,工件受热膨胀区域迅速增大,导致应力迅速增大;在 500 s

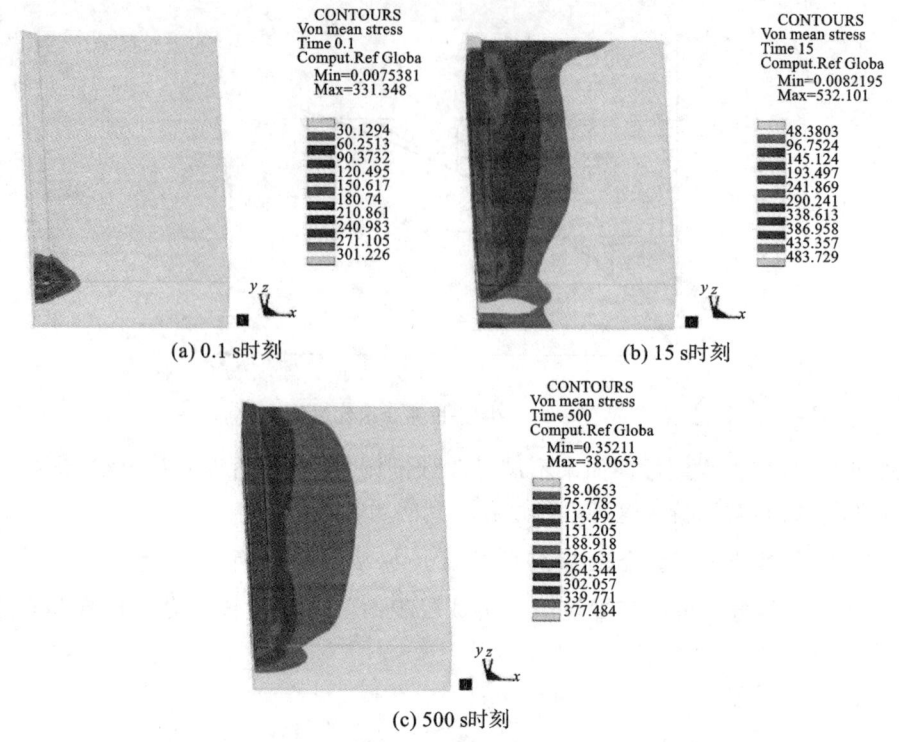

(a) 0.1 s时刻 　　　　　　　　　　　(b) 15 s时刻

(c) 500 s时刻

图 3-25　熔覆过程中不同时刻工件的等效应力场分布云图

时刻,工件处于冷却阶段,工件的应力分布趋于均匀化,并且应力降低。

2)扫描速度对熔覆层应力场的影响

图 3-26 是工件在不同扫描速度下横向残余应力的分布图,节点的选取如图 3-24中 EF 线所示。从图 3-26(a)中可以看出,工件的等效残余应力均为拉应力,自熔覆层中心向工件边缘,残余应力先减小,然后迅速增大,在距熔覆层中心线约 3.0 mm 处达到最大值。由于在熔覆过程中,熔覆区以远高于周围区域的速度被急剧加热,并局部熔化,熔覆区材料受热膨胀,热膨胀受到周围较冷区域的约束,并造成热应力,受热区域温度升高后屈服极限下降,热应力可部分超过该屈服极限,这样熔覆区形成了塑性的热压缩,之所以最大拉应力不是出现在熔覆层的中心位置,是因为这时发生了角变形,刚性面有一定的偏转。冷却后,熔覆区比周围区域相对缩短变窄或减小,因此,这个区域就呈现拉伸残余应力。随着离熔覆层距离的增加,拉应力逐渐减小,最后趋于零。由图 3-26 可知,随着扫描速度的增加,熔覆层及其附近的等效残余应力明显增大。

根据对称原则,图 3-26 中显示的是低碳钢表面激光熔覆 Co 基合金的二分之一模型的结果,所以图 3-26 表示的是横向残余应力在 x 轴方向上一半的分布情况。

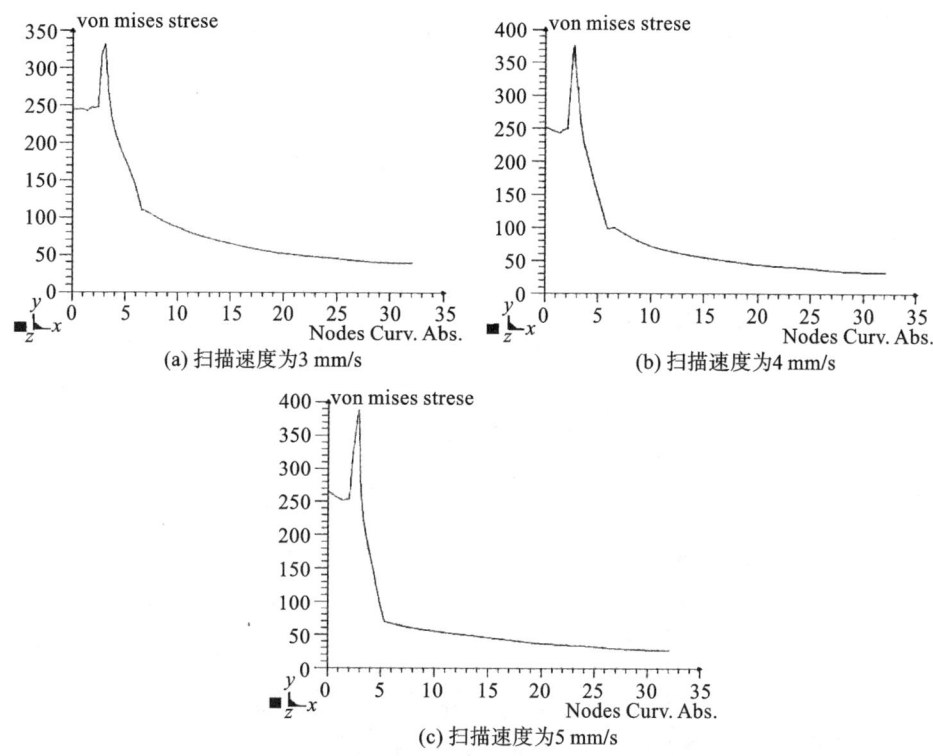

图 3-26　工件在不同扫描速度下横向残余应力的分布图

综合考虑另一半,可以看出横向残余应力在 x 轴方向上应力基本上达到平衡,横向残余应力在工件横截面上表现为拉应力。

图 3-27 是工件在不同扫描速度下纵向残余应力的分布图,节点选取如图 3-24 中 AB 线所示。从图 3-27(a)中可知,在激光扫描方向上纵向残余应力均为拉应力且中部稳定区域很长一段拉应力较大,并且基本上保持不变;从熔覆层中部向两端部位过渡,纵向残余应力由恒定值逐渐下降,因为两端的边界条件与中间部位有所不同,拘束度和热循环特性不尽相同,使两端部的纵向残余应力出现过渡区。由图 3-27 可知,随着扫描速度的增加,熔覆层表面上各点的纵向残余应力增大,由于扫描速度越大,不均匀热输入越大,温差越大,所产生的温度分布不均匀区域越大,因此产生的残余拉应力越大;扫描速度越小,不均匀热输入越小,温差越小,所产生的温度分布不均匀区域越小,因此产生的残余拉应力越小。图中纵向残余应力曲线并不是平滑过渡,这主要是由于网格划分的大小引起的有限元计算结果的精确度不高造成的,但是网格划分过小就会严重影响计算时间和计算结果的收敛情况,所以网格也不宜划分得过小。

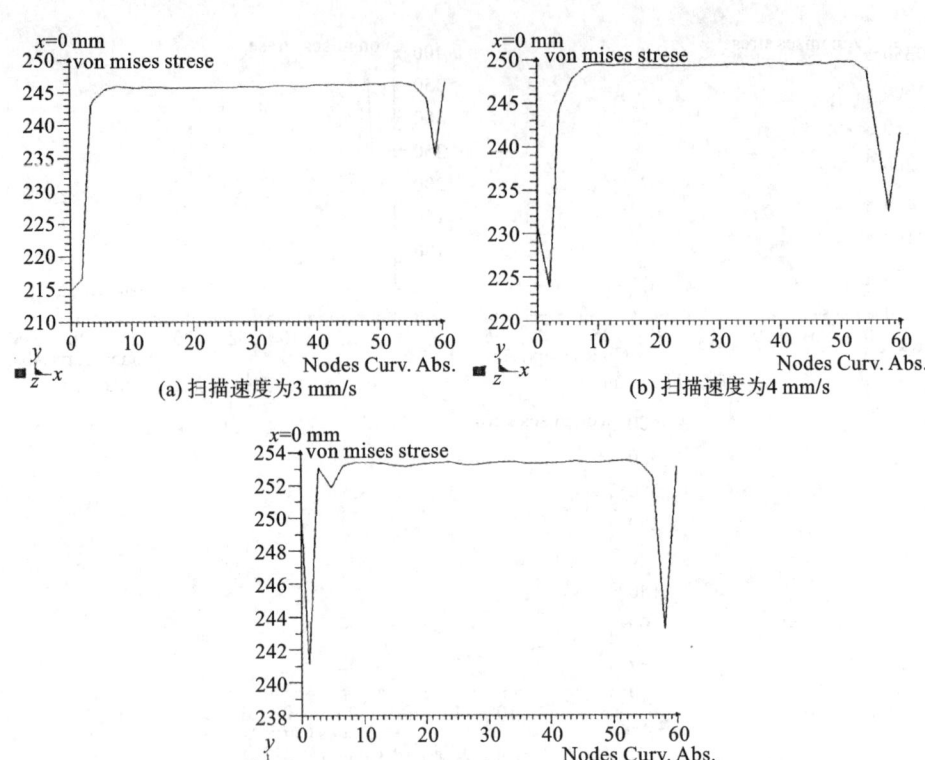

图 3-27　工件在不同扫描速度下纵向残余应力的分布图

图 3-28 是工件在不同扫描速度下 z 向残余应力的分布图。从图 3-28(a)可知，z 向残余应力均为拉应力。在熔覆层材料与基体的结合处，残余应力比表面和熔池的都小，主要是因为结合处的那部分金属所受的拘束要比表面和熔池内部的小，随着离表面距离的增加，残余应力迅速增加，大约在 $z = 2\ mm$ 处残余应力达到最大值，然后逐渐减小。从图 3-28 中还可以看出，随着扫描速度的增加，熔覆层与基体结合处残余应力增大，出现残余应力最大值的 z 值减小，并且残余应力最大值增大，主要是因为扫描速度的增加，线能量减小所致。

从图 3-26、图 3-27 和图 3-28 所示工件在不同扫描速度下熔覆层的残余应力的比较可以看出，z 向残余应力最大，并且最大值出现在基体热影响区，主要是在激光熔覆熔池快速凝固过程中，涂层中很高的温度梯度及涂层与基体间的热膨胀系数差异使结合界面与基体发生了不同程度及不同时性的凝固收缩，造成不同部位残余应力值的差异，从而在界面以下热影响区中造成了较大的残余应力，而涂层在半固态下强度及断裂韧度低，更加速了裂纹的形成与扩展，先形成于基体热影响区的裂纹源很容易向涂层与基体界面处及涂层方向扩展。对于单道激光熔覆，在最佳

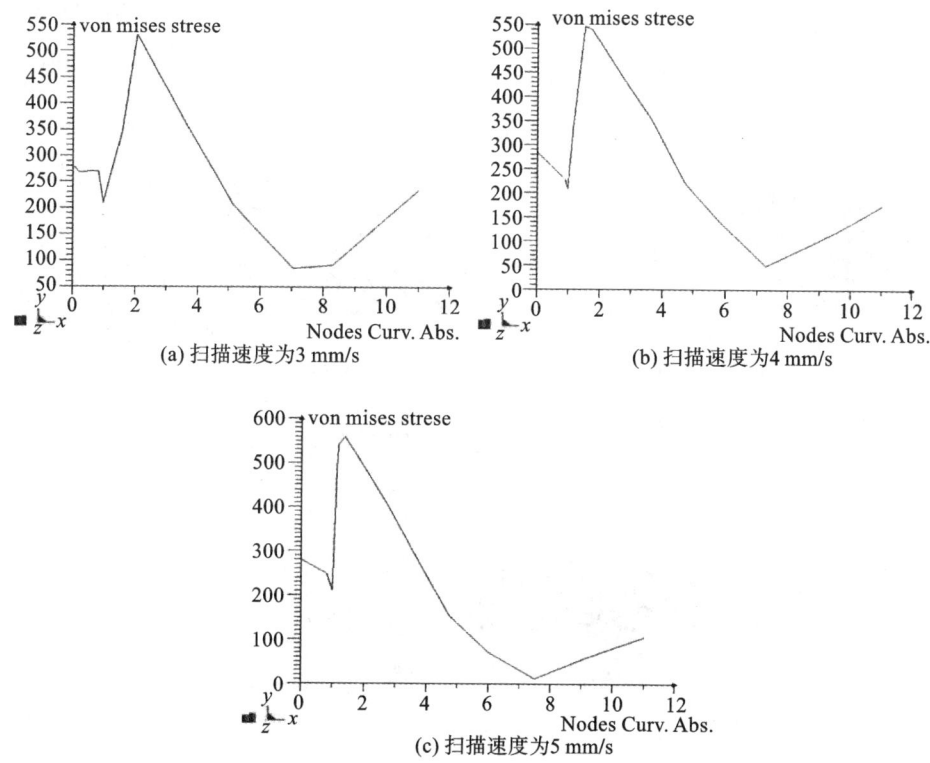

图 3-28　工件在不同扫描速度下 z 向残余应力的分布图

激光功率和光斑尺寸一定的前提下,适当降低熔覆时的扫描速度,熔覆层的应力集中区较小且等效应力下降,能够制备质量优异的激光涂层。

图 3-29 是工件在不同扫描速度下冷却到 500 s 时刻的变形分布图。在激光熔覆的三维求解过程中为了抑制模型计算发散,防止试样产生刚性偏移,在模型中人为地限制某些节点的自由度,具体到该模型中则限制了熔覆层中部下端一个节点的自由度。图 3-29 中是距熔覆层起始点处 30 mm(即 $y=30$ mm)横截面下表面的变形量为 0,而其他各截面的变形量均大于 0。图 3-29(a)中显示扫描速度为 3 mm/s 的激光熔覆工件的残余变形,试样发生弯曲变形,在熔覆层 x 方向上发生角变形,主要是由于在熔覆横截面上温度分布不均引起的;还可以看出,工件的最大变形出现在工件的边缘位置,约为 $5.77×10^{-2}$ mm。从图 3-29 中可以知道,随着扫描速度的增大,工件的变形量相应减小,主要是因为扫描速度增加,线能量减小所致。

综合试验测试结果与仿真模拟结果对比,当激光熔覆过程的工艺参数为:光斑尺寸为 5 mm,预制粉末层厚度为 1.2 mm,搭接率为 50%,扫描速度为 4 mm/s,功

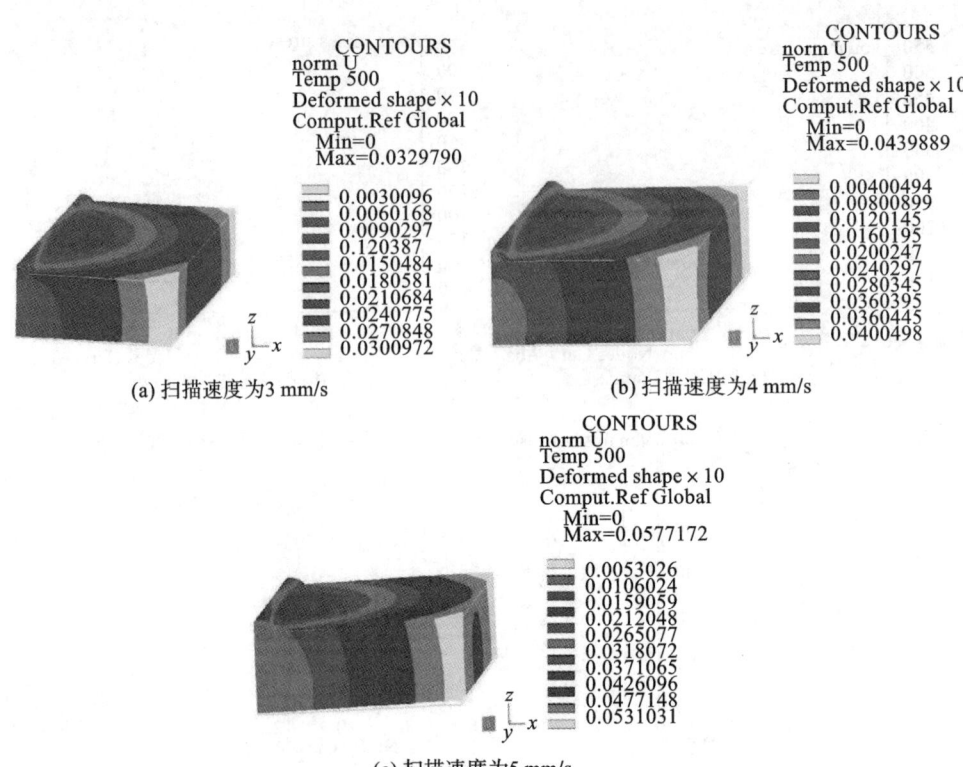

(a) 扫描速度为3 mm/s   (b) 扫描速度为4 mm/s

(c) 扫描速度为5 mm/s

图 3-29　工件在不同扫描速度下冷却到 500 s 时刻的变形分布图

率为 2.3 kW 时,激光熔覆 Co 基合金的仿真模拟结果与试验结果相吻合,且合金涂层的残余应力和变形量较小。

3.3　激光熔覆 Co 基合金涂层

3.3.1　激光熔覆 Co 基合金涂层宏观成形

图 3-30 为采用优化后的激光工艺参数制备的 Co 基合金涂层宏观表面形貌。由图 3-30 可以看出,Co 基合金涂层表面较为光滑平整,未观察到较为明显的裂纹、夹渣以及气孔等缺陷存在。

3.3.2　激光熔覆 Co 基合金涂层相组成

图 3-31 为激光熔覆 Co 基合金涂层的 X 射线衍射图谱。从图 3-31 可知,Co 基

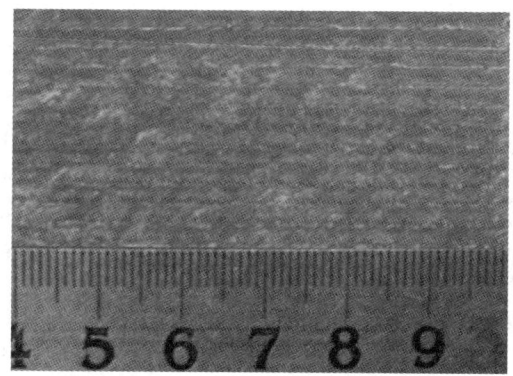

图 3-30　Co 基合金涂层宏观表面形貌

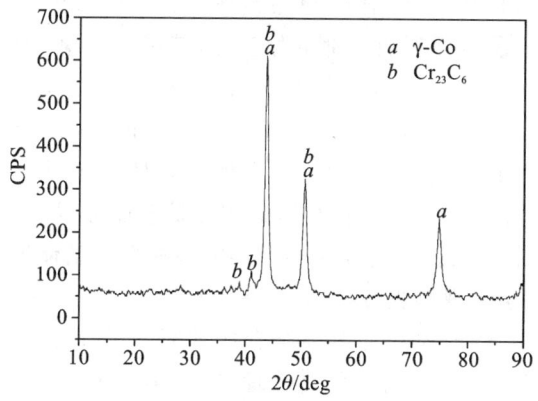

图 3-31　激光熔覆 Co 基合金涂层的 X 射线衍射图谱

合金涂层主要是由 γ-Co 和 $Cr_{23}C_6$ 相组成。纯 Co 是一种具有同素异构转变的金属,在 417 ℃以下为具有稳定的密排六方(hcp)结构的 ε-Co。高温下稳定的晶体结构为面心立方(fcc)结构的 γ-Co。因此,室温下纯 Co 通常为密排六方(hcp)结构的 ε-Co,但激光熔覆是一个快速熔化、快速凝固的过程,迅速被激光加热熔化的 Co 基合金由于基体的快冷作用,使高温状态的 γ-Co 相来不及发生相变而被保留至室温;另外,合金中还含有能够稳定立方点阵的 Fe、Ni 等元素,故在室温下得到介稳的面心立方(fcc)γ-Co。Co 基合金粉末中 Cr 的含量较高,与 C 反应生成了 $Cr_{23}C_6$;而粉末中所含其他合金 Mo、Ni、Fe 等以固溶的形式存在于涂层中。$Cr_{23}C_6$ 亦为熔池快速凝固而形成的介稳相,其中固溶了大量 Fe、Ni 等元素。

3.3.3　激光熔覆 Co 基合金涂层显微组织

图 3-32 为激光熔覆 Co 基合金涂层的显微组织。由图 3-32 中可以看出,Co 基

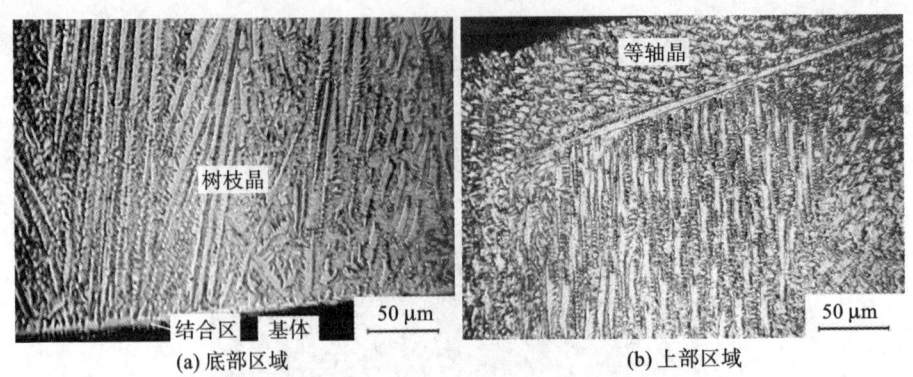

(a) 底部区域   (b) 上部区域

图 3-32　Co 基合金涂层的微观组织

合金涂层从上到下由熔化区、结合区和热影响区三个区域组成。热影响区是受熔池向基体传递的热量影响而形成的部分相变区，其组织取决于基体金属的成分、状态及该处激光熔覆时所经历的热循环、应力和变形等。由于激光熔覆的快速凝固，结合区附近的基材因自淬火作用而可能出现马氏体和少量残余奥氏体，然而，由于基体中碳含量较低，因此基体热影响区未出现淬火马氏体组织。结合区是在激光束作用下 Co 基合金混合粉末与基体材料的相互扩散而形成的平面晶，即一条几个 μm 宽的"白亮结合带"，该区域的存在表明熔覆层材料与基体形成了良好的冶金结合，该结果与复合涂层宏观形貌分析结果相一致。

激光熔覆过程中，熔覆材料与基体结合区的凝固结晶是在很大的温度梯度和缓慢的凝固速度下产生的，根据成分过冷理论，合金溶液结晶时，固液界面总的过冷度可以表述为：

$$\Delta T = \Delta T_C + \Delta T_S + \Delta T_R + \Delta T_D \tag{3-51}$$

式中：$\Delta T_C = D_L G / R_v$，为枝晶间溶质的浓度梯度引起的过冷度；

$\Delta T_S = R_v s_L \omega_{Co}(1-k) r_t / D_L$，为枝晶顶部位置溶质扩散引起的过冷度；

$\Delta T_R = 2\sigma T_L / \rho_s \Delta H r_t$，为枝晶顶部位置的曲率引起的过冷度；

ΔT_D 为动力学过冷度，相对较小，故忽略。

则固液界面总的过冷度为：

$$\Delta T = \frac{D_L G}{R_v} - \frac{R s_L \omega_{Co}(1-k)}{D_L} r_r - k r_t G + \frac{2\Delta H T_L}{\rho_s L r_t} \tag{3-52}$$

式中：ρ_s——固相密度；

k——溶质在液固相中的分配系数；

D_L——液相中溶质的扩散系数；

R_v——液相的凝固速度；

ΔH——结晶过程中的焓变；

ω_{Co}——溶质的质量分数；

G——固液界面前沿液相的温度梯度；

L——凝固潜热；

s_L——液相线的斜率；

r_t——枝晶顶部的半径。

忽略式(3-52)等号右端第三项，令 $\Delta T = 0$，则有：

$$r_t = \left\{ \frac{2\sigma T_L}{\rho_s \Delta HRk \left[\frac{s_L \omega_{Co}(k-1)}{kD_L} - \frac{G}{R} \right]} \right\}^{\frac{1}{2}} \tag{3-53}$$

由式(3-53)可知，枝晶的顶部半径 r_t 与生长速率及固液界面附近液相的温度梯度有关，基于成分过冷理论，令 $\frac{s_L \omega_{Co}(k-1)}{kD_L} - \frac{G}{R} = 0$，枝晶顶部半径则为 ∞，此为结合区平面结晶生长的临界条件。因此，成分过冷出现必须满足的条件为：

$$\frac{G}{R} \leqslant \frac{s_L \omega_{Co}}{D_L} \cdot \frac{1-k}{k} \tag{3-54}$$

根据相关文献，液固界面前沿液相的温度梯度 G 可以表示为：

$$G = \frac{2\pi\kappa (T-T_0)^2}{\phi P} \tag{3-55}$$

式中：T——液相温度；

T_0——固相温度；

κ——热导率；

P——激光功率；

ϕ——激光吸收率。

根据相关文献，激光熔覆过程中固液界面前沿处液相的凝固速度与激光熔覆速度之间的关系可表示为：

$$R = V\cos\theta \tag{3-56}$$

式中：R——固液界面前沿处某位置上的凝固速度；

θ——凝固方向与熔覆方向夹角；

V——激光熔覆速度。

由式(3-53)可知，熔覆层组织的结晶形态主要取决于结晶前沿处的温度梯度 G 与结晶前沿处晶体的凝固速度 R 的比值(G/R)。根据凝固理论，在凝固结晶过程中，熔池底部的热量主要是通过冷的基体金属向外界传递出，导致固液界面处产生很大的温度梯度 G，而结晶前沿液固界面处的凝固速度 R 很小，G/R 趋近于 ∞，因此，在熔池底部液态凝固非常缓慢，结合区生长为平面状。熔化区是 Co 基混合粉末在高能激光束作用下熔化后快速凝固而形成的区域，熔覆层组织主要由 γ-Co 树枝晶、等轴晶和枝晶间的共晶组成。在熔化区底部,由于激光熔覆的熔池较小,能通过冷的基体和周围的环境迅速散热,随着固液界面的推进,温度梯度 G 逐渐减小,结晶区前沿液相溶质原子再分配造成的成分过冷逐渐增大,凝固速度 R 较大,G/R 值较小,满足成分过冷条件,同时由于结晶前沿的溶质富集而造成成分过冷,平衡界面失稳。因此,组织基本垂直于结合界面沿热流运动反方向以外延生长方式向熔池内生长,形成凝固组织进而变为胞状晶和树枝晶。随着距结合区距离的增加,G/R 值进一步减小,树枝晶的生长方向由散热方向和晶体学各向异性共同决定,枝晶的生长方向与结合界面垂直方向呈现出一定偏角,熔化区中部形成了紊乱枝晶。在熔池凝固结晶的后期,随着 G/R 减小,由于熔池四周散热以及液体的对流,出现枝晶的脆断以及形成的高熔点金属间化合物作为形核质点,且向四周均匀生长,熔化区上部形成了等轴晶,Co 基合金涂层微观组织如图 3-32 所示。

图 3-33 为多道激光熔覆 Co 基合金涂层微观组织。由图 3-33 可以看到,多道激光熔覆 Co 基合金涂层的组织与单道涂层组织相比已发生明显的变化:定向凝固典型的枝晶组织特征基本消失,取而代之的是除搭接区有部分枝晶形态外[见图 3-33(d)],其余部分均为等轴晶组织[见图 3-33(a)、(d)]。

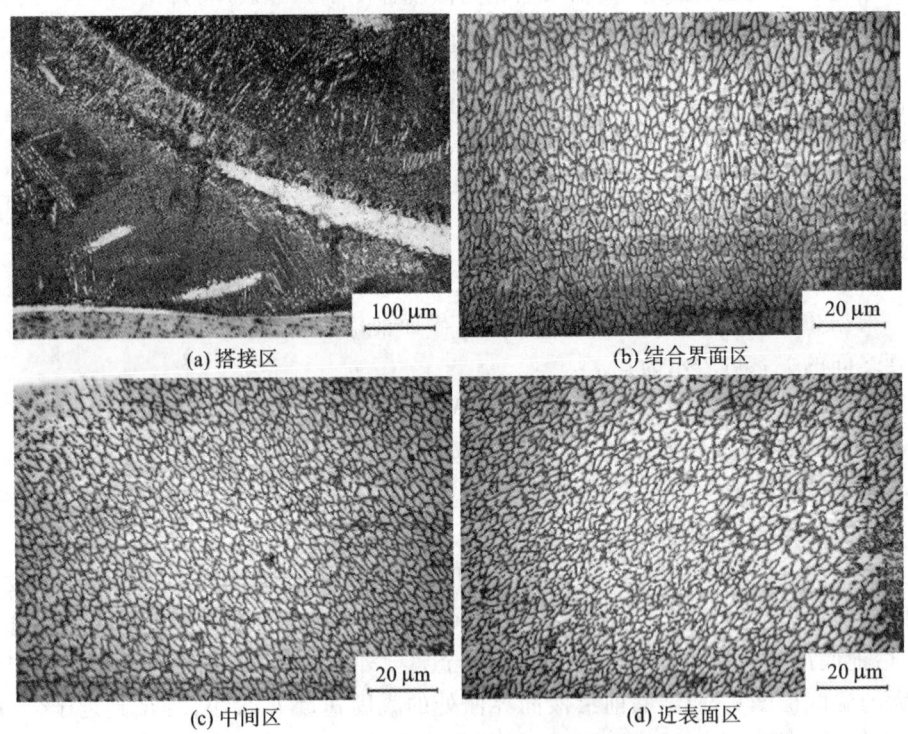

(a) 搭接区

(b) 结合界面区

(c) 中间区

(d) 近表面区

图 3-33　多道激光熔覆 Co 基合金涂层微观组织

从图 3-33(b)、(c)可以看到,结合区、中部及表层的组织形态基本为等轴晶。在多道激光熔覆 Co 基合金涂层中得到如此多细小的等轴晶可从下列几方面讨论:

(1)由凝固理论可知,在单向凝固时,如果在固液界面前沿的液体中出现大范围的"成分过冷",也会出现等轴树枝晶。等轴晶的体积分数取决于液相中温度梯度 G、柱状晶界面前沿的生长速度 R 及形核密度等,当等轴晶体积分数达到一定值时,将导致柱状晶向等轴晶的转化,从而破坏定向凝固过程。在等轴晶长大的过程中,晶体的长大可以按所有晶体学最优长大方向进行,对立方晶体来说即在六个 <001> 面向长大;而等轴晶的组织形貌主要是受溶质扩散场及温度扩散场的影响。

激光多道熔覆过程中,基材始终是最重要的散热部件。液态金属在凝固过程中散发出的热量以及结晶产生的潜热基本上都是通过基材传导出去,另有一部分热量通过空气辐射和对流散发出去。激光熔池内存在着复杂的传热、传质、对流和扩散等现象,由温度场决定的流场和熔池中的各种物理化学反应,均对熔池的形状以及熔覆层的组织和性能产生影响,所以熔池温度场是熔覆层质量好坏的决定因素。

因此,由于基材传热而引起的熔池温度场的变化必然会对熔覆层的组织产生很大影响。在激光多道搭接的过程中,基材由于熔池不断的快热、快冷而处于一种交替的热循环状态。激光熔覆过程的热循环基本处于准稳态。胡木林等用数值分析的方法对熔覆层温度场进行模拟,结果如图 3-34 所示。在第一道熔覆结束之后,熔池的热量除了沿垂直于基材方向传导之外,还会向未被熔覆过的周边基材传导,这样在进行第二道熔覆时,第一道熔池热量的散发对第二道即将熔覆的基材有预热的作用,这种预热的作用对第二道熔覆层组织的影响是不可忽视的。预热温度

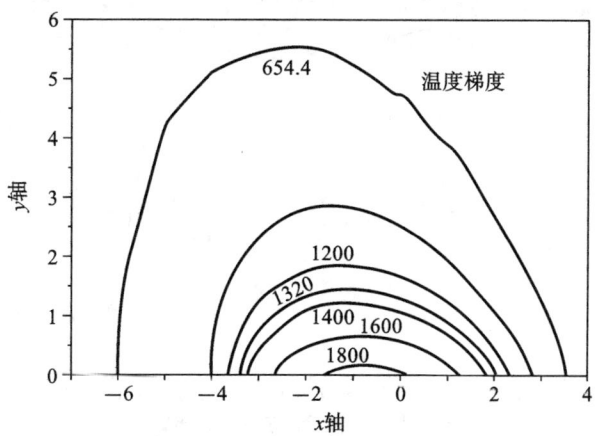

图 3-34 激光熔覆过程中光斑附近的准稳态温度场

越高,液态熔池在高温停留时间越长,在母材固体表面前沿的温度梯度 G 逐渐减小,枝晶由发达到不甚发达直至消失。对于激光熔覆组织而言,基材表面的温度越高,结合处固液界面前沿的温度梯度 G 越小,液相中越有可能出现大的成分过冷,也就越有可能得到等轴晶组织。

(2)根据相关文献可知,激光熔覆主要是以非均匀形核为主,而形核的现成表面有两种,一是熔池中的未熔悬浮质点,比如一些难熔的金属元素;二是熔池底部未熔化的基材表面。对于多道熔覆而言,前一道未熔化的熔覆层表面也可以作为后一道形核的现成表面。

另外,从图 3-33(d)可以看出,在搭接区还存在枝晶组织,并不是整个涂层都是细小的等轴晶组织。这是因为:当后一道部分熔覆层以前一道熔覆层为现成形核表面时,前一道熔覆层表面的热量除通过基材传导外还会通过空气辐射出去,因此作为形核表面的前道熔覆层的表层温度较低,搭接处的熔池以较快速度冷却,易出现树枝晶。

3.3.4　激光熔覆 Co 基合金涂层的显微硬度

图 3-35 是 Co 基合金涂层的显微硬度分布图。由图 3-35 可以看出,Co 基合金涂层的显微硬度随着距离合金涂层表面的距离增加而先增加后逐渐降低,这首先是因为在熔覆过程中,激光束能充分搅拌熔池,促进熔池中的对流传质作用,使熔池中气体夹杂物和一些非金属元素上浮析出,在表层形成相对疏松的组织,降低了合金涂层的显微硬度。其次是因为激光熔覆过程中,基体金属受热作用进入 Co 基合金涂层中,对合金涂层起到稀释作用,导致合金涂层的硬度降低。随着距离合金

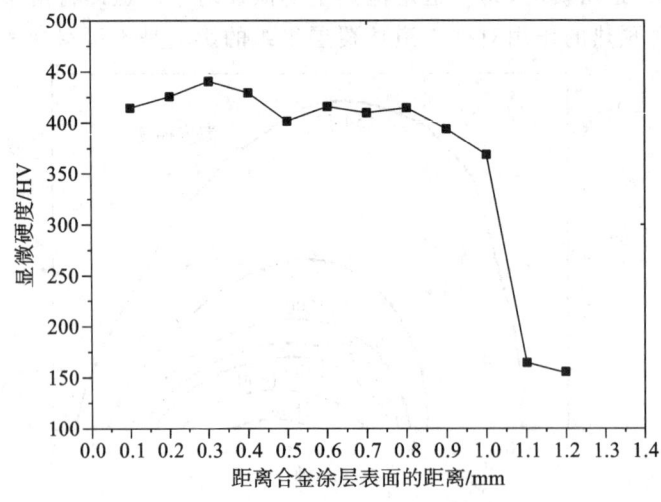

图 3-35　Co 基合金涂层的显微硬度分布图

涂层表面的距离增加,基体金属对合金涂层的稀释作用越发明显,因此,Co 基合金涂层的显微硬度随着距离合金涂层表面的距离增加而逐渐降低。另外,由图 3-35 还可以看出,Co 基合金涂层的显微硬度为 404.14 $HV_{0.5}$,约为基体金属的 3 倍。这主要归因于大量高硬度的 $Cr_{23}C_6$ 化合物弥散分布在 Co 基合金涂层中起到弥散强化作用,以及 Co 基合金涂层中大量合金元素在合金涂层凝固析出过程中来不及析出而固溶于 γ-Co 基体中对合金涂层产生固溶强化作用。

3.3.5 激光熔覆 Co 基合金涂层的耐磨性能

图 3-36 为基体金属和 Co 基合金涂层的磨损失重。由图 3-36 可以看出,基体金属总磨损失重量为 198.7 mg,而 Co 基合金涂层的总磨损失重量为 17.6 mg,其仅为基体金属磨损失重量的 8.86%,意味着 Co 基合金涂层能明显提高基体金属的耐磨性能。这主要归因于高硬度的 $Cr_{23}C_6$ 化合物对 Co 基合金涂层的弥散强化作用和合金元素固溶于 γ-Co 基体中形成的固溶强化作用,明显降低了合金涂层的磨损失重量。

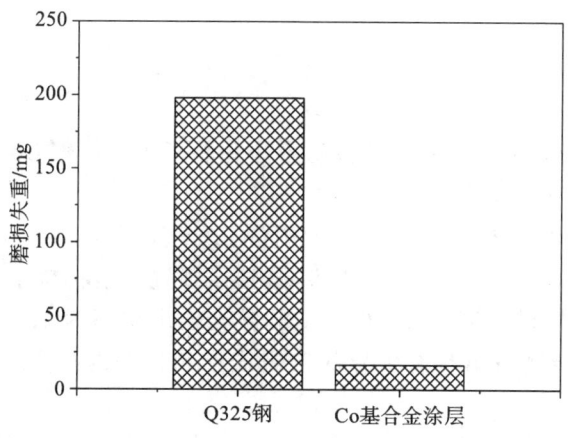

图 3-36　基体金属和 Co 基合金涂层的磨损失重

图 3-37 为基体和 Co 基合金涂层表面的磨损形貌 SEM 图。从图 3-37(a)中可以看出,基体材料的磨损表面出现大量层状撕裂、黏附和宽而深的犁沟,这是典型的黏着磨损和磨粒磨损特征。在基体与对磨环的摩擦过程中,由于母材硬度较低,塑性较好,在反复的相互接触过程中产生黏着结合,当摩擦副相对运动时,在基材表面上接触点位置出现断裂,产生黏着磨损,造成基体材料的迁移和损失。另外,在磨损过程中,对磨环上硬质点较容易嵌入基体材料中,将基体材料推挤到犁沟两侧形成皱褶,在对磨环的反复作用下,皱褶产生脱落,形成磨屑,导致基体材料中出现大量宽而深的犁沟。而 Co 基合金涂层磨损表面出现宽而深的犁沟及少量翻边。

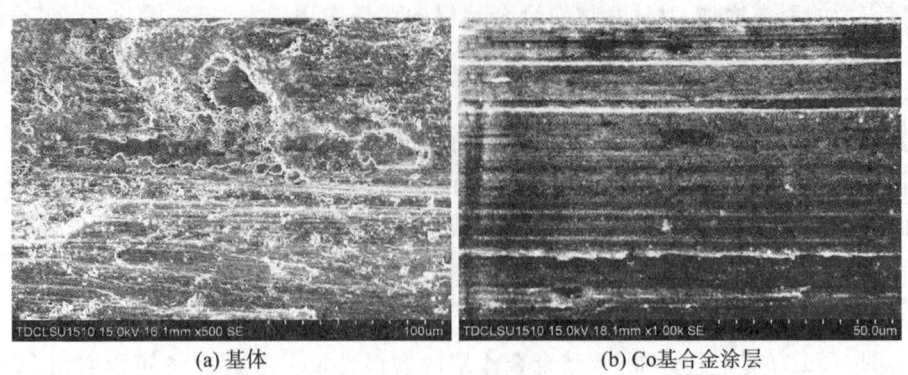

(a) 基体   (b) Co基合金涂层

图 3-37　基体和 Co 基合金涂层表面的磨损形貌 SEM 图

添加 VN 合金后,复合涂层磨损表面出现浅而窄的犁沟,磨损表面更加均匀,呈现出典型的磨粒磨损特征,如图 3-37(b)所示。在摩擦副相互摩擦过程中,对磨环上尖锐的高硬度 WC 相硬质颗粒更易于嵌入软的 Co 基合金涂层中,且在相互运动过程中 WC 硬质相遇到的阻力较小,因此,Co 基合金涂层表面形成宽而深的犁沟。

3.4　本章小结

本章主要利用试验和有限元模拟的方法开展了激光熔覆 Co 基合金涂层工艺参数优化和性能研究,具体如下:

(1)利用激光熔覆技术在 Q235 表面制备了 Co 基合金涂层,分析了工艺参数对 Co 基合金涂层宏观成形的影响,结果表明,选用预置熔覆材料厚度为 1.0 mm,光斑尺寸为 5 mm,扫描速度为 2～6 mm/s,激光输出功率为 2.3 kW 和搭接率为 50% 的工艺参数能制备出具有优异的宏观成形和良好的冶金结合的 Co 基合金涂层。

(2)利用 SYSWELD 有限元软件建立低碳钢表面激光熔覆 Co 基合金涂层的 3D 有限元模型,采用 3D 高斯热源,并考虑了材料热物性参数随温度变化的非线性关系及对流的边界条件对不同扫描速度的激光熔覆 Co 基合金涂层过程中温度场和应力场进行了仿真模拟。结果表明,随扫描速度增加,熔覆层熔池的熔深、熔宽均减小,温度场分布减小,热循环曲线的高温停留时间减少,冷却速度增加,残余应力增加。随着距离激光熔覆 Co 基合金涂层与基体结合界面到熔覆层表面距离的增加,温度梯度约由 9.0×10^5 K/m 降低到 0.41×10^5 K/m,凝固速度约由 0.4×10^{-3} m/s 增加到 24.37×10^{-3} m/s,形状控制因子约由 2.5×10^9 ℃/s 降低到 8.8×10^6 ℃/s。通过对激光熔覆试验和仿真模拟结果综合分析,扫描速度为 4 mm/s 的激光熔覆技术能制备出宏观成形良好和性能优异的 Co 基合金涂层。

（3）Co 基合金涂层主要由 γ-Co 和 $Cr_{23}C_6$ 相组成。Co 基合金涂层微观组织主要由平面晶、树枝晶和等轴晶组成，与有限元仿真模拟结果相吻合。Co 基合金涂层的平均显微硬度和磨损失重量分别为 404.14 $HV_{0.5}$ 和 17.6 mg，约为 Q235 基体的 3 倍和 1/10，Q235 基体材料的磨损机理为典型的黏着磨损和磨粒磨损特征，而 Co 基合金涂层的磨损机理为典型的磨粒磨损特征。

参考文献

[1] 齐勇田,曹润平,栗卓新.激光熔覆铁基合金涂层开裂行为及其产生机制[J].应用激光,2015,35(6):639-642.

[2] 王慧萍,李军,张光钧,等.TC4 钛合金表面激光熔覆 TiC 复合涂层组织和耐磨性能[J].金属热处理,2010,35(8):38-41.

[3] Lopez B,Gutierrez I,Urcola J J. Microstructure analysis of steel-nickel alloy clad interfaces [J]. Materials Science and Technology,1996,12(6):45-55.

[4] 关振中.激光加工工艺手册[M].北京:中国计量出版社,1998.

[5] Li Y. X. ,Liu B. C.. Study on overlapping in the laser cladding process[J]. Surface and Coatings Technology,1995,90:1-5.

[6] 余菊美,冯向华,梁二军,等.多道搭接对激光熔覆层组织及硬度的影响[J].激光杂志,2007,28(5):64-65.

[7] 王助成,邵敏.有限单元法基本原理和数值方法[M].北京:清华大学出版社,1997.

[8] ANSYS,Inc. ANSYS Elements Reference[M]. Twelfth Edition. SAS IP,In c. 2001.

[9] 徐庆鸿,郭伟,田锡唐.激光熔覆三维温度场数值模型的建立与验证[J].焊接学报,2003(3):37-40.

[10] Lindgren L E. Finite modeling and simulation of welding(part 3):efficiency and integration [J]. Journal of Thermal Stress,2001,24(4):305-334.

[11] C. L. Tsai, Z. L. Feng. A computational analysis of thermal and mechanical conditions for weld metal solidification cracking[J]. Welding Research Abroad,1996,42(1):34-41.

[12] Martin Becker. Nonlinear transient heat conduction with application to welding[J]. ASME 32nd National Heat Transfer Conf. Manufacturing and Materials Processing,1997,9.

[13] 张文钺.焊接传热学(第一版)[M].北京:机械工业出版社,1989.

[14] 薛忠明,张彦华.激光焊接温度场数值模拟[J].焊接学报,2003,24(2):79-82.

[15] [德] 拉达伊 D.焊接热效应[M].北京:机械工业出版社,1997.

[16] Yunchang Fu,A. Loredo,B. Martin,et al. A theoretical model for laser and powder particles interaction during laser cladding[J]. Journal of Materials Processing Technology,2002,1 (128):106-112.

[17] Li LJ, Mazumder J. Laser Processing of Materials. In: Mukherjee K, Mazumder J. Proceedings of a Symposium sponsored by the Physical Metallurgy and Solidification

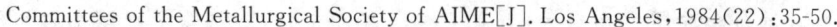
Committees of the Metallurgical Society of AIME[J]. Los Angeles,1984(22):35-50.

[18] R. Jendrzejewski,G. Śliwiński,M. Krawczuk and so on. Temperature and stress during laser cladding of double-layer coatings［J］. Surface & Coatings Technology. 2006（201）: 3328-3334.

[19] 张文钺.焊接冶金学(基本原理)[M].北京:机械工业出版社,1993.

[20] 杨世铭,陶文铨.传热学[M].北京:高等教育出版社,2006.

[21] 陈丙森.计算机辅助焊接技术[M].北京:机械工业出版社,1999.

[22] 陈楚.数值分析在焊接中的应用[M].上海:上海交通大学出版社,1985.

[23] 李冬林,于有生,温家伶,等.堆焊温度场的三维动态模拟[J].武汉理工大学学报,2002,26(5):671-673.

[24] 王国强.实用工程数值模拟技术及其在 ANSYS 上的实践[M].西安:西北工业大学出版社,1999.

[25] 李明喜,何宜柱,孙国雄.Ni 基合金/45 钢宽、窄带熔覆 Co 基合金的组织[J].中国激光,2003,30(11):1044-1048.

[26] Trived R,Kurz W. Dendrite growth[J]. International Materials Reviews,1994,39(2):49-74.

[27] Pei Y T,De Hosson J T M. Functionally graded materials produced by laser cladding[J]. Acta Materialia,2000,48(10):2617-2624.

[28] 周尧和,胡壮麒,乔万奇.凝固技术[M].北京:机械工业出版社,1998.

[29] 胡汉起.金属凝固原理[M].北京:机械工业出版社,2000.

[30] 冯莉萍,林鑫,陈大融,等.材料对激光多层涂覆定向凝固显微组织的影响[J].航空材料学报,2004,24(1):7-10.

[31] 张建宇,高立新,崔玲丽,等.激光强化温度场的理论解析与实验论证[J].激光技术,2006,30(1):56-59.

[32] 胡木林,谢长生,祝柏林,等.多道搭接激光熔覆镍基合金中裂纹断口形貌研究[J].材料热处理学报,2001,22(2):23-26.

[33] Sánchez-Cabrera V M, Rubio-González C, Ruíz-Vela J I, et al. Effect of preheating temperature and filler metal type on the microstructure,fracture toughness and fatigue crack growth of stainless steel welded joints[J]. Materials Science and Engineering:A,2006(4):235-243.

[34] 周尧和,胡壮麒,乔万奇.凝固技术[M].北京:机械工业出版社,1998.

[35] 陈浩,刘传云,潘春旭,等.激光熔覆钴基合金的凝固组织特征及性能研究[J].金属热处理,2001,26(12):10-13.

4　颗粒增强 Co 基合金涂层微观组织及耐磨性能研究

　　颗粒增强金属基合金涂层是将金属基合金基体和颗粒增强体的优点有机结合形成的一类具有较高强度、硬度、耐磨、耐蚀和耐高温等性能的涂层,近年来受到了许多研究人员的青睐,已成为航空航天、石油化工、船舶、矿山机械和冶金等行业中最具开发前途的材料之一。常用的增强颗粒有碳化物、硼化物、氧化物、氮化物、稀土元素等。采用激光熔覆技术在普通碳钢表面制备出一层具有较高使用性能的颗粒增强金属基合金涂层既很好地解决了陶瓷材料韧性低的问题,又赋予具有良好韧性的普通碳钢表面较高的强度、硬度以及良好的使用性能,市场应用前景相当可观。

　　VN 合金作为一种新型合金添加剂,在钢铁生产中有效发挥着强化和细化晶粒的作用,并已得到了广泛的关注和应用,然而其在激光熔覆过程中的应用还鲜有报道,VN 合金的化学成分如表 4-1 所示。纳米稀土氧化物兼具稀土和纳米的特性,稀土在金属材料中具有净化、变质和合金化的作用,而纳米粒子具有小尺寸效应、高比表面效应、高化学活性等性质。因此,本章选用 VN 合金粉末和纳米稀土氧化物 CeO_2 作为增强颗粒,利用 5 kW 的 TJ-HL-T5000 横流式 CO_2 激光器以及配套设备在 Q235 钢表面制备了激光熔覆颗粒增强 Co 基合金涂层。利用 Olympus Pme-3 金相显微镜(OP)、Hitachi su1510 和 S-3400N 配有能谱仪(EDS)的扫描电镜、XD-3A 型 X 射线衍射仪(XRD)、Tecnai G2-F30S 透射电子显微镜(TEM)、HV-1000 型显微硬度计以及 MM200 环-块磨损试验机分析 VN 合金及纳米稀土氧化物 CeO_2 含量对 Co 基合金涂层宏观成形、相结构、显微组织、硬度及耐磨性能的影响。此外,还研究时效处理对颗粒增强 Co 基合金涂层的微观组织、硬度及耐磨性能的影响,探讨时效处理前后合金涂层的磨损机理。

表 4-1　VN 合金粉末化学成分

元素	V	N	Si	P	S
含量/(%)	≥76~80	≥14~16	≤0.25	≤0.03	≤0.01

4.1　激光熔覆 VN 合金增强 Co 基合金涂层

4.1.1　VN 合金增强 Co 基合金涂层宏观成形

　　图 4-1 为采用优化的工艺参数制备的 5.0% VN 合金增强 Co 基合金涂层的宏

观成形。从图 4-1 中可以看到,合金涂层表面较为光滑平整,未观察到裂纹、夹渣以及气孔等明显缺陷存在。图 4-1(b)中 5.0%VN 合金增强 Co 基合金涂层横截面形状参数测量结果如表 4-2 所示。

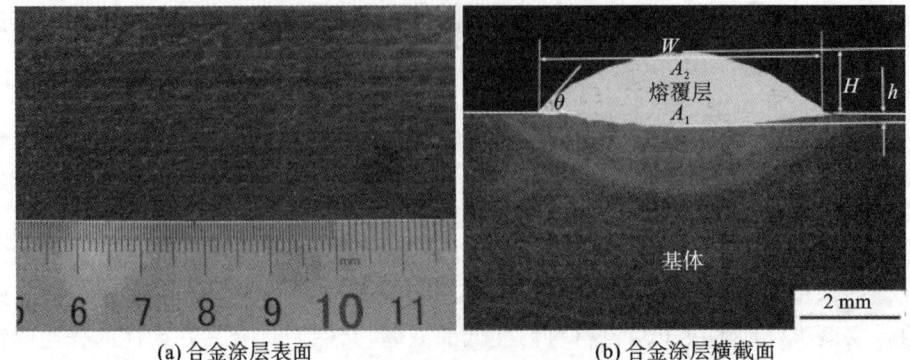

(a) 合金涂层表面　　　　　　　　　　　(b) 合金涂层横截面

图 4-1　5.0%VN 合金增强 Co 基合金涂层的宏观成形

表 4-2　图 4-1(b)中合金涂层横截面形状参数的测量结果

形状参数	熔宽 W /mm	预置厚度 H /mm	基体熔深 h /mm	润湿角 θ /(°)
测量值	4.51	1.05	0.11	49.6

将表 4-2 的测量结果代入公式(3-1),计算出熔覆层的稀释率为 9.48%,与文献[8]的结果相一致。另外,稀释率的计算结果说明了复合涂层与基体形成了良好的冶金结合。从表 4-2 中还可以看出,复合涂层的润湿角为 49.6°,意味着复合涂层在基体表面上铺展良好。

4.1.2　VN 合金增强 Co 基合金涂层相组成

1. VN 合金含量对合金涂层相组成的影响

图 4-2 为 VN 合金增强 Co 基合金涂层的 XRD 图谱。Co 基合金涂层主要是由 γ-Co 和 $Cr_{23}C_6$ 相组成。从图 4-31 可知,添加 VN 合金后,在高能激光束的照射下,一方面,部分小尺寸的 VN 合金粒子受热熔化分解,分解出的 V 和 N 元素与 Co 基合金中的合金元素发生复杂的化学反应形成 $Co_{5.47}N$ 和 σ-FeV 化合物在连续的凝固过程中沉淀析出,其变化过程如下:

$$VN \rightarrow N+V \tag{4-1}$$

$$Co+N \rightarrow Co_{5.47}N \tag{4-2}$$

$$Fe+V \rightarrow \sigma\text{-}FeV \tag{4-3}$$

另一方面是部分尺寸较大或吸收激光束能量较少的 VN 合金颗粒部分熔化,

未熔化的部分继续留存在涂层中。由于 2.0%VN 合金含量较低,在熔池中由复杂化学反应形成的 $Co_{5.47}N$ 和 σ-FeV 以及未熔化留存下来的 VN 相对含量也较少,导致这些相的衍射峰强度相对较弱。因此,VN 合金增强 Co 基合金涂层主要是由 γ-Co、$Cr_{23}C_6$、VN、$Co_{5.47}N$ 和 σ-FeV 相组成,如图 4-2(a)所示。当 VN 合金的含量增加到 5.0%和 10.0%时,合金涂层的相组成未发生变化,但 VN、$Co_{5.47}N$ 和 σ-FeV 相的衍射峰强度相对增强,γ-Co 相的衍射峰强度相对减弱,如图 4-2(b)和(c)所示。

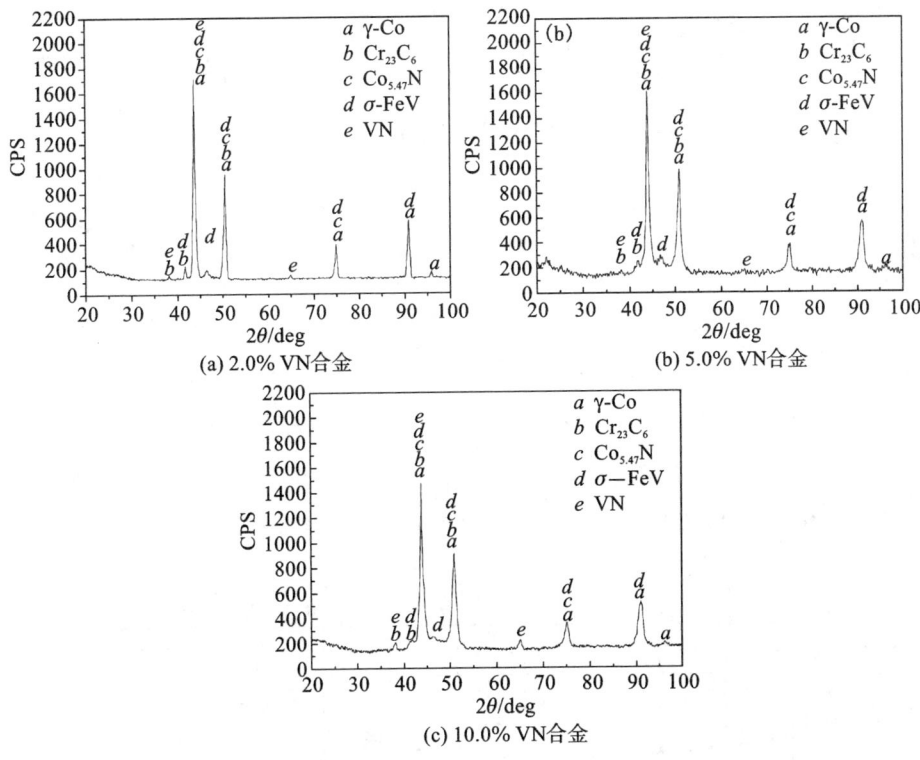

图 4-2　VN 合金增强 Co 基合金涂层的 XRD 图谱

2. 时效处理对合金涂层相组成的影响

图 4-3 为时效处理后 5.0%VN 合金增强 Co 基合金涂层的 XRD 图谱。从图 4-3 中可以看出,550 ℃ 和 650 ℃时效处理 3 h 后合金涂层相组成均未发生变化,而 750 ℃时效处理 3 h 和 650 ℃时效处理 5 h 后合金涂层中的 σ-FeV 相消失。σ-FeV 是熔点较低的拓扑密排相(TCP 相),如图 4-4 所示。σ-FeV 相通常沿晶界析出,时效处理促使晶界处的 σ-FeV 重新熔入 γ-Co 中,随着时效处理温度和时间的增加,更多的 σ-FeV 相重新熔入 γ-Co 中,750 ℃时效处理 3 h 和 650 ℃时效处理 5 h 后合金涂层中的 σ-FeV 相更多地熔入 γ-Co 中,导致 σ-FeV 相的含量低于 XRD 的检测范围。

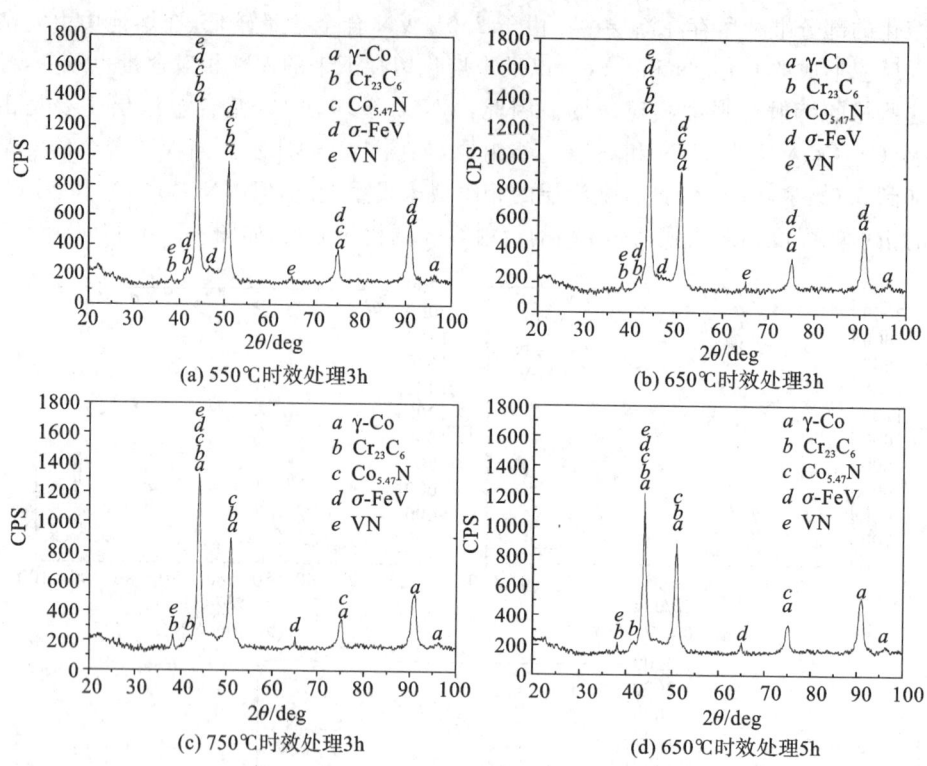

图 4-3　时效处理后 5.0%VN 合金增强 Co 基合金涂层的 XRD 衍射图

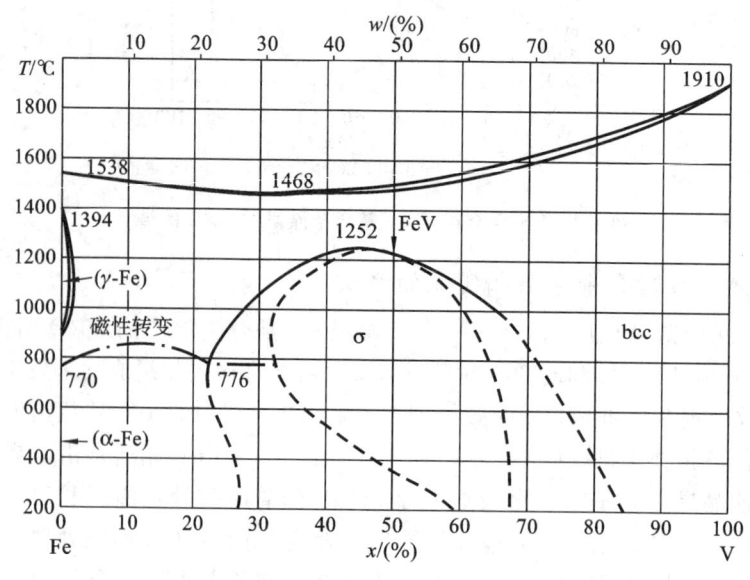

图 4-4　σ-FeV 相图

　　另外,从图 4-3 中还可以看出,随着时效处理温度和时间的增加,合金涂层中 γ-Co 相的体积分数逐渐减弱,$Cr_{23}C_6$ 和 VN 的体积分数逐渐增加。由于激光熔覆是一个快速加热和快速冷却过程,在熔池凝固过程中,合金涂层中部分合金元素没有足够的时间反应形成碳化物和氮化物沉淀析出而保留在 γ-Co 固溶体中,时效处理后,合金元素的扩散能力增强,一些合金元素相互结合形成碳化物和氮化物沉淀析出。随着时效处理温度和时间的增加,合金涂层中将会有更多碳化物和氮化物析出。

4.1.3　VN 合金增强 Co 基合金涂层微观组织

　　1. VN 合金含量对合金涂层微观组织的影响

　　1)合金涂层的 OP 显微组织分析

　　图 4-5 为 VN 合金增强 Co 基合金涂层横截面的显微组织。从图 4-5 中可以看出,添加 2.0% 的 VN 合金后,合金涂层枝晶生长方向减弱,组织细化,少量长棒状树枝晶破碎形成短棒状树枝晶,更多的等轴晶出现在合金涂层顶部,如图 4-5(a)和(b)所示。当 VN 合金含量增加到 5.0% 时,合金涂层底部枝晶的生长方向明显减弱,组织更细小,大量的短棒状树枝晶和等轴晶出现在熔覆层中,如图 4-5(c)和(d)所示。当 VN 合金含量增加到 10.0% 时,合金涂层中树枝晶(也可称枝晶)的生长方向更加紊乱,更多短棒状树枝晶和等轴晶出现在合金涂层中上部区域,与添加5.0% VN 合金的合金涂层的组织明显不同,如图 4-5(e)和(f)所示。

　　从图 4-5 中还可以看出,VN 合金的添加减弱了树枝晶的生长方向性,细化了晶粒,促进大量粗大树枝晶转变为细小的短棒状树枝晶和大量等轴晶的形成。主要原因如下:一方面,由于激光熔覆是快速加热及快速冷却过程,熔池中液态金属形成较大的过冷度和黏度,部分 VN 合金受热分解与 Co 基合金中的其他合金元素反应形成细小的金属间化合物质点。在随后的冷却凝固过程中,这些新形成的细小金属间化合物质点在液态熔池中缓慢下降,遇到从熔池底部生长的树枝晶,这些细小的质点便依附于树枝晶的液固界面前沿形成非自发形核的核心,增加形核率,阻碍树枝晶的生长。另一方面,在熔池冷却过程中,未熔的 VN 合金质点随着固液界面前沿的推移而移动,如果界面前沿移动速度过快,这些 VN 合金质点会被固相吞噬;如果界面前沿移动速度过慢,这些 VN 合金质点将始终保留在前沿位置。界面前沿处未熔 VN 合金质点数量越多,熔池中非自发形核的核心数越多,树枝晶生长的阻力就越大,树枝晶生长就越困难。

　　2)合金涂层的 SEM 形貌分析

　　图 4-6 为 VN 合金增强 Co 基合金涂层的 SEM 图谱。从图 4-6 中可以看出,添加 VN 合金后,合金涂层中出现一些近似球形和多边形的灰色强化相。当 VN 合

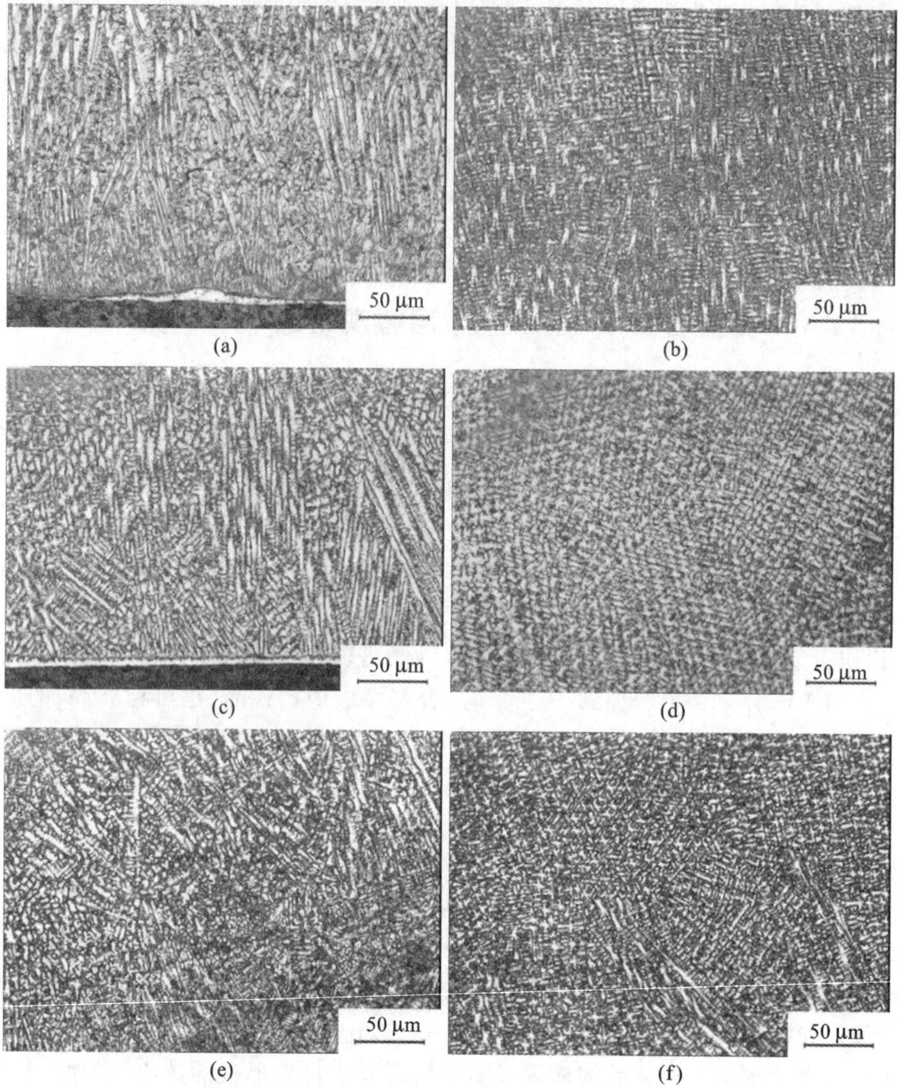

图 4-5　VN 合金增强 Co 基合金涂层横截面的显微组织
(a)、(b)2.0％VN 合金；(c)、(d)5.0％VN 合金；(e)、(f)10.0％VN 合金

金含量为 2.0％时,复合涂层中分布着少量的灰色球状和多边形强化相,如图 4-6(a)和(b)所示。当 VN 合金含量为 5.0％时,合金涂层中灰色球状和多边形强化相的数量和尺寸增加,如图 4-6(c)和(d)所示。当 VN 合金含量增加到 10.0％时,合金涂层中分布的灰色球状和多边形强化相的数量和尺寸明显增加,同时出现少量强化相聚集现象,如图 4-6(e)和(f)所示。

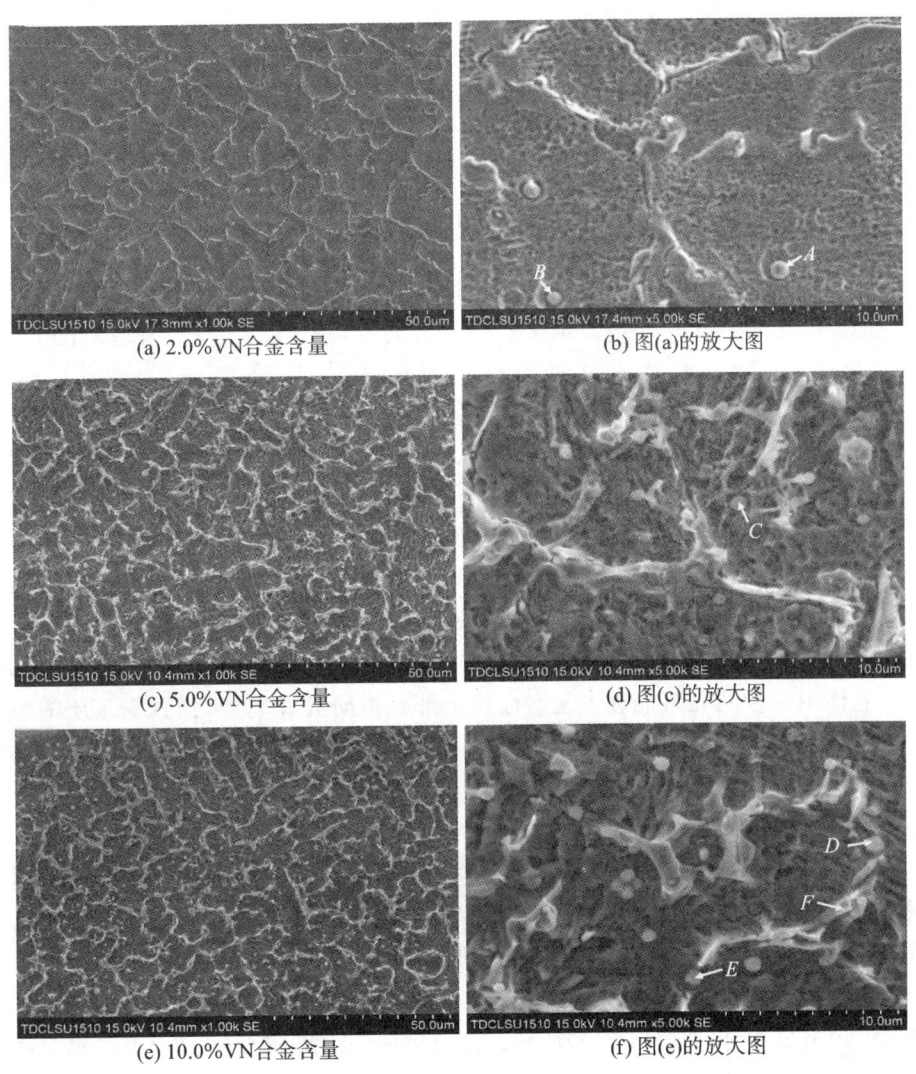

图 4-6 VN 合金增强 Co 基合金涂层的 SEM 图谱

为了进一步分析 VN 合金增强 Co 基合金涂层中强化相的成分,对图 4-6 中标记的强化相进行 EDS 能谱分析,结果如表 4-3 所示。从表 4-3 和 XRD 的分析结果可推断,球状强化相(点 A、C 和 E)为 VN,多边形强化相(点 B 和 D)是 $Co_{5.47}N$,灰白色相(点 F)为 γ-Co+$Cr_{23}C_6$ 共晶体。基于上面的分析结果可知,随着 VN 合金含量的增加,合金涂层中强化相的形貌并没有发生改变,仅强化相的数量和尺寸有所增加,这与 XRD 分析结果一致。由于 VN 合金的熔点为 2360 ℃,因此,在高能激光束作用下,尺寸较大或吸收能量较少的 VN 合金粒子可能部分熔化分解,导致

VN 合金质点的棱角被熔化掉而呈近似球状。

表 4-3 图 4-6 中微区成分分析结果(质量分数,%)

微区	Mo	V	Cr	Fe	Co
点 A	1.24	93.58	1.35	0.96	2.87
点 B	2.15	1.56	6.23	1.24	88.82
点 C	1.26	90.32	3.65	1.05	3.72
点 D	2.07	0.91	5.43	1.26	90.33
点 E	1.12	94.67	1.57	0.73	1.91
点 F	3.97	3.55	23.48	9.65	59.35

另外,从表 4-3 中点 F 的 EDS 结果可以看出,合金涂层中 Fe 元素的含量明显比原始粉末中 Fe 元素的含量高,这表明基体对合金涂层有一定的稀释作用。激光熔覆过程中,预置粉末层的厚度对稀释率有一定影响。预置粉末层越薄,稀释率增加就越快。预置粉末层相当于激光束与基材间的隔离层,其厚度越小所起的隔离作用就越小,稀释率会迅速升高,基体中的元素向复合涂层扩散就更充分;反之,较厚的预置粉末层相当于一个光陷阱,吸收了大部分激光能量,从而限制了基材的熔化量,基体中少量的元素能进入复合涂层上部。本研究课题中,预置粉末层的厚度约 1.0 mm,起到较好的隔离作用,因此稀释率相对较小。

3)合金涂层的 TEM 形貌分析

为了更进一步了解 VN 合金增强 Co 基合金涂层的相结构和组织,采用 TEM 对合金涂层进行了分析,图 4-7 为 5.0%VN 合金增强 Co 基合金涂层的 TEM 形貌和相应的 SAD 斑点。从图 4-7(b)中可以看到,灰色基体中分布着黑色球状和近似四边形质点,采用 TEM 衍射斑点对黑色质点(点 A 和 C)和灰色基体(B 区)进行分析标定,黑色质点(点 A)和灰色基体(B 区)分别被确定为具有面心立方的 VN 颗粒和 γ-Co 固溶体,如图 4-7(a)所示。黑色近似四边形质点(点 C)被确定为面心立方的 $Co_{5.47}N$,如图 4-7(b)所示。TEM 的分析结果与 XRD 的分析结果相一致。另外,从图 4-7(a)中还可以看出,VN 等质点部分存在于晶界,对激光熔覆过程中晶粒的生长起到晶界钉扎作用,因此,VN 合金增强 Co 基合金涂层的组织明显细化。

合金涂层透射电镜分析中除了发现颗粒状相形态外,还发现存在堆垛层错亚结构。图 4-8 为 5.0%VN 合金增强 Co 基合金涂层的堆垛层错形貌。从图 4-8 中可以看出,合金涂层中存在较密集的堆垛层错,且层错间相互交割。这主要是因为激光熔覆的凝固为非平衡凝固,固相中很容易出现位错及层错;另外,因面心立方晶体有较多的滑移系,γ-Co 有较低的层错能($18.5×10^{-7}$ J·cm^{-2}),因此滑移面上容易产生堆积层错,阻碍了碳化物或较硬质点附近位错的交叉滑移及割阶形成。

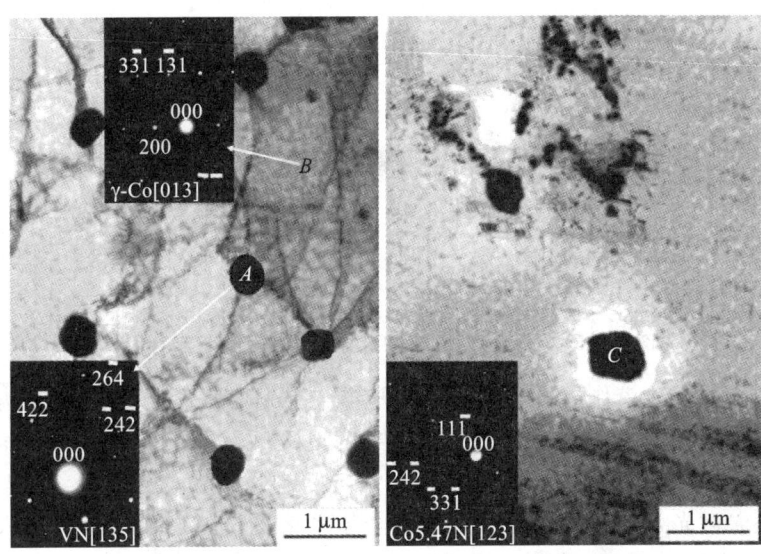

(a) γ-Co和VN的透射电镜图和衍射斑点　　(b) Co$_{5.47}$N的透射电镜图和衍射斑点

图 4-7　5.0%VN 合金增强 Co 基合金涂层的 TEM 形貌和相应的 SAD 斑点

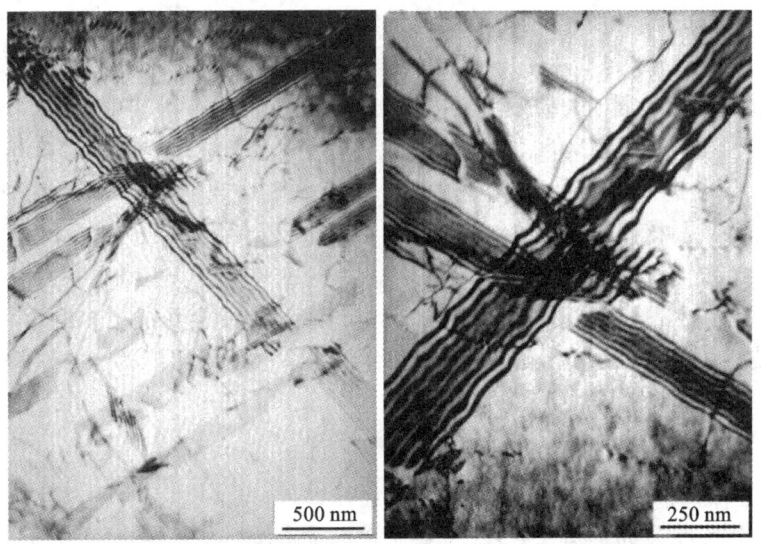

(a) 位错和堆垛层错形貌　　　　　(b) 图(a)的放大图

图 4-8　5.0%VN 合金增强 Co 基合金涂层的堆垛层错形貌

4)合金涂层的凝固过程分析

根据前面分析,可以获得 VN 合金增强 Co 基合金涂层的凝固过程,如图 4-9 所示。其凝固过程如下:

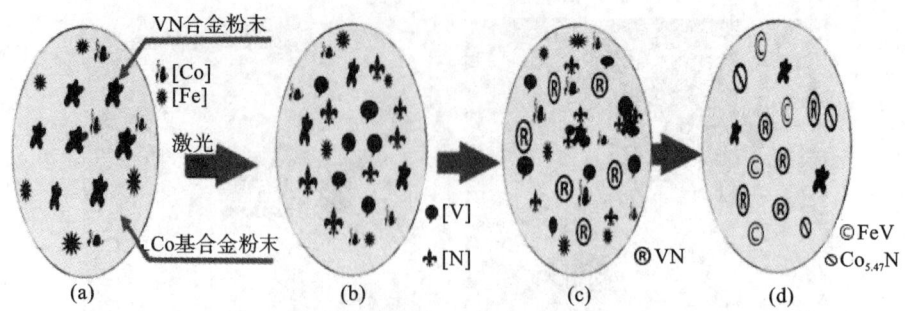

图 4-9　VN 合金增强 Co 基合金涂层凝固过程示意图

（1）在高能激光束作用下，低熔点 Co 基合金首先熔化形成熔池，随着温度的升高，随后 VN 合金熔化进入熔池中，受热分解出 V 和 N 原子，如图 4-9（a）和（b）所示。

（2）随着激光束的移开，Co 基-VN 合金体系熔覆材料形成的熔池进入凝固结晶阶段。液态熔池凝固过程中，熔池中 V 和 N 原子重新结合形成 VN 晶核（L→VN）；另外，V 和 N 也可依附于未熔化的 VN 合金粒子形核，并从周围溶液中吸收 V 和 N 原子长大，形成 VN 颗粒，如图 4-9（c）所示。

（3）VN 形成后，随着熔池中凝固的继续进行，熔池中部分残留的 N 原子与 Co 原子反应形成 $Co_{5.47}N$ 晶核（L→$Co_{5.47}N$），并从溶液中吸收 Co 和 N 原子长大，$Co_{5.47}N$ 形核长大的同时，造成熔池中出现贫 N 区，而液态溶液中由于 VN 合金的分解而出现局部区域富 V 区，在熔池形成过程中，由于基体表面的局部熔化，导致基体中 Fe 原子进入熔池中，当溶液中 Fe 和 V 原子达到形成 FeV 的原子比例时，即会形成 FeV 晶核（L→FeV），并从溶液中吸收 Fe 和 V 原子长大，如图 4-9（d）所示。

当 VN 合金含量较高时（5.0％和 10.0％），熔池中便会形成更多的 VN、$Co_{5.47}N$ 和 FeV 晶核。因此，激光熔覆 Co 基-VN 合金体系的最终组织为 γ-Co 基体上弥散分布着的 VN 及少量其他金属间化合物。

2.时效处理对合金涂层显微组织的影响

1）合金涂层的 OP 显微组织分析

图 4-10 为时效处理后 5.0％VN 合金增强 Co 基合金涂层横截面的显微组织。从图 4-10 中可以看出，550 ℃、650 ℃时效处理 3 h 和 750 ℃时效处理 5 h 后，VN 合金增强 Co 基合金涂层的显微组织没有明显生长。另外，随着时效温度和时间的增加，合金涂层中大量的树枝晶脆断转变为短棒状树枝晶，导致短棒状树枝晶和等轴晶的体积分数逐渐增加，等轴晶分布更加均匀。原因如下：一方面，时效处理后，γ-Co 晶界处一些合金元素析出，增加了合金元素的堆积密度，同时有效降低了不同

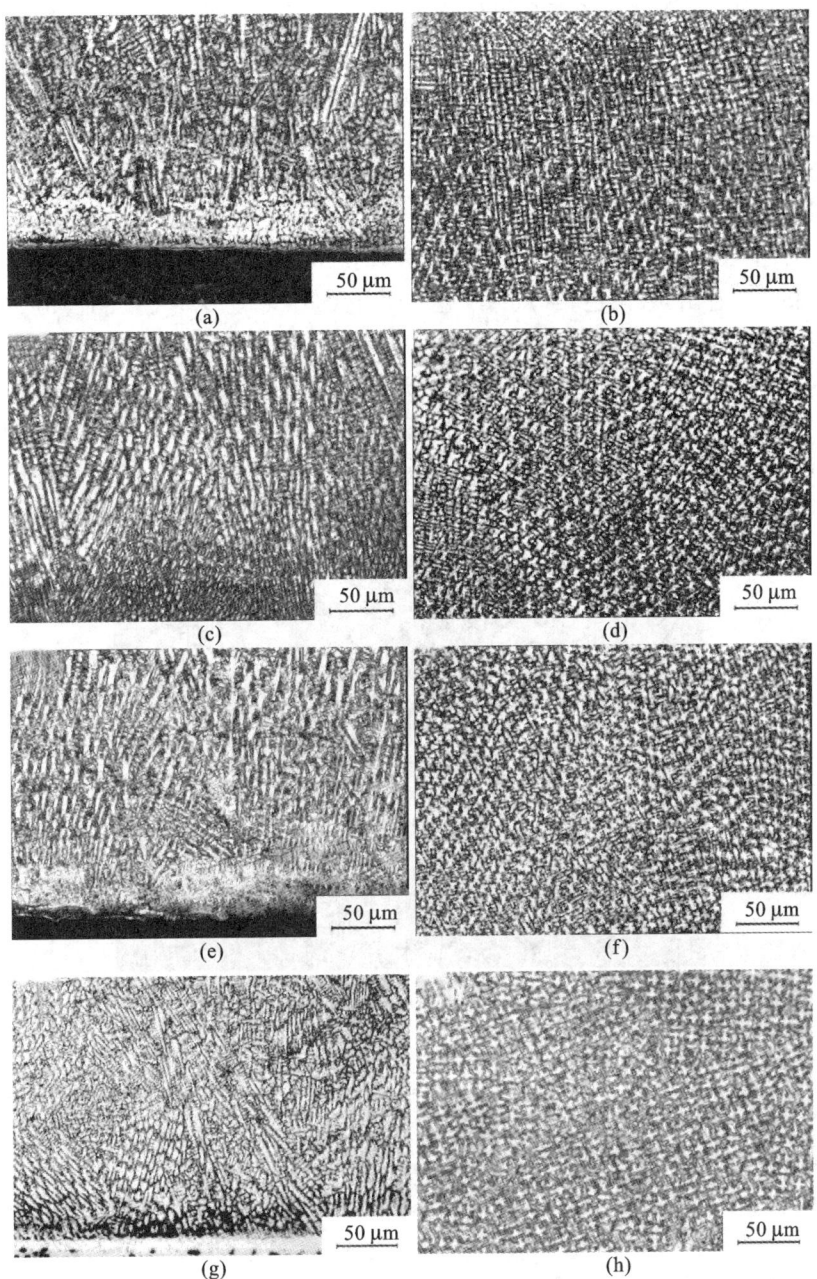

图 4-10　时效处理后 5.0%VN 合金增强 Co 基合金涂层横截面的显微组织

(a)、(b)550 ℃时效处理 3 h；(c)、(d)650 ℃时效处理 3 h；
(e)、(f)750 ℃时效处理 3 h；(g)、(h)650 ℃时效处理 5 h

元素的扩散距离,促进合金元素相互结合形成碳化物和氮化物,增加晶粒生长的阻力。另一方面,随着时效温度和时间的增加,更多的碳氮化物从过饱和固溶体的晶界处沉淀析出,强化第二相粒子对晶界的钉扎作用,增大了晶粒生长的阻力,增加了组织的稳定性。

2)合金涂层的 SEM 形貌分析

图 4-11 为 750 ℃时效处理 3 h 后 5.0％VN 合金增强 Co 基合金涂层的 SEM 形貌。对图 4-11 中点 A、B、C 和 D 进行微区成分分析,分析结果如表 4-4 所示。从表 4-4 中可以看出,灰黑色相(点 A)主要是由大量 Co 及少量 Cr、Ni、Mo、Fe、V 和 Si 组成,其被确定为 fcc 的 γ-Co 固溶体。块状相(点 B)和棒状相(点 C)主要是由 V 及少量 Co、Cr、Ni、Mo、Fe 和 Si 组成,被确定为 fcc 的 VN。白色相(点 D)主要是由 Co 和 Cr,以及少量 Mo、Fe、Ni 和 Si 组成,其被确定为 γ-Co＋Cr$_{23}$C$_6$共晶相。分析结果与 XRD 分析结果一致。另外,由于时效处理过程中 V 原子的扩散能力增强,导致更多 VN 粒子从晶界沉淀析出,因此,V 元素在点 D 处没有被检测到。

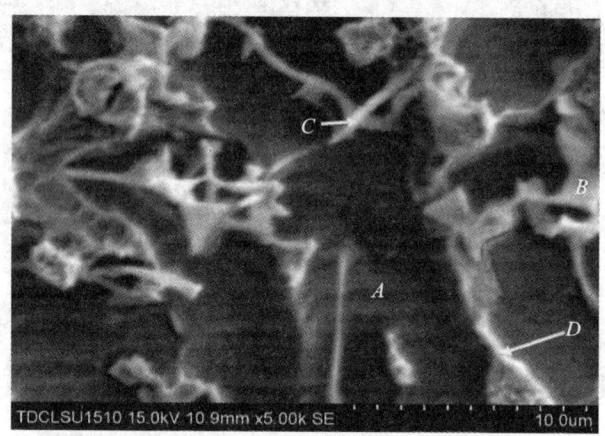

图 4-11　750 ℃时效处理 3 h 后 5.0％VN 合金增强 Co 基合金涂层的 SEM 形貌

表 4-4　图 4-11 中微区成分分析结果(质量分数,％)

微区	Co	Cr	Mo	Fe	V	Ni	Si
点 A	69.75	17.93	5.82	2.98	0.77	2.52	0.23
点 B	2.14	6.27	4.43	1.61	82.55	2.68	0.32
点 C	1.22	6.71	4.14	1.37	84.2	2.15	0.21
点 D	62.05	27.52	5.66	1.77	—	2.71	0.27

3)合金涂层的 TEM 形貌分析

图 4-12 为时效处理后 5.0％VN 合金增强 Co 基合金涂层的位错和堆垛层错的

TEM 形貌。从图 4-12 中可以看出,时效处理后合金涂层中 γ-Co 固溶体滑移面上的位错和堆垛层错的形貌未发生明显改变,但位错密度减小。这主要是因为时效处理后在激光熔覆过程中形成的内应力明显降低,位错运动的阻力减弱,导致滑移面上位错的运动和重组,降低了位错密度。

250 nm

图 4-12 时效处理后 5.0%VN 合金增强 Co 基合金涂层的位错和堆垛层错的 TEM 形貌

4.1.4 激光熔覆 VN 合金增强 Co 基合金涂层显微硬度

1. VN 合金含量对合金涂层显微硬度的影响

图 4-13 为 VN 合金增强 Co 基合金涂层的显微硬度分布图。Co 基合金涂层的平均显微硬度值为 404.14 $HV_{0.5}$。由图 4-13 可以看出,添加 2.0%、5.0% 和 10.0%VN 合金增强 Co 基合金涂层的平均显微硬度值分别为 430.59 $HV_{0.5}$、452.64 $HV_{0.5}$ 和 416.87 $HV_{0.5}$。根据上述数据可知,添加 2.0%、5.0% 和 10.0% VN 合金增强 Co 基合金涂层的平均显微硬度值分别提高了 6.6%、12.0% 和 3.2%,意味着 VN 合金含量有一个最佳值,或多或少的 VN 合金含量均小幅度地提高了合金涂层的显微硬度。另外,从图 4-13 还可以看出,5.0%VN 合金增强 Co 基合金涂层的显微硬度约为基体材料硬度的 3 倍。

VN 合金能明显提高 Co 基合金涂层的显微硬度,其主要原因如下:首先,在激光束的照射下,VN 合金受热分解与 Co 基合金中的合金元素反应形成金属间化合物颗粒,阻碍树枝晶的生长而细化晶粒,导致合金涂层显微硬度的提高。其次,合

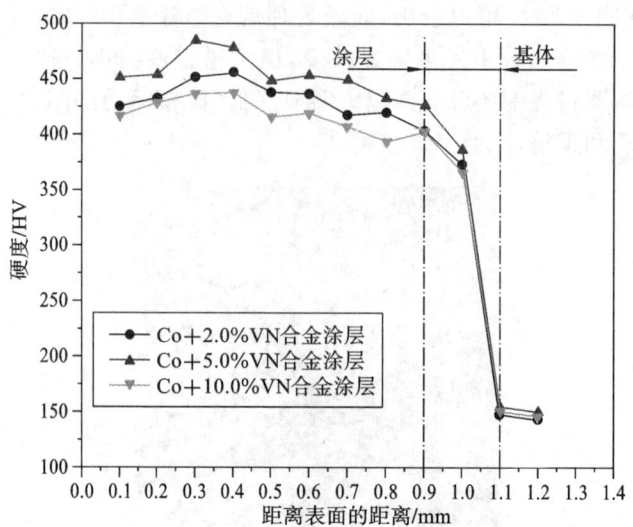

图 4-13　VN 合金增强 Co 基合金涂层的显微硬度分布图

金涂层中滑移面上高密度的堆垛层错阻碍位错的交叉滑移和交割,形成了堆垛层错堆积,进一步提高合金涂层显微硬度。当 VN 合金含量为 2.0% 时,VN 合金与 Co 基合金中的合金元素反应形成较少量的金属间化合物颗粒,这些新形成的金属间化合物弥散分布于合金涂层中,起到弥散强化作用,提高了合金涂层的显微硬度。当 VN 合金含量增加到 10.0% 时,合金粉末的团聚减弱了 VN 合金对合金涂层的固溶强化、弥散强化和细晶强化作用,降低了合金涂层的显微硬度。另外,更多 σ-FeV 相的形成,进一步降低了合金涂层的显微硬度。根据 XRD 的分析结果,σ-FeV 是 VN 合金/Co 基合金涂层的组成相之一,而 σ-FeV 是一种在常温下硬而脆的低熔点拓扑密排相(TCP),经常存在于过渡族金属元素的合金中。σ-FeV 相经常沿晶界沉淀析出,它的存在通常对合金涂层性能有害。

2. 时效处理对合金涂层显微硬度的影响

图 4-14 为时效处理后 5.0%VN 合金增强 Co 基合金涂层的显微硬度分布图。从图 4-14 中可以看出,550 ℃、650 ℃ 和 750 ℃ 时效处理 3 h 及 650 ℃ 时效处理 5 h 后 5.0%VN 合金增强 Co 基合金涂层的平均显微硬度分别为 404.65 $HV_{0.5}$、427.58 $HV_{0.5}$、497.5 $HV_{0.5}$ 和 482.99 $HV_{0.5}$。与未时效处理的 5.0%VN 合金增强 Co 基合金涂层的平均显微硬度值 452.64 $HV_{0.5}$ 相比,550 ℃ 和 650 ℃ 时效处理 3 h 后的合金涂层的平均显微硬度分别降低了 10.6% 和 5.5%,而 750 ℃ 时效处理 3 h 及 650 ℃ 时效处理 5 h 后的合金涂层的平均显微硬度值分别提高了 9.9% 和 6.7%。

550 ℃ 和 650 ℃ 时效处理 3 h 后,合金涂层硬度降低的原因:一方面,时效处理

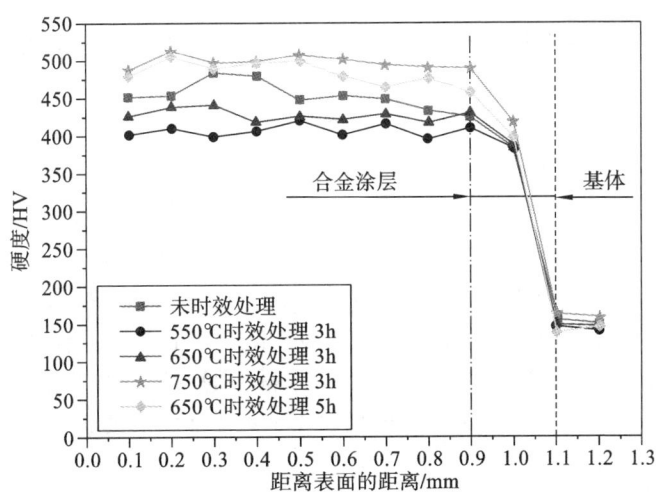

图 4-14　时效处理后 5.0% VN 合金增强 Co 基合金涂层的显微硬度分布图

前合金涂层为非稳定的过饱和固溶体组织,少量未熔 VN 及复杂化学反应形成的新的第二相粒子弥散分布于复合涂层中,因此,时效处理前合金涂层的强化以弥散强化为主,固溶强化和细晶强化为辅。在时效处理过程中过饱和固溶体常呈现脱溶贯序的现象,即在同一温度下不同的相先后连续析出。在 550 ℃ 和 650 ℃ 时效处理 3h 过程中,溶质元素在 γ-Co 基体中的扩散能力增强,但由于时间较短,温度相对较低,脱溶析出的溶质原子处于偏聚状态或生成少量的碳氮化物粒子,析出的少量粒子对复合涂层弥散强化的作用较为有限,而溶质原子的脱溶析出降低了固溶强化效果,因此降低了合金涂层的显微硬度。另一方面,由于激光熔覆的快速加热及快速冷却,合金涂层内形成了很大的内应力,而时效处理使合金涂层的内应力明显松弛,促进合金涂层内的位错产生运动和重组,降低了合金涂层中的位错堆积密度,进一步降低了合金涂层的显微硬度。因此,550 ℃ 和 650 ℃ 时效处理 3 h 后合金涂层显微硬度降低。650 ℃ 时效处理 3 h 后合金涂层中析出的碳氮化物粒子数量比 550 ℃ 时效处理 3 h 的合金涂层较多,因此合金涂层的显微硬度稍高。

另外,根据热力学知识,时效处理温度越高、时间越长,新相形核与长大的驱动力就越大。因此,750 ℃ 时效处理 3 h 及 650 ℃ 时效处理 5 h 后,溶质原子的扩散能力更强,新相形核与长大的驱动力更大,析出更多的金属间化合物对合金涂层的弥散强化作用增强,明显提高合金涂层的显微硬度。最后,由于 σ-FeV 是熔点低的硬脆相,通常沿晶界析出对合金涂层的性能不利,750 ℃ 时效处理 3 h 及 650 ℃ 时效处理 5 h 后,合金涂层中更多的 σ-FeV 相重新熔入 γ-Co 固溶体中,消除了 σ-FeV 相对合金涂层的不利影响,因此,进一步提高了合金涂层的显微硬度。

4.1.5　激光熔覆 VN 合金增强 Co 基合金涂层耐磨性能

1. VN 合金含量对合金涂层耐磨性能的影响

图 4-15 为 VN 合金增强 Co 基合金涂层的磨损失重。Co 基合金涂层的总磨损失重量为 17.6 mg。由图 4-15 中可以看出，添加 2.0%、5.0% 和 10.0% VN 合金增强 Co 基合金涂层总磨损失重量分别为 14.2 mg、11.2 mg 和 12.9 mg。根据上面的数据，添加 2.0%、5.0% 和 10.0% VN 合金的合金涂层总磨损失重量分别降低了 19.3%、36.4% 和 26.7%，意味着 VN 合金的添加明显提高了合金涂层的耐磨性能。另外，从图 4-15 中还可以看出，由于基体材料的耐磨性能很差，基体金属总磨损失重量为 198.7 mg，5.0% VN 合金增强 Co 基合金涂层的磨损失重量约为基体材料的 1/18。

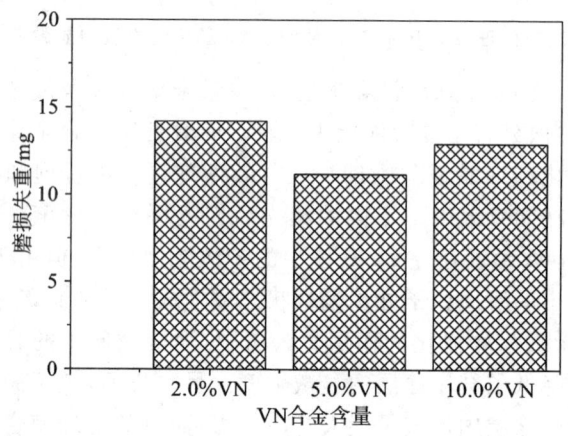

图 4-15　VN 合金增强 Co 基合金涂层的磨损失重

添加 VN 合金能降低合金涂层的磨损失重量，其主要原因如下：首先，激光熔覆过程中，VN 合金受热熔化分解与 Co 基合金中合金元素反应形成金属间化合物弥散分布在复合涂层中，起到弥散强化和细晶强化的作用，提高了合金涂层的耐磨性能。其次，未熔的 VN 合金粒子在熔池凝固中作为非均匀形核的质点，起到细晶强化作用，进一步提高了合金涂层的耐磨性能。而当 VN 合金含量增加到 10.0% 时，合金涂层的磨损量反而高于 5.0% VN 合金的合金涂层。首先是因为过多高熔点的 VN 合金粒子限制熔池中液态金属的流动，引起凝固过程中液态金属成分分布的非均匀性，降低了合金涂层的耐磨性能。其次，VN 合金与 Co 基合金中其他元素在熔池中形成杂质，降低了合金涂层内部结构的相对密度，提高了合金涂层的疏松性，进一步降低了合金涂层的耐磨性能。最后，过高的 VN 合金含量会出现合金粉末团聚现象，降低了 VN 合金的强化效果。

VN 合金增强 Co 基合金涂层的磨损 SEM 形貌如图 4-16 所示。从图 4-16 中可以明显看出,添加 VN 合金后,合金涂层磨损表面出现浅而窄的犁沟,磨损表面更加均匀。VN 合金增强 Co 基合金涂层的磨损机制均是典型的磨粒磨损特征。在摩擦副相互摩擦过程中,对磨环上尖锐的高硬度 WC 相硬质颗粒更易于嵌入软的 Co 基合金涂层中,且在相互运动过程中 WC 硬质相遇到的阻力较小,因此,Co 基合金涂层表面形成深而宽的犁沟。添加 VN 合金后,部分 VN 合金熔化分解与熔池中的合金元素反应生成高硬度的金属间化合物颗粒,这些金属间化合物和部分未熔 VN 合金弥散分布在合金涂层中,导致 γ-Co 基体与高硬度金属间化合物硬质颗粒之间出现点阵畸变和应力场,增大合金涂层中位错运动的阻力,提高合金涂层的耐磨性能。根据位错运动的 Orowan 机理,滑动位错若要通过高硬度金属间化合物颗粒所需的外部应力 τ 为:

$$\tau = \frac{Eb}{\lambda} \qquad (4\text{-}4)$$

式中:E —— 弹性模量;

   λ —— 高硬度金属间化合物间距;

   b —— 柏氏矢量。

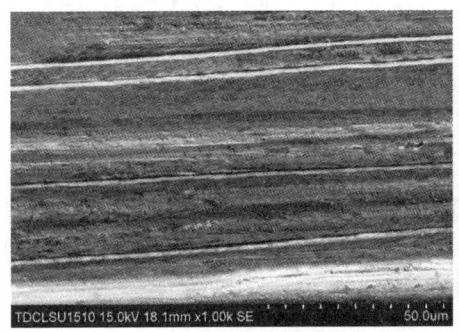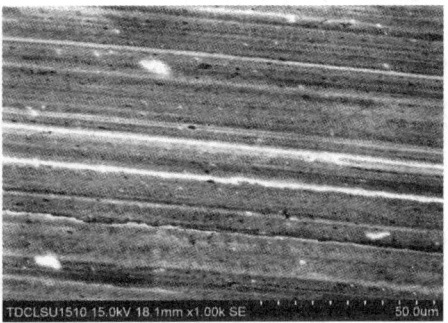

(a) 2.0% VN合金含量   (b) 5.0% VN合金含量

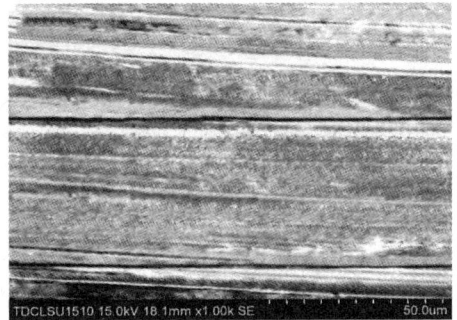

(c) 10.0% VN合金含量

图 4-16　VN 合金增强 Co 基合金涂层的磨损 SEM 形貌

由式(4-4)可知,弥散分布的金属间化合物颗粒越细小,所需的外部应力越大,即金属间化合物颗粒对合金涂层的强化作用越显著。再者,由前面分析可知,VN合金增强 Co 基合金涂层中的高硬度金属间化合物颗粒呈球状,其具有较低的表面自由能,这能更好地增加高硬度金属间化合物颗粒与 γ-Co 基体的结合强度,提高合金涂层的耐磨性能。因此,合金涂层的磨损表面出现少量窄而浅的犁沟。

随着 VN 合金含量增加,未熔 VN 合金粒子和反应形成的高硬度金属间化合物数量增加,合金涂层表面的磨损阻力增加,因此,合金涂层磨损表面出现更加浅而窄的犁沟。当 VN 合金含量增加到 10.0% 时,合金涂层磨损表面的犁沟深度和宽度稍微增加。这是由于大量未熔 VN 合金和反应形成的高硬度金属间化合物硬质颗粒在合金涂层表面所占的比例较高,降低了硬质颗粒与周围韧性基体的结合力,在合金涂层与磨损环对磨过程中,硬质颗粒更容易从合金涂层表面脱落,脱落的硬质颗粒充当磨粒参与到磨损过程中,加剧了合金涂层的磨损,使合金涂层磨损表面出现较宽而深的犁沟和较多的塑性变形。一般来说,金属材料的耐磨性能受到材料的塑性、硬度和强度的影响,和金属材料的硬度成正比例关系。

2. 时效处理对合金涂层耐磨性能的影响

图 4-17 为时效处理后 5.0% VN 合金增强 Co 基合金涂层的磨损失重。从图 4-17 可以看出,550 ℃、650 ℃和 750 ℃时效处理 3 h 以及 650 ℃时效处理 5 h 后合金涂层的磨损总失重量分别为 13.5 mg、12.9 mg、10.0 mg 和 10.1 mg。根据上面的数据,550 ℃和 650 ℃时效处理 3 h 后合金涂层的磨损总失重量增加了 20.5% 和 15.2%,而 750 ℃时效处理 3 h 以及 650 ℃时效处理 5 h 后合金涂层的磨损总失重量分别降低了 10.7% 和 9.8%,这主要是因为 550 ℃时效处理 3 h 过程中,大量溶质原子从过饱和固溶体中析出,明显降低了合金涂层的固溶强化作用,而溶质原子结合形成少量的金属间化合物对合金涂层的弥散强化作用较弱,导致合金涂层的

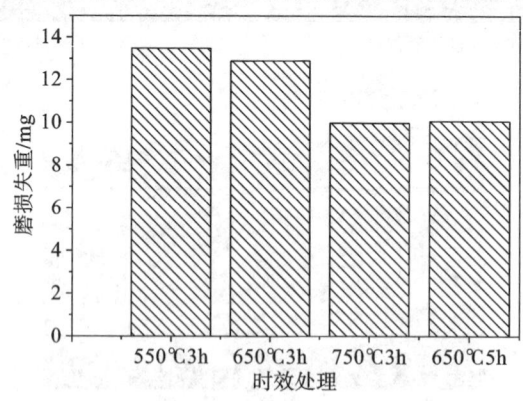

图 4-17　时效处理后 5.0% VN 合金增强 Co 基合金涂层的磨损失重

磨损量增加。随着时效处理温度和时间的增加,更多的溶质原子从过饱和固溶体中析出,促进更多高硬度金属间化合物的形成,金属间化合物对合金涂层的弥散强化作用成为主要强化方式,因此,750 ℃时效处理 3 h 以及 650 ℃时效处理 5 h 后的合金涂层的磨损失重量降低。

为了探讨时效处理后 VN 合金增强 Co 基合金涂层的磨损机制,将时效处理后 5.0%VN 合金增强 Co 基合金涂层磨损表面的 SEM 形貌描绘出来,如图 4-18 所示。从图 4-18 中可以看出,550 ℃和 650 ℃时效处理 3 h 后合金涂层的磨损表面呈现出较深的犁沟、少量的塑性变形和剥落黏附现象,其磨损形貌为磨粒磨损特征。这是因为时效处理过程中大量溶质原子从过饱和固溶体中析出,降低了合金涂层的固溶强化作用,降低了合金涂层表明的摩擦阻力,导致合金涂层耐磨性能下降。

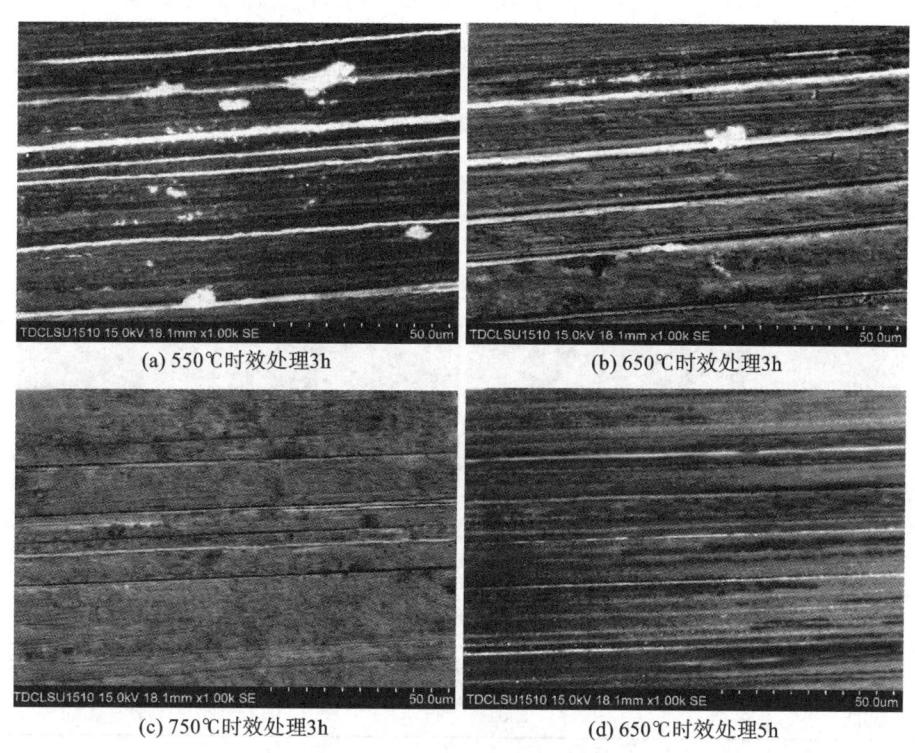

图 4-18　时效处理后 5.0%VN 合金增强 Co 基合金涂层磨损表面的 SEM 形貌

另外,750 ℃时效处理 3 h 及 650 ℃时效处理 5 h 后合金涂层的磨损表面均出现少量浅而窄的犁沟和少量塑性变形,如图 4-18(c)和(d)所示。其磨损形貌也为磨粒磨损特征。主要原因为:首先,随着时效温度和时间的增加,更多的金属间化合物弥散分布在合金涂层中,形成弥散强化作用,提高了合金涂层的耐磨性能。其次,750 ℃时效处理 3 h 及 650 ℃时效处理 5 h 后,合金涂层的组织分布更均匀,内应力降低,韧性增加,进一步提高了合金涂层的耐磨性能。再次,750 ℃时效处理 3 h 及 650 ℃时效处理 5 h 过程中硬而脆的 σ-FeV 相较多地重熔到 γ-Co 中,更好地消除了 σ-FeV 相对合金涂层的不利影响,进一步提高了合金涂层的耐磨性能。一般来说,合金涂层的硬度越高,其耐磨性能就越好。

4.2　激光熔覆纳米 CeO₂ 增强 Co 基合金涂层

4.2.1　纳米 CeO₂ 增强 Co 基合金涂层宏观形貌

图 4-19 为激光熔覆 1.5％纳米 CeO₂ 增强 Co 基合金涂层的宏观形貌。从图 4-19(a)中可以看出,纳米 CeO₂ 增强 Co 基合金涂层的表面更为光滑平整,未观察到明显的裂纹、夹渣、气孔等缺陷存在。图 4-19(b)中复合涂层横截面形状参数测量结果如表 4-5 所示。

(a) 合金涂层表面　　　　　　　　(b) 合金涂层横截面

图 4-19　激光熔覆 1.5％纳米 CeO₂ 增强 Co 基合金涂层的宏观形貌

表 4-5　图 4-19(b)中合金涂层横截面形状参数的测量结果

形状参数	熔宽 W /mm	预置涂层厚度 H /mm	基体熔深 h /mm	润湿角 θ /(°)
测量值	4.65	1.01	0.11	48.3

将表 4-5 中的测量结果代入公式(3-1),计算出基体对纳米 CeO₂ 增强 Co 基合金涂层的稀释率为 10.71％,与文献[8]的结果相一致。稀释率的计算结果说明了纳米 CeO₂ 增强 Co 基合金涂层与基体形成了良好的冶金结合。另外,纳米 CeO₂ 增强 Co 基合金涂层的润湿角为 48.3°,意味着纳米 CeO₂ 增强 Co 基合金涂层在基体表面上铺展良好。这主要归因于纳米 CeO₂ 稀土氧化物粒子的小尺寸效应和表面效应。另外,在激光熔覆过程中,纳米 CeO₂ 稀土氧化物对光的强吸收作用降低了激光

功率的损失。再者,适量的纳米 CeO_2 稀土氧化物提高了熔体的流动性,降低了表面张力,改善了表面润湿性,导致纳米 CeO_2 增强 Co 基合金涂层的表面更加平整光滑,同时在基体表面的润湿性也得到一定改善。

4.2.2　纳米 CeO_2 增强 Co 基合金涂层相组成

1. 纳米 CeO_2 对合金涂层相组成的影响

图 4-20 为激光熔覆 1.5％纳米 CeO_2 增强 Co 基合金涂层的 XRD 衍射图谱。从图 4-20 可以看出,纳米 CeO_2/Co 基合金涂层主要由 γ-Co、$Cr_{23}C_6$ 和 Ce_2Ni_7 相组成。这主要是添加的纳米 CeO_2 起到两个方面的作用。首先,在激光熔覆过程中,由 CeO_2 分解出的 Ce 原子和 Co 基合金中的 Ni 原子在凝固阶段反应形成了 Ce_2Ni_7。其次,添加的 CeO_2 颗粒阻碍了金属间化合物的沉淀析出,降低了合金涂层中组成相衍射峰的强度。

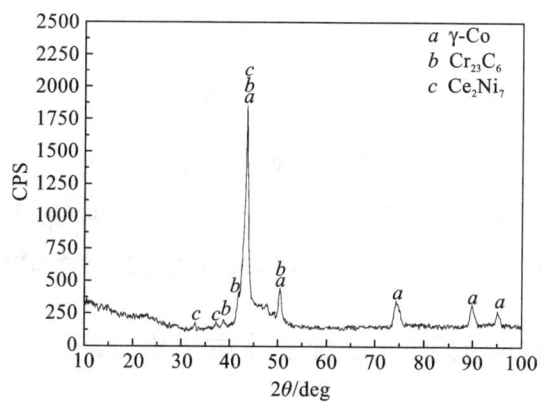

图 4-20　激光熔覆 1.5％纳米 CeO_2 增强 Co 基合金涂层的 XRD 衍射图谱

2. 时效处理对合金涂层相组成的影响

图 4-21 是时效处理后 1.5％纳米 CeO_2 增强 Co 基合金涂层的 XRD 衍射图谱。从图 4-21 中可以看出,与未进行时效处理的合金涂层相比,550 ℃和 650 ℃时效处理 3 h 后合金涂层的组成物相和衍射峰强度未发生明显变化,表明 550 ℃和 650 ℃时效处理 3 h 对合金涂层的物相组成影响较小。750 ℃时效处理 3 h 和 650 ℃时效处理 5 h 后合金涂层中 $Cr_{23}C_6$ 衍射峰的强度稍微增加,而 Ce_2Ni_7 衍射峰的强度降低。这是因为:随着时效处理温度和时间的增加,更多的 Ce_2Ni_7 相重新熔入 γ-Co 中,而 γ-Co 固溶体中固溶的 Cr 和 C 原子析出形成 $Cr_{23}C_6$,导致合金涂层中 Ce_2Ni_7 衍射峰的强度降低,$Cr_{23}C_6$ 衍射峰的强度增加。

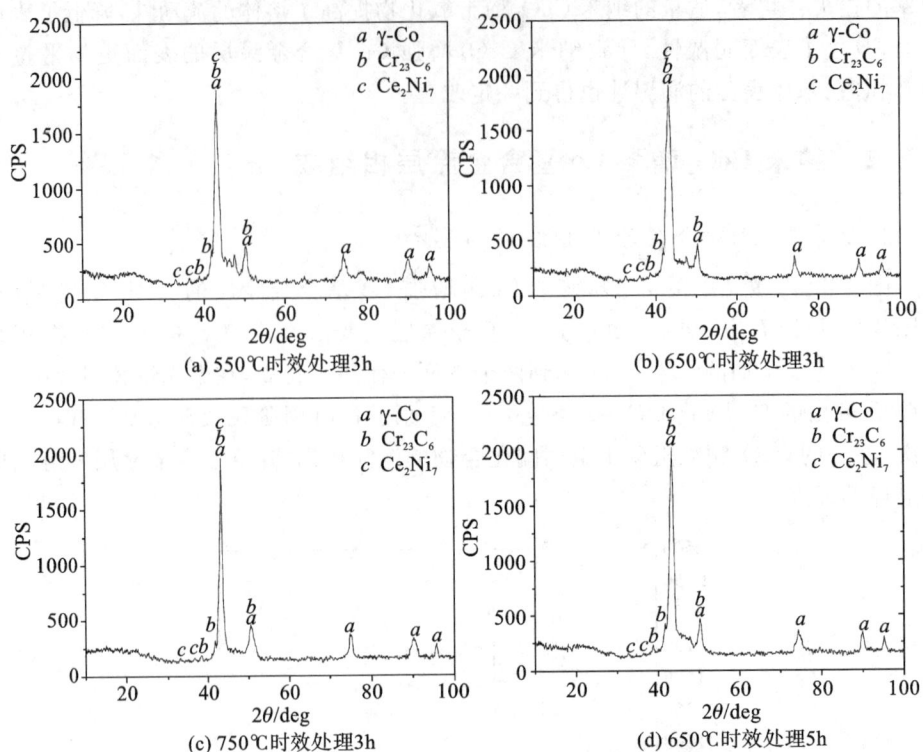

图 4-21　时效处理后 1.5％纳米 CeO_2 增强 Co 基合金涂层的 XRD 衍射图谱

4.2.3　纳米 CeO_2 增强 Co 基合金涂层微观组织

1. 纳米 CeO_2 对合金涂层微观组织的影响

图 4-22 为激光熔覆 1.0％纳米 CeO_2 增强 Co 基合金涂层的微观组织。从图 4-22 中可以看到,激光熔覆的凝固可以近似看作定向凝固过程。在熔覆层与基体结合区,由于界面温度梯度 G 很大,熔池的凝固速度 R 较小,导致微观组织的形状因子很大,因此,在熔覆层与基体结合区出现了一条几个"μm"宽的平面晶。随着液固界面的推进,由于界面的温度梯度 G 显著降低,液态金属的凝固速度 R 明显增加,微观组织的形状因子(G/R)逐渐减小,导致沿热流反方向的微观组织依次呈现出粗大的树枝晶和柱状晶。在熔池凝固结晶的后期,随着 G/R 的减小,由于熔池四周散热以及液体的对流,出现树枝晶的脆断以及形成的高熔点金属间化合物作为形核质点,且向四周均匀生长,熔化区上部形成了等轴晶。

图 4-23 为纳米 CeO_2/Co 基合金涂层的微观组织。由图 4-23 中可以看出,添加纳米 CeO_2 后,合金涂层中粗大的树枝晶明细减少,微观组织更为细小。组织细化非

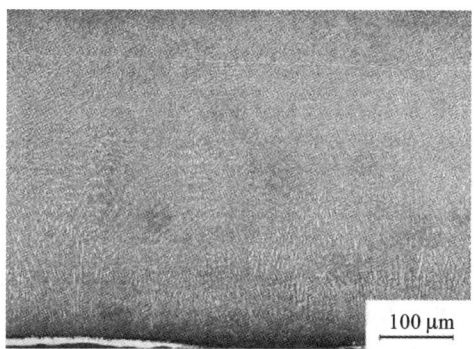

图 4-22 激光熔覆 1.0% 纳米 CeO₂ 增强 Co 基合金涂层的微观组织

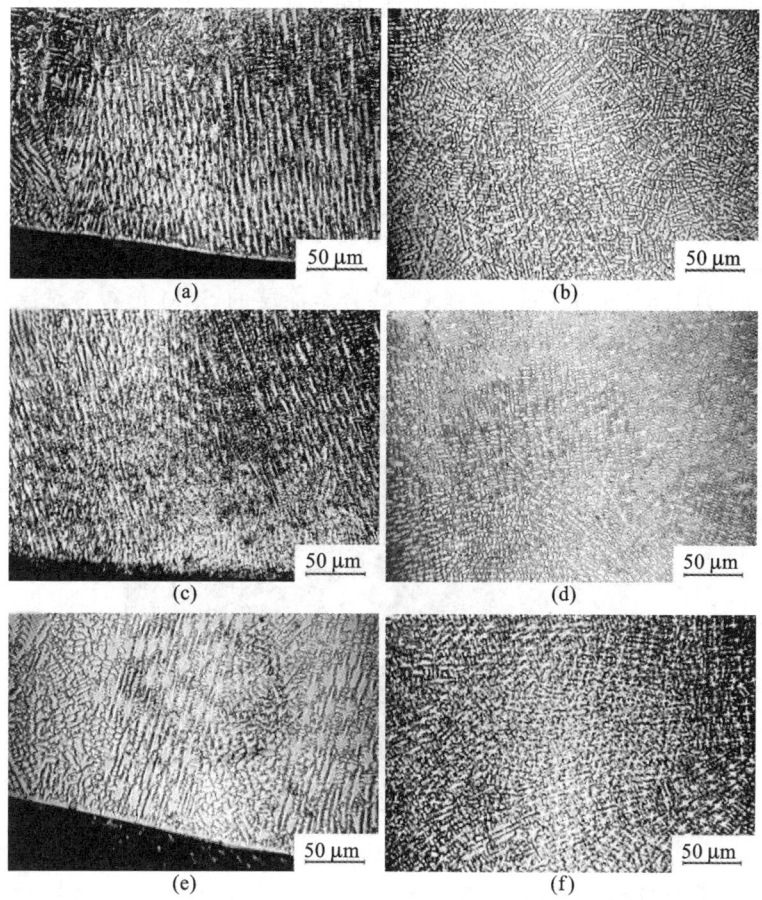

图 4-23 纳米 CeO₂/Co 基合金涂层的微观组织

（a）、（b）添加 1.0% 纳米 CeO₂；（c）、（d）添加 1.5% 纳米 CeO₂；（e）、（f）添加 3.0% 纳米 CeO₂

常明显与纳米 CeO_2 在熔池中的存在形式有关,其存在形式可能有如下几种:①在激光高温作用下分解形成的活性 Ce 离子,起到稀土元素的作用;②未分解的纳米 CeO_2 作为形核核心;③部分纳米 CeO_2 团聚长大。

纳米 CeO_2 分解形成的活性 Ce 离子是表面活性元素和球化元素,在合金熔化后的凝固过程中,Ce 将大量富集在液-固界面的液相侧,增加了液相的溶质浓度,因此增大了凝固过程中的成分过冷倾向,加速树枝晶的形成,而且分枝加剧。此外,在高温下与 Co 基合金中 Ni 元素形成高熔点的金属间化合物在熔池中析出,作为非自发形核核心,抑制树枝晶的生长,细化组织。结合 XRD 物相分析,涂层中有 Ce_2Ni_7 析出。激光熔覆过程中加热速度极快,进入熔池的纳米 CeO_2 在快速冷却过程中一部分以未熔纳米 CeO_2 颗粒形式存在,在结晶初期可作为非自发均匀形核核心,起到异质形核的作用,有效细化熔覆层树枝晶组织。结晶完成后,固溶的稀土元素 Ce 偏聚在树枝晶边界上降低了界面张力,使晶粒长大的驱动力减小而限制晶粒长大。由图 4-23(a)～(d)可知,随着纳米 CeO_2 添加量逐渐增加到 1.5%,由于更多的纳米 CeO_2 对液态合金涂层的凝固结晶起到抑制作用,导致合金涂层中短棒状树枝晶和等轴晶的数量逐渐增加。然而当纳米 CeO_2 的添加量增加到 3.0% 时,过量的纳米 CeO_2 在熔池中不仅不能起到稀土元素或稀土氧化物的作用,反而发生团聚,导致合金涂层的微观组织粗化,如图 4-23(e)和(f)所示。

图 4-24 为 1.5% 纳米 CeO_2 增强 Co 基合金涂层的 SEM 形貌。对涂层中结合处的枝晶间(A 区)和较粗大枝晶(B 区)进行微区成分分析,其结果如表 4-6 所示。

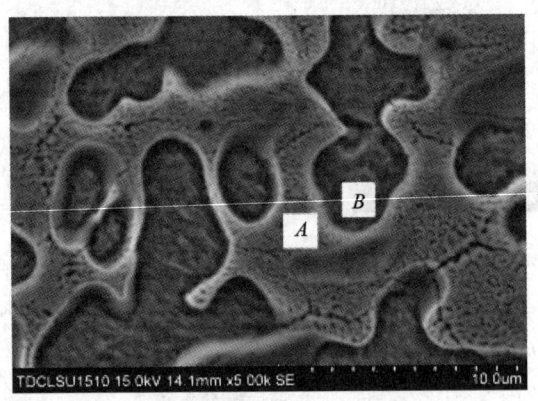

图 4-24 1.5% 纳米 CeO_2 增强 Co 基合金涂层的 SEM 形貌

由表 4-6 可见,在结合区附近存在枝晶内贫 Si 而枝晶间富 Si。在先凝固的枝晶成长过程中,尺寸较大的 Ce 原子($r = 0.270$ nm)受晶格排斥,其迁移带动了合金元素的短程扩散,使枝晶间液相合金元素的含量都升高。纳米效应也可能增加了合金元素向枝晶间液相的迁移扩散。在结晶完成之后,由于固溶在枝晶边界附近的稀土 Ce 原子的半径较大,在它的周围晶格畸变严重,空位缺陷增多,这显然也有利于合金元素向晶界迁移。另外,Ce 原子在枝晶间的均匀分布表明纳米 CeO_2 对晶间区域有很强的吸附作用。

表 4-6　图 4-24 中各微区成分分析结果(质量分数,%)

微区	Co	Cr	Mo	Ni	Fe	Si	Ce
A 区	55.65	22.29	5.36	6.08	7.41	0.98	1.63
B 区	78.34	8.48	6.38	1.28	4.42	0.71	0.39

2.时效处理对合金涂层微观组织的影响

图 4-25 为时效处理后 1.5%纳米 CeO_2 增强 Co 基合金涂层的显微组织。从图 4-25 中可以看到,时效处理后合金涂层的显微组织长大不明显,但随着时效温度和时间的增加,合金涂层中出现更多短棒状树枝晶和等轴晶,且组织分布更加均匀。不同温度时效过程中,更多的碳化物从过饱和固溶体的晶界处沉淀析出,沿晶界析出的粒子越多,对晶界的钉扎作用越强烈,组织越稳定,因此枝晶组织长大倾向不明显。

图 4-26 为 750 ℃时效处理 3 h 后 1.5%纳米 CeO_2 增强 Co 基合金涂层的 SEM 形貌。对图 4-26 中点 A 和 B 进行微区成分分析,分析结果如表 4-7 所示。从表 4-7 中可以看出,灰黑色相(点 A)主要是由大量 Co,以及少量 Cr、Ni、Mo、Fe、Ce 和 Si 组成,其被确定为 fcc 的 γ-Co 固溶体。灰色相(点 B)主要是由 Co、Cr、Ce、Ni,以及少量 Si、Mo 和 Fe 组成,其被确定为 γ-Co、$Cr_{23}C_6$ 和 CeO_2 组成的共晶相。分析结果与 XRD 分析结果一致。

表 4-7　图 4-25 中微区成分分析结果(质量分数,%)

微区	Co	Cr	Mo	Ni	Fe	Si	Ce
A 区	52.89	24.29	5.47	6.08	8.53	0.87	1.27
B 区	76.02	9.27	6.71	1.38	5.61	0.71	0.30

4.2.4　纳米 CeO_2 增强 Co 基合金涂层的显微硬度

1.纳米 CeO_2 对合金涂层显微硬度的影响

图 4-27 为纳米 CeO_2 增强 Co 基合金涂层的显微硬度。由图 4-27 可见,添加 1.0%、1.5%和 3.0%纳米 CeO_2 增强 Co 基合金涂层的显微硬度分别为 422.98 $HV_{0.5}$、451.39 $HV_{0.5}$ 和 441.32 $HV_{0.5}$。与 Co 基合金涂层相比,添加纳米 CeO_2 增强 Co 基合金涂层的显微硬度分别提高了 4.66%、11.69%和 9.20%。当纳米 CeO_2

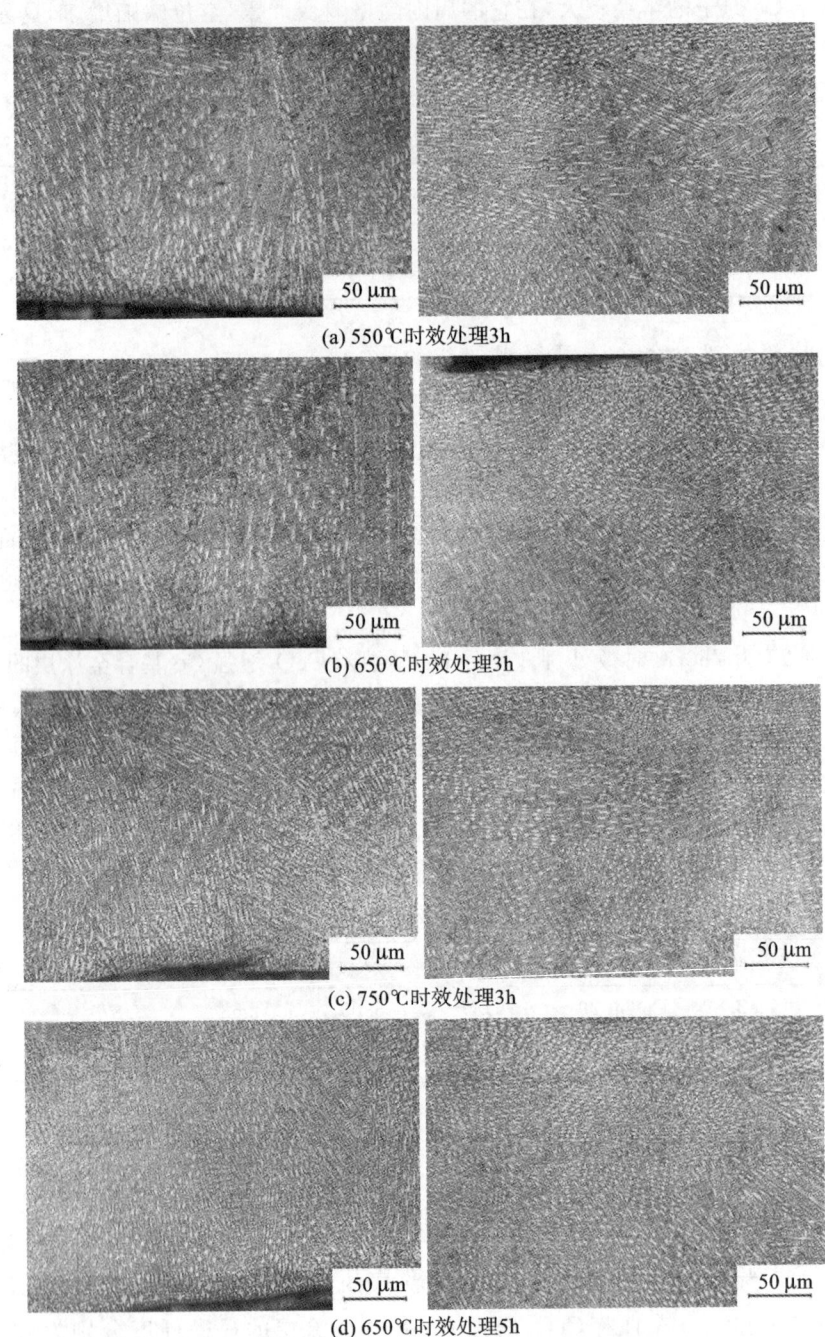

(a) 550℃时效处理3h

(b) 650℃时效处理3h

(c) 750℃时效处理3h

(d) 650℃时效处理5h

图 4-25　时效处理后 1.5％纳米 CeO₂ 增强 Co 基合金涂层的显微组织

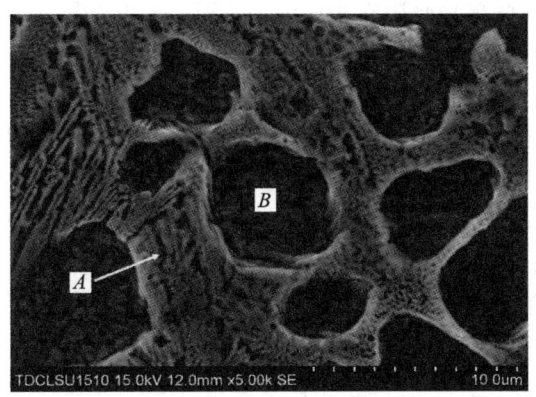

图 4-26　750 ℃ 时效处理 3 h 后 1.5％纳米 CeO₂ 增强 Co 基合金涂层的 SEM 形貌

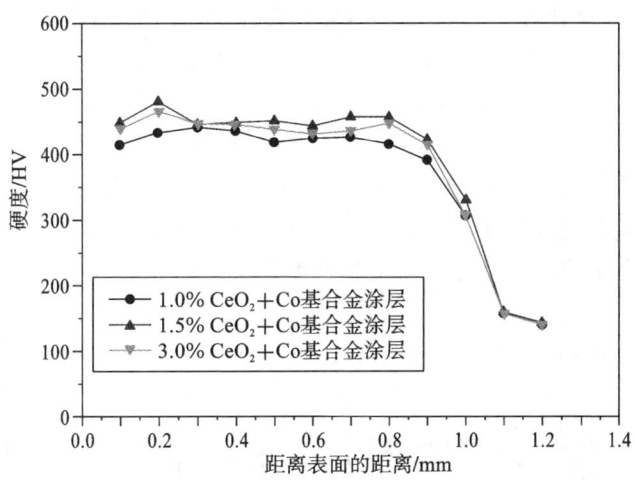

图 4-27　纳米 CeO₂ 增强 Co 基合金涂层的显微硬度

的添加量为 1.5％时,纳米 CeO_2 增强 Co 基合金涂层的显微硬度最高,约为 Co 基合金涂层的 1.11 倍。纳米 CeO_2 增强 Co 基合金涂层的显微硬度的原因如下:首先,在液态金属的快速凝固过程中,弥散均匀分布的纳米 CeO_2 颗粒作为形核质点,阻碍晶粒的长大。同时,高强度、高硬度的纳米 CeO_2 颗粒在畸变过程中阻碍位错的运动,导致纳米 CeO_2 颗粒对合金涂层起细晶强化和弥散强化作用,提高了合金涂层的显微硬度。另一方面,添加的纳米 CeO_2 颗粒引起 γ-Co 晶格畸变产生固溶强化效应,进一步提高了合金涂层的显微硬度。

加入过量的纳米 CeO_2 使涂层显微硬度明显降低的原因可能有:首先,稀土元素是具有较强的内吸附元素,在结晶过程中,聚集在晶界表面,有阻碍碳化物在晶界析出的作用,因此 $Cr_{23}C_6$ 的含量有所降低;纳米 CeO_2 粒子比表面积极大,Ce 本身也是表面活性物质,因此极易吸附在物质表面,这就有可能阻止熔池中合金原子反应生成金属间化合物相。其次,Ce 这种活性元素也可能富集在固液界面前沿,增加了固相中原子向液相扩散的阻力,抑制金属间化合物相在液相中的析出。最后,过量的纳米 CeO_2 粒子形成的团聚现象降低了纳米粒子的强化作用,进一步降低了合金涂层的显微硬度。

金属间化合物在具有较高熔点、硬度的同时,也具有很高的脆性,它会使合金的强度、硬度、耐磨性和耐热性提高,同时也使塑性和韧性下降,容易引起熔覆层开裂。因此,从另一角度而言,使涂层中含有一定量的金属间化合物以确保优异性能的同时,还要保证涂层塑韧性的最佳配比,而纳米 CeO_2 对金属间化合物的抑制可能恰好起到了这个作用。

2. 时效处理对合金涂层显微硬度的影响

图 4-28 为时效处理后 1.5% 纳米 CeO_2 增强 Co 基合金涂层的显微硬度。从图 4-28 中可以看出,550 ℃、650 ℃和 750 ℃时效处理 3 h 及 650 ℃时效处理 5 h 后的 1.5% 纳米 CeO_2 增强 Co 基合金涂层的平均显微硬度分别为 427.69 $HV_{0.5}$、441.19 $HV_{0.5}$、478.52 $HV_{0.5}$ 和 466.26 $HV_{0.5}$。与未时效处理的 1.5% 纳米 CeO_2 增强 Co 基合金涂层的平均显微硬度相比,550 ℃和 650 ℃时效处理 3 h 后的合金涂层的平均显微硬度分别降低了 5.25% 和 2.26%,而 750 ℃时效处理 3 h 及 650 ℃时效处理 5 h 后的合金涂层的平均显微硬度分别提高了 6.01% 和 3.29%。

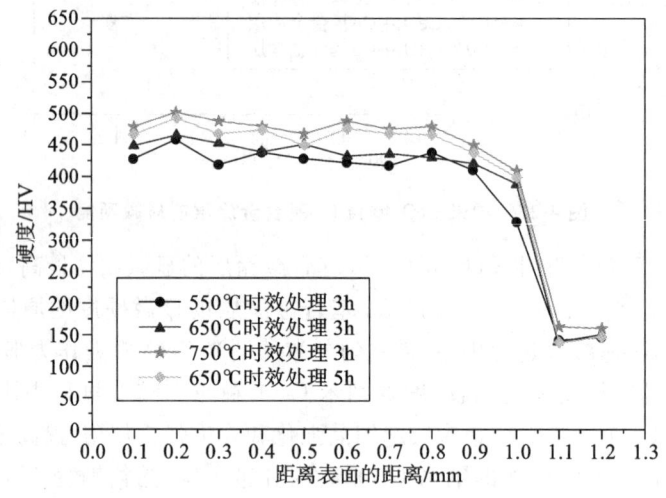

图 4-28 时效处理后 1.5% 纳米 CeO_2 增强 Co 基合金涂层的显微硬度

550 ℃和 650 ℃时效处理 3 h 后,合金涂层硬度降低的原因:时效处理前合金涂层为非稳定的过饱和固溶体组织,一些强化相粒子弥散分布于合金涂层中形成以弥散强化为主,固溶强化和细晶强化为辅的强化作用。而 550 ℃和 650 ℃时效处理 3 h 过程中合金涂层中过饱和固溶体呈现出脱溶贯序现象,在时间短和温度低的条件下,脱溶析出的溶质原子处于偏聚状态或生成少量碳化物粒子,对合金涂层弥散强化的作用较为有限,同时也降低了固溶体的固溶度,这些均降低了合金涂层的显微硬度。另外,时效处理能促使合金涂层中的内应力松弛,引起位错运动和重组,降低了位错的堆积密度,进一步降低了合金涂层的显微硬度。时效处理的温度越高,时间越长,合金涂层中析出的碳化物粒子数量也越多,因此,合金涂层的显微硬度也相应提高。750 ℃时效处理 3 h 及 650 ℃时效处理 5 h 后,溶质原子的扩散能力更强,新相形核与长大的驱动力更大,析出更多的碳化物对合金涂层的弥散强化作用增强,明显提高了合金涂层的显微硬度,但仍略低于未时效处理的合金涂层。

4.2.5 纳米 CeO₂ 增强 Co 基合金涂层耐磨性能

1. 纳米 CeO_2 对合金涂层耐磨性能的影响

图 4-29 为激光熔覆纳米 CeO_2 增强 Co 基合金涂层的磨损失重。由图 4-29 可知,随着纳米 CeO_2 含量的增加,合金涂层的磨损失重量逐渐降低,然而随着纳米 CeO_2 含量增加到 3.0% 时,合金涂层的磨损失重量反而增加。纳米 CeO_2 含量为 1.5% 的合金涂层的磨损失重量最低为 12.3 mg,约为 Co 基合金涂层的 7/10。这主要是由于加入纳米 CeO_2 对激光熔覆合金涂层起到固溶强化作用,促使合金元素较多地溶入枝晶形成共晶化合物,产生第二相强化。当添加 1.0% 纳米 CeO_2 颗粒时,第二相强化作用较弱,合金涂层是以细晶强化和净化为主;当纳米 CeO_2 含量增加到 1.5% 时,第二相强化作用增强,合金涂层由细晶强化、净化和第二相强化共同

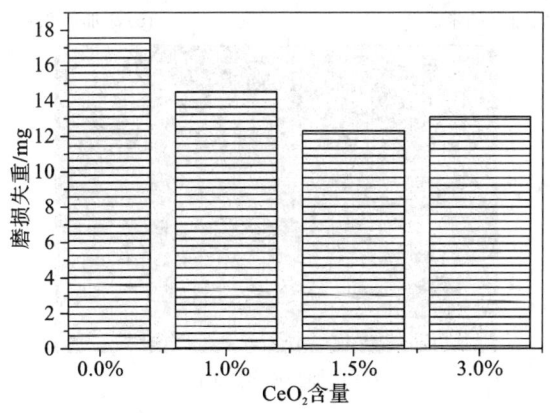

图 4-29　激光熔覆纳米 CeO₂ 增强 Co 基合金涂层的磨损失重

起作用,使得合金涂层的磨损失重量减小;纳米 CeO_2 含量增加到 3.0% 时,部分纳米颗粒发生团聚,使弥散强化作用减弱,磨损过程中,部分团聚纳米 CeO_2 颗粒在应力作用下脱落,加剧了熔覆层的磨损。

为了进一步研究纳米 CeO_2 增强 Co 基合金涂层的磨损机理,将合金涂层磨损表面的 SEM 形貌描绘出来,如图 4-30 所示。由图 4-30 可知,纳米 CeO_2 增强 Co 基合金涂层的磨损表面出现较为明显的犁沟和切削,仍然呈现出典型的磨粒磨损特征。金属材料磨损性能的优劣与其微观组织密切相关,高硬度的金属间化合物与硬的基体相配合才能表现出高的耐磨性,基体过软,硬质相被撕下来的倾向会增大,耐磨性就会降低;从微观上看,软基体不能提供一个足够的基础以支撑硬质相去抵抗微观的磨削应力,硬质相可能由于磨粒磨损的剪切应力而断裂。Co 基合金基体本身就是一个韧性相,而 $Cr_{23}C_6$ 作为增强相在 Co 基合金涂层中的含量明显比在纳米 CeO_2 增强 Co 基合金涂层多,那么在较软基体中分布较多硬质相的 Co 基合金涂层在对磨过程中,硬质相被撕下来的倾向就大;实际上硬质相也可能起到内部缺口的作用,裂纹一旦产生就很容易扩展。当纳米 CeO_2 添加量为 1.0% 时,纳米 CeO_2 增强 Co 基合金涂层表面出现了大量窄而浅的犁沟和翻边,如图 4-30(a)所示。

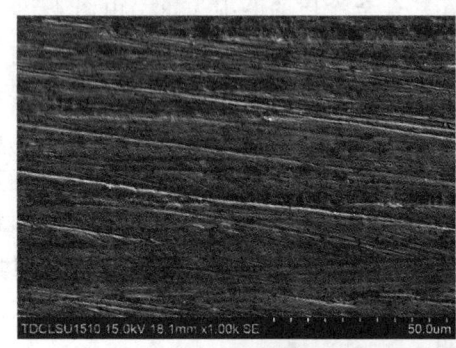

(a) 添加1.0%纳米CeO_2 (b) 添加1.5%纳米CeO_2

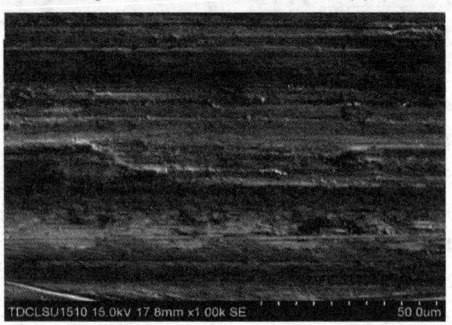

(c) 添加3.0%纳米CeO_2

图 4-30　纳米 CeO_2 增强 Co 基合金涂层磨损表面的 SEM 形貌

这主要归因于纳米 CeO_2 的细晶强化作用降低了合金涂层磨损失重量,提高了其耐磨性。当纳米 CeO_2 添加量增加到 1.5% 时,部分未熔的 CeO_2 颗粒阻碍了金属间化合物的沉淀析出,同时部分分布在基体上的硬质颗粒增加了对磨环的摩擦阻力,促使合金涂层的摩擦表面出现少量窄而浅的犁沟,如图 4-30(b)所示。当纳米 CeO_2 添加量增加到 3.0% 时,大量未熔化的 CeO_2 颗粒团聚在磨损环表面起到磨粒作用,从磨损表面犁削出的 CeO_2 和其他硬质颗粒共同作用,导致合金涂层磨损表面出现少量稍宽而深的犁沟和翻边,如图 4-30(c)所示。另外,合金涂层磨损表面出现少量白点,这是因为从磨损环中脱落的 WC 颗粒嵌入硬度较低的合金涂层犁削出的硬质颗粒在磨损环的挤压作用下黏附在磨损表面所致。

2. 时效处理对合金涂层耐磨性能的影响

图 4-31 为时效处理后 1.5% 纳米 CeO_2 增强 Co 基合金涂层的磨损失重。从图 4-31 中可以看出,550 ℃、650 ℃ 和 750 ℃ 时效处理 3 h 以及 650 ℃ 时效处理 5 h 后合金涂层总磨损失重量分别为 13.6 mg、12.8 mg、10.4 mg 和 10.9 mg。根据上面的数据,550 ℃ 和 650 ℃ 时效处理 3 h 后合金涂层的总磨损失重量增加了 10.57% 和 4.07%,而 750 ℃ 时效处理 3 h 以及 650 ℃ 时效处理 5 h 后合金涂层的总磨损失重量分别降低了 15.45% 和 11.38%,这主要是因为 550 ℃ 时效处理 3 h 过程中,一些溶质原子从过饱和固溶体中析出,明显降低了合金涂层的固溶强化作用,而从固溶体中析出的溶质原子相互结合形成少量的碳化物,对合金涂层的弥散强化作用较弱,导致合金涂层的磨损失重量增加。随着时效处理温度和时间的增加,更多的溶质原子从过饱和固溶体中析出形成高硬度的碳化物,但这些析出的碳化物对合金涂层的弥散强化作用有限,因此,750 ℃ 时效处理 3 h 以及 650 ℃ 时效处理 5 h 后的合金涂层的磨损失重量有所降低,但仍低于未时效处理的合金涂层。

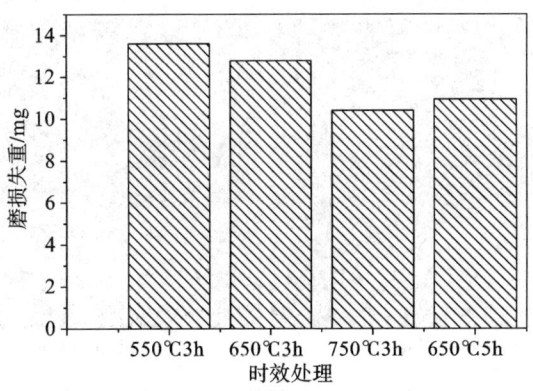

图 4-31　时效处理后 1.5% 纳米 CeO_2 增强 Co 基合金涂层的磨损失量

为了探讨时效处理后 1.5％纳米 CeO₂ 增强 Co 基合金涂层的磨损机制,将时效处理后 1.5％纳米 CeO₂ 增强 Co 基合金涂层磨损表面的 SEM 形貌描绘出来,如图 4-32 所示。从图 4-32(a)和(b)中可以看出,550 ℃和 650 ℃时效处理 3 h 后合金涂层的磨损表面呈现较深的犁沟、少量的塑性变形和剥落黏附现象,其磨损形貌为磨粒磨损特征。这主要是因为时效处理过程中大量溶质原子从过饱和固溶体中析出,降低了合金涂层的固溶强化作用,导致合金涂层耐磨性能下降。另外,750 ℃时效处理 3 h 及 650 ℃时效处理 5 h 后合金涂层的磨损表面均出现少量浅而窄的犁沟和少量塑性变形,如图 4-32(c)和(d)所示。其磨损形貌也为磨粒磨损特征。原因如下:首先,随着时效温度和时间的增加,更多的高硬度强化相弥散分布在合金涂层中,提高了合金涂层的耐磨性能。其次,750 ℃时效处理 3 h 及 650 ℃时效处理 5 h 后,合金涂层的组织分布更均匀,内应力更低,韧性增加,进一步提高了合金涂层的耐磨性能。再次,750 ℃时效处理 3 h 及 650 ℃时效处理 5 h 过程中硬而脆的 Ce₂Ni₇ 相较多地重熔于 γ-Co 中,降低了 Ce₂Ni₇ 相对合金涂层的不利影响,进一步提高了合金涂层的耐磨性能。

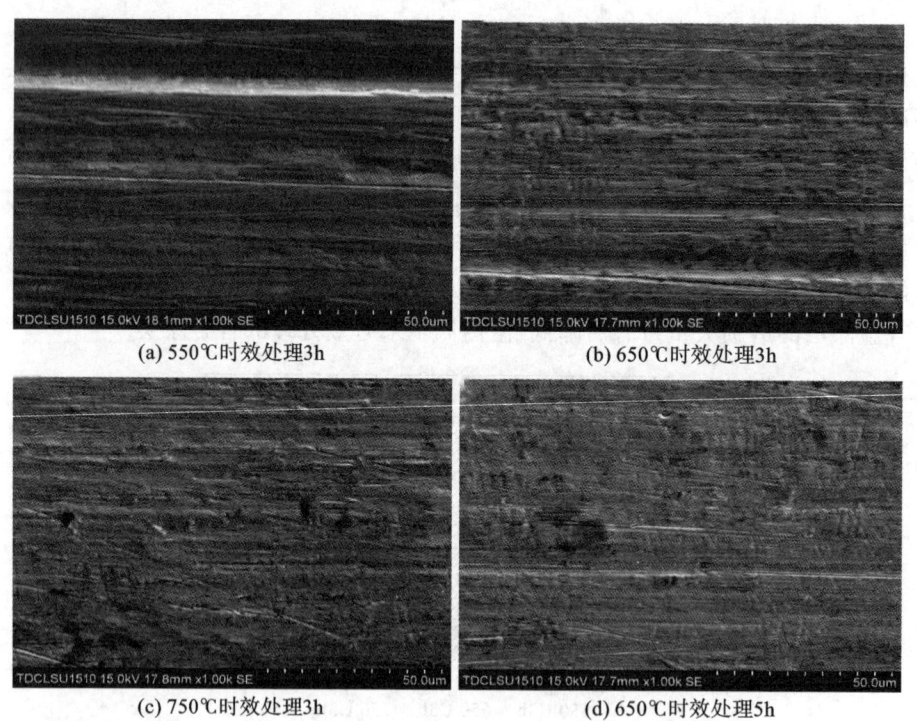

(a) 550℃时效处理3h (b) 650℃时效处理3h

(c) 750℃时效处理3h (d) 650℃时效处理5h

图 4-32 时效处理后 1.5％纳米 CeO₂ 增强 Co 基合金涂层磨损表面的 SEM 形貌

4.3 本章小结

(1)VN 合金添加后,VN 合金增强 Co 基合金涂层的宏观表面更为光滑平整。除了 Co 基合金涂层的 γ-Co 和 $Cr_{23}C_6$ 相外,VN 合金增强 Co 基合金涂层中还出现了 $Co_{5.47}N$、σ-FeV 和 VN 相。随着 VN 合金含量增加,γ-Co 相衍射峰强度逐渐降低,$Co_{5.47}N$ 和 VN 相衍射峰强度逐渐增加;合金涂层中树枝晶的生长方向性逐渐减弱,更多树枝晶转变为短棒状树枝晶和等轴晶,组织更加细化;另外,合金涂层中出现高密度的位错及位错堆垛。550 ℃及 650 ℃时效处理 3 h 后,5.0%VN 合金增强 Co 基合金涂层相结构未发生改变,750 ℃时效处理 3 h 及 650 ℃时效处理 5 h 后,σ-FeV 相消失。随着时效处理温度和时间的增加,合金涂层组织未发生明显生长,短棒状树枝晶和等轴晶的体积分数逐渐增加,组织更加均匀,合金涂层中位错及堆垛位错的密度降低。

(2)随着 VN 合金含量增加,VN 合金增强 Co 基合金涂层的显微硬度和耐磨性能均先增加后降低,当 VN 合金含量为 5.0%时,VN 合金增强 Co 基合金涂层的硬度和磨损失重量分别为 Co 基合金涂层的 1.12 倍和 63.6%,分别约为基体金属的 3 倍和 1/18;随着时效温度和时间的增加,VN 合金增强 Co 基合金涂层的硬度和耐磨性能均先降低后增加,与 VN 合金增强 Co 基合金涂层相比,750 ℃时效处理 3 h 及 650 ℃时效处理 5 h 后 5.0%VN 合金增强 Co 基合金涂层的显微硬度分别提高了 9.9%和 6.7%,磨损失重量分别降低了 10.7%和 9.8%。时效处理前后,VN 合金增强 Co 基合金涂层的磨损机制为典型的磨粒磨损特征。

(3)纳米 CeO_2 添加后,纳米 CeO_2 增强 Co 基合金涂层的宏观表面质量更为优异。除了 Co 基合金涂层的 γ-Co 和 $Cr_{23}C_6$ 相外,纳米 CeO_2 增强 Co 基合金涂层中还出现了 Ce_2Ni_7 相。随着纳米 CeO_2 含量增加,合金涂层中粗大树枝晶逐渐转变为短棒状树枝晶和等轴晶,组织更加细小。550 ℃及 650 ℃时效处理 3 h 后,1.5%纳米 CeO_2 增强 Co 基合金涂层的相结构和衍射峰强度未发生明显改变,750 ℃时效处理 3 h 及 650 ℃时效处理 5 h 后,$Cr_{23}C_6$ 相衍射峰强度增加,Ce_2Ni_7 相衍射峰强度降低。随着时效处理温度和时间的增加,合金涂层组织未发生明显生长,短棒状树枝晶和等轴晶的体积分数逐渐增加,组织更加均匀。

(4)随着纳米 CeO_2 含量增加,纳米 CeO_2 增强 Co 基合金涂层的显微硬度和耐磨性能均先增加后降低,当纳米 CeO_2 含量为 1.5%时,纳米 CeO_2 增强 Co 基合金涂层的硬度和磨损失重量分别为 Co 基合金涂层的 1.11 倍和 69.88%;随着时效温度和时间的增加,纳米 CeO_2 增强 Co 基合金涂层的硬度和耐磨性能均先降低后增加,与纳米 CeO_2 增强 Co 基合金涂层相比,750 ℃时效处理 3 h 及 650 ℃时效处理 5 h

后 1.5％纳米 CeO_2 增强 Co 基合金涂层的显微硬度分别提高了 6.01％和 3.29％，磨损失重量分别降低了 15.45％和 11.38％。时效处理前后，纳米 CeO_2 增强 Co 基合金涂层的磨损机制仍为典型的磨粒磨损特征。

参考文献

[1] Yan H,Zhang P,Yu Z,et al. Development and characterization of laser surface cladding(Ti, W)C reinforced Ni-30Cu alloy composite coating on copper[J]. Optics and Laser Technology, 2012,44(5):1351-1358.

[2] Dariusz Bartkowski, AndrzejMłynarczak, AdamPiasecki, et al. Microstructure, microhardness and corrosion resistance of Stellite-6 coatings reinforced with WC particles using laser cladding[J]. Optics & Laser Technology,2015,68:191-201.

[3] Weng Fei, Yu Huijun, Chen Chuanzhong, et al. Microstructure and property of composite coatings on titanium alloydeposited by laser cladding with Co42＋TiN mixed powders[J]. Journal of Alloys and Compounds,2016,686:74-81.

[4] 徐国建,杨文奇,杭争翔,等.Stellite-6＋VC 混合粉末激光熔覆性能的研究[J].机械工程学报,2017,53(14):165-170.

[5] 夏茂森,孙卫华,秦孝海.VN12 合金在钒氮微合金化钢中的应用研究[J].钢铁钒钛,2000,21(3):23-28.

[6] Wang KL,Zhang Q B,Sun M L,et al. Microstructural characteristics of laser clad coatings with rare earth metal elements[J]. Journal of Materials Processing Technology,2003,139(1):448-452.

[7] 徐国财.纳米复合材料[M].北京:化学工业出版社,2003.

[8] 关振中.激光加工工艺手册[M].北京:中国计量出版社,1998.

[9] 长崎诚三,平林真.二元合金状态图集[M].刘安生,译.北京:冶金工业出版社,2004.

[10] X. D. Lu, H. M. Wang. High-temperature phase stability andtribologicalpropertiesof laser clad $Mo_2 Ni_3$ Si/NiSi metal silicide coatings[J]. Acta Materialia,2004,52:5419-5426.

[11] 李明喜,何宜柱,孙国雄. 纳米 $Al_2 O_3$/Ni 基合金复合材料激光熔覆层组织[J]. 中国激光, 2004,31(9):1149-1152.

[12] M. C. 弗来明斯.凝固过程[M].关玉龙,屠宝洪,许诚信,译.北京:冶金工业出版社,1981.

[13] 李明喜.钴基合金及其纳米复合材料激光熔覆涂层研究[D].南京:东南大学,2004.

[14] 李红英,龚美涛,丁常伟.回火温度对 65Mn 钢应力松弛性能的影响[J].热加工工艺,2006,35(6):54-56.

[15] 胡赓祥,蔡荀.材料科学基础[M].上海:上海交通大学出版社,2000.

[16] 陈景榕,李承基.金属与合金中的固态相变[M].北京:冶金工业出版社,1997.

[17] A. M. Li,B. F. Xu,Y. J. Pan. Effect of $La_2 O_3$ microstructure and property of TiC/Nibased composite coating[J]. Journal of Iron & Steel Research,2003,l5:57-61.

[18] 汪海英,尚嘉兰,刘国权,等.复相材料中第二相的空间分布状况的描述方法综述[J].力学进展,2000,30(4):558-569.

[19] 张维平,刘硕,马玉涛.激光熔覆颗粒增强金属基复合材料涂层强化机制[J].材料热处理学报,2005,26(1):70-73.

[20] C. Navas, M. Cadenas, J. M. Cuetos, et al. Microstructure andsliding wear behaviour of tribaloy T-800 coatings deposited by laser cladding[J]. Wear,2006,260:838-846.

[21] Kurz W. Fundamentals of solidification [M]. 3rd revised ed. Switzerland, Trans Tech Publication Ltd. 1989.

[22] 王长生,于宗汉,李全安,等.氧化铈添加量对 $M_{80}S_{20}$ 激光涂敷层的显微组织和摩擦学性能的影响[J].摩擦学学报,1997,17(1):17-24.

[23] Byung-Koog Jang. Microstructure of nano SiC dispersed Al2O3-ZrO2 composites [J]. Materials Chemistry and Physics,2005,93:337.

[24] R. L. Klueh, N. Hashimoto, P. J. Maziasz. Development of new nano-particle strengthened martensitic steels[J]. Scripta Materialia,2005,53:275.

[25] Chen Hao,Li Hui-qi,Sun Yu-zong. Microstructure and properties of coatings with rare earth formed by DC-plasma jet surface metallurgy[J]. Surface and Coatings Technology,2006,200 (16):4741-4745.

[26] Zhang Limin,Sun Dongbai,Yu Hongying. Characteristics of plasma cladding Fe-based alloy coatings with rare earth metal elements [J]. Materials Science and Engineering:A, in press,2006.

[27] 戴中华,赵文轸,郝海燕.高铬自熔合金喷焊涂层磨损特性研究[J].材料保护,2003,36(2):7-9.

[28] 刘勇,李安,张凌云.激光熔化沉积 Co/Co_3Mo_2Si 三元金属硅化物耐磨合金显微组织[J].稀有金属材料与工程,2005,34(10):1657-1660.

5 原位 TiN-VC 增强 Co 基合金涂层微观组织和耐磨性能研究

普通低碳钢材料因具有优异的塑性和韧性以及低廉的价格,在机械设备及零部件和工程结构件制造中获得广泛应用,但其较低的硬度、耐磨性和高温性能限制了其在工业领域的应用。激光熔覆技术能在廉价金属材料表面制备出高性能的熔覆层,以节约贵金属和能源,拓展廉价金属材料的应用领域。原位合成技术制备增强相增强合金涂层不仅具有颗粒尺寸小、表面清洁、界面结合强度高等优点,还能避免颗粒外加技术中诸如颗粒烧损及熔化分解等问题,增强相颗粒能较均匀地分布于合金涂层中,从而更好地提高复合涂层的性能。因此,探讨激光熔覆层磨损机理,有利于进一步提高熔覆层的耐磨性能,延长机械设备和零部件的使用寿命。

TiN 属于面心立方点阵,具有典型的 NaCl 型结构,晶格常数 $a=0.4241$ nm,N原子位于以面心立方排列的 Ti 原子的八面体间隙位置。TiN 具有较高的熔点(2950 ℃)、较低的密度(5.43~5.44 g/cm³)、较高的硬度(2200 HV)、较高的强度、耐高温、耐腐蚀、耐磨损等性能,广泛应用于制备金属陶瓷、切削工具、模具,以及熔炼金属用坩埚、熔盐电解金属用电极的衬里材料、电触点和金属表面的熔覆材料。

VC 属于面心立方点阵,具有典型的 NaCl 型结构,晶格常数 $a=0.4227$ nm,C原子位于以面心立方排列的 V 原子的八面体间隙位置。VC 是过渡金属碳化物中最重要的功能材料之一,其具有较高的熔点(2810 ℃)、较高的强度、较高的硬度(2944 HV)、较小的密度(5.77 g/cm³),以及较高的耐高温、耐腐蚀、耐磨损、稳定性以及良好的导电、导热等优异性能,它可用来提高钢的各种综合机械性能,并已在钢铁工业及硬质合金中得到广泛应用。

TiN 和 VC 陶瓷相作为增强颗粒改善金属基合金涂层的研究已获得广泛关注,然而,TiN 和 VC 作为强化颗粒增强 Co 基复合涂层性能的研究报道还较为少见。钛是一种化学性质非常活泼的金属,其熔点为 1668 ℃,在较高的温度下,Ti 一方面能够与 VN 合金原位反应形成 TiN 和 VC 复合陶瓷相弥散分布于复合涂层中,利用原位合成的陶瓷相界面较为干净及晶粒细小的特点来达到细化组织的目的。Ti另一方面具有改善复合涂层与基体润湿性的作用。

因此,本章选用 Co 基合金粉末、5.0%VN 合金粉末和 Ti 粉末作为熔覆材料,采用第四章优化的工艺参数,利用 5 kW 的 TJ-HL-T5000 横流式 CO₂ 激光器以及配套设备结合原位合成技术在 Q235 钢表面制备了激光熔覆 TiN-VC 增强 Co 基合金涂层。采用 Olympus Pme-3 金相显微镜(OP)、Hitachi su1510 和 S-3400N 配有能谱仪(EDS)的扫描电镜、XD-3A 型 X 射线衍射仪(XRD)、Tecnai G2-F30S 透射电子显微镜(TEM)、HV-1000 型显微硬度计以及 MM200 环-块磨损试验机研究合金粉末成分以及时效处理对合金涂层的相组成、显微组织、强化相形貌、显微硬度和摩擦磨损性能的影响,以期揭示合金成分和时效处理与合金涂层的相组成、显微组织、强化相形貌、显微硬度和摩擦磨损性能变化之间的关系,探讨合金涂层的磨损机理,为激光熔覆合金涂层在工程技术上的应用提供理论基础和指导作用。

5.1　TiN-VC 增强 Co 基合金涂层强化相原位反应热力学分析

5.1.1　Ti-VN 合金-Co 基合金体系反应生成物热力学分析

合金体系反应的热力学分析不仅可判断体系中各反应能否自发进行,预判向哪个方向进行,且能够获得反应时体系能量的变化,最终获得什么样的稳定相结构。热力学分析可行与否是合金体系中合金元素间能否发生反应的必要条件,能提高原位合成试验的目的性,对激光熔覆制备高性能合金涂层具有指导意义。

化学反应吉布斯自由能(G)是热力学分析的重要参数,它能帮助研究者预判恒温恒压条件下反应向哪个方向进行。一般来说,如果 G 小于零,则反应能够自发进行;反之,反应不能进行。本研究选用的 Co 基合金包含有 C、Cr、Mo、Ni、Fe、Si 和 Co 元素,VN 合金是由 V、N 和 C 元素组成。因此,Co 基合金-VN 合金-Ti 体系中可能形成的化合物有 Cr_4C、$CrSi_2$、$CrSi$、Ni_2Ti、Cr_3Si、SiC、$NiSi$、Cr_2N、$NiTi$、Cr_7C_3、TiC、$TiSi_2$、$TiSi$、TiC、$Cr_{23}C_6$、Cr_5Si_3、Mo_2C、MoC、TiN、Mo_2N、$Co_{5.47}N$、VC 和 Fe_3C 等。通过《实用无机物热力学数据手册》,查找出所需的热力学数据,以便对合金体系中可能形成的这些化合物进行热力学计算,获得 G 与温度的关系曲线图,如图 5-1 所示。由图 5-1 可知,在 600~1800 K 温度范围内,$Cr_{23}C_6$ 具有最低吉布斯生成自由能,其生成倾向性最大。另外,Cr_7C_3 和 Cr_5Si_3 在 1400 K 温度以上具有比 TiN 和 TiC 更低的生成吉布斯自由能,从热力学角度分析,它们是优先生成的产物,然而由于合金体系中的 C 和 Si 含量较低,故不满足生成 Cr_5Si_3 和 Cr_7C_3 的条件。Fe_3C 在 1000 K 温度以上能自发形成,但由于其吉布斯自由能较低,因此不易形成。从图 5-1 中可看出,其他生成物的吉布斯自由能也均为负值,从热力学角度分析,这些产物均能自发形成,但由于它们的吉布斯自由能绝对值较低及合金体系中元素含量限制,因此,这些生成物很难形成。

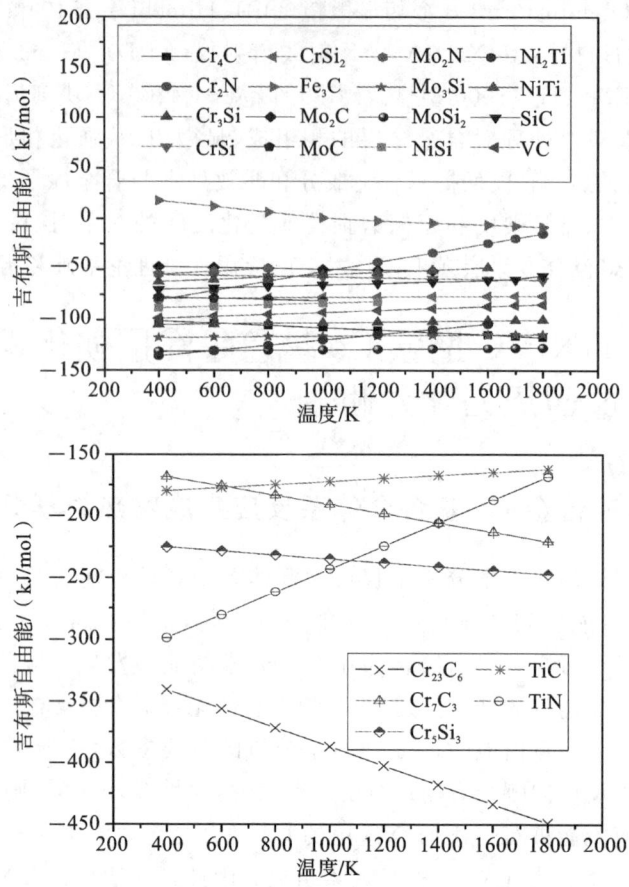

图 5-1　Ti-VN 合金-Co 基合金体系中反应产物的吉布斯自由能随温度变化曲线

5.1.2　原位合成 TiN 和 VC 的热力学分析

激光熔覆过程中，在激光熔覆 Ti-VN 合金-Co 基合金体系中，原位合成 TiN-VC 过程中可能存在的化学反应如下：

$$\frac{1}{2}Ti + \frac{1}{2}VN \longrightarrow \frac{1}{2}TiN + \frac{1}{2}V \tag{5-1}$$

$$\frac{1}{2}Ti + \frac{1}{2}C \longrightarrow \frac{1}{2}TiC \tag{5-2}$$

$$\frac{1}{2}VN + \frac{1}{2}C \longrightarrow \frac{1}{2}VC + \frac{1}{4}N_2 \tag{5-3}$$

$$\frac{1}{2}TiN + \frac{1}{2}C \longrightarrow \frac{1}{2}TiC + \frac{1}{4}N_2 \tag{5-4}$$

$$\frac{1}{2}\text{TiC} + \frac{1}{2}\text{VN} \longrightarrow \frac{1}{2}\text{TiN} + \frac{1}{2}\text{VC} \tag{5-5}$$

根据材料热力学知识,物质化学反应的吉布斯自由能变化(ΔG_T^{θ})的函数关系如下:

$$\Delta G_T^{\theta} = \Delta H_{298}^{\theta} - T\Delta\varphi_T' \tag{5-6}$$

$$\Delta H_{298}^{\theta} = \sum (n_i \Delta H_{i,f,298}^{\theta})_{\text{生成物}} - \sum (n_i \Delta H_{i,f,298}^{\theta})_{\text{反应物}} \tag{5-7}$$

$$\Delta\varphi_T' = \sum (n_i \varphi_{i,T}')_{\text{生成物}} - \sum (n_i \varphi_{i,T}')_{\text{反应物}} \tag{5-8}$$

式中:ΔH_{298}^{θ}——298 K 时纯物质的标准摩尔相对焓;

$\Delta\varphi_T'$—— T 温度下物质的吉布斯自由能函数。

为了更客观地反映化学反应的发生,参与化学反应的物质的总量限制为1 mol。根据式(5-6)~式(5-8)和表 5-1 给出的相关物质的热力学数据,本研究分别描绘了反应式(5-1)~式(5-5)的吉布斯自由能变化值与温度的对应关系曲线,如图 5-2 所示。

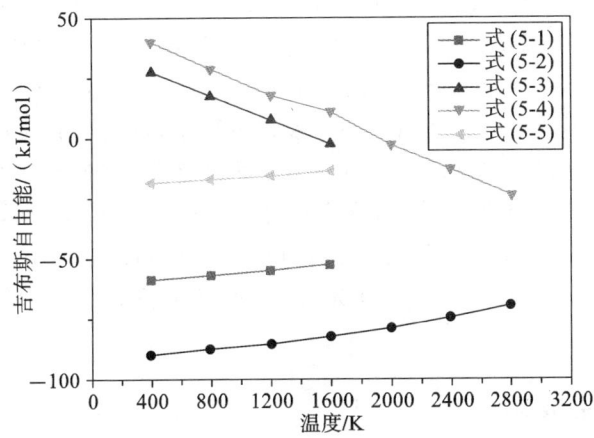

图 5-2　反应式(5-1)~式(5-5)标准吉布斯自由能随温度变化曲线

表 5-1　相关物质热力学数据

相	吉布斯自由能 G							$\Delta H_{298}^{\theta}/(\text{J/mol})$
	温度/K							
	400	800	1200	1600	2000	2400	2800	
Ti	31.632	40.21	48.427	55.987	62.481	69.323	75.061	0
TiN	31.852	46.106	59.643	70.957	80.553	88.874	96.229	−337858
N_2	192.655	202.206	210.819	217.920	223.929	229.156	234.915	0
C	6.113	10.294	14.99	19.243	22.997	26.32	29.289	0

续表

相	吉布斯自由能 G							$\Delta H_{298}^{\theta}/(\text{J/mol})$
	温度/K							
	400	800	1200	1600	2000	2400	2800	
V	29.911	38.394	46.206	52.875	58.785	65.072	71.177	0
TiC	25.672	39.225	52.273	63.266	72.674	80.925	88.321	−184096
VN	38.816	53.051	66.63	78.126				−217150
VC	28.961	41.251	53.235	63.611	72.733			−100834

从图 5-2 中可知,从室温到 2800 K 温度范围内,反应式(5-3)的吉布斯自由能大于 0,从热力学角度看,该反应式不能自发进行;反应式(5-1)、式(5-2)和式(5-5)的吉布斯自由能均小于 0,从热力学上看,反应式(5-1)、式(5-2)和式(5-5)在该温度区间均能自发进行,且三个反应式的吉布斯自由能变化 ΔG 的绝对值满足 $\Delta G_{式(5\text{-}5)} < \Delta G_{式(5\text{-}1)} < \Delta G_{式(5\text{-}2)}$。温度高于 2000 K 时,反应式(5-4)的吉布斯自由能小于 0,意味着该反应在 2000 K 温度以上能够自发进行,TiN 与 C 反应生成 TiC;温度低于 2000 K 时,反应式(5-4)的吉布斯自由能小于反应式(5-5)且大于 0,说明 TiN 与 C 反应生成的 TiC 不能稳定存在,在 2000 K 温度以下,反应形成的 TiC 参与反应式(5-5)反应生成稳定的 TiN 和 VC。从热力学角度来说,吉布斯自由能值的绝对值越大,意味着反应式的驱动力越大,反应越易于进行。因此,Ti 与 C 反应生成 TiC 具有比 Ti 与 VN 反应生成 TiN 更大的反应驱动力,TiC 与 VN 反应生成 TiN 和 VC 的驱动力最小,即反应式(5-2)优先反应,反应式(5-1)次之,反应式(5-5)最后进行。

5.1.3　反应生成焓

反应生成焓是评估化学反应能否自发继续进行的一个重要参数,原位合成反应自发开始后,反应是否能够维持继续进行取决于反应生成焓 ΔH,反应生成焓 ΔH 小于零时,反应属于放热反应,原位合成反应才能继续自发维持。根据热力学第二定律,焓与等压热容的函数如下:

$$\mathrm{d}H = C_{\mathrm{p}}\mathrm{d}T \tag{5-9}$$

式中:H ——焓;

　　　C_{p} ——等压热容;

　　　T ——绝对温度。

随着反应过程中温度的升高,物质可能存在固态相变,因此式(5-9)计算过程中需考虑相变潜热的变化,故式(5-9)积分可表述为:

$$H = H_{298}^{\theta} + \int_{T_0}^{T_m} C_{p1} \, dT + \Delta L_m + \int_{T_m}^{T} C_{p2} \, dT \tag{5-10}$$

式中：ΔL_m——物质的相变潜热；

　　C_{p1} 和 C_{p2}——不同相的等压热容；

　　T_m——相变温度。

若有化学反应：$xa + yb = zc + qd$，则反应生成焓 ΔH 可通过如下公式计算得到：

$$\Delta H = H_{298}^{\theta} + \int_{T_0}^{T_m} C_{p1} \, dT + f \cdot \Delta L_m + \int_{T_m}^{T} C_{p2} \, dT \tag{5-11}$$

$$C_p = a + b \cdot 10^{-3} T + c \cdot 10^5 T^{-2} + d \cdot 10^{-6} T^2 \tag{5-12}$$

式中：f——发生相变的物质的物质的量。

根据图 5-2 中反应式(5-1)～式(5-5)的吉布斯自由能的计算结果，选择反应式(5-1)、式(5-2)和式(5-5)计算原位反应生成焓。根据无机物热力学数据手册，查找反应生成焓计算过程中反应参与物相的热力学参数，如表 5-2 所示。

将表 5-2 中的数据带入式(5-11)和式(5-12)中，可计算出式(5-1)、式(5-2)和式(5-5)原位反应的生成焓值计算结果，如图 5-3 所示。从图 5-3 中可以看出，式(5-1)、式(5-2)和式(5-5)的焓 ΔH 均小于零，三个反应式均属于放热反应，且均能自发维持反应进行。反应生成焓 ΔH 的绝对值越大，说明反应放出的热量越多。反应式(5-2)具有最大的生成焓绝对值，反应式(5-1)次之，反应式(5-5)最小。

表 5-2　反应参与物相的热力学参数

相		C_p				ΔH_{298}^{θ} kJ/mol	T_m K	ΔH_m kJ/mol	T K
		a	b	c	d				
	s	22.133	10.251	0	0	0	1155	4.14	298～1155
Ti	s	19.832	7.908	0	0		1933	18.62	1155～1933
	l	35.564				13.65			1933～3575
TiN	s	49.831	3.933	−12.385	0	−337.86	3223	62.76	298～3223
N_2	g	26.092	8.219	−1.976	0.159	0			298～6000
VN	s	45.773	8.786	−9.247	0	−217.15			298～1600
	s	26.489	2.632	−2.113	0	0	600	0	298～600
V	s	16.711	12.669	11.431	0		1400	0	600～1400
	s	95.320	−50.459	−362.89	14.690		2175	20.928	1400～2175
C	s	0.109	38.940	−1.481	−17.385	0	1100	0	298～1100
	s	24.439	0.435	−31.627	0				1100～4073

续表

相		C_p				ΔH^{θ}_{298} kJ/mol	T_m K	ΔH_m kJ/mol	T K
		a	b	c	d				
VC	s	36.401	13.389	−7.113	0	−100.83			298~2000
TiC	s	49.953	0.979	−14.774	1.887	−184.1	3290	71.13	298~3290

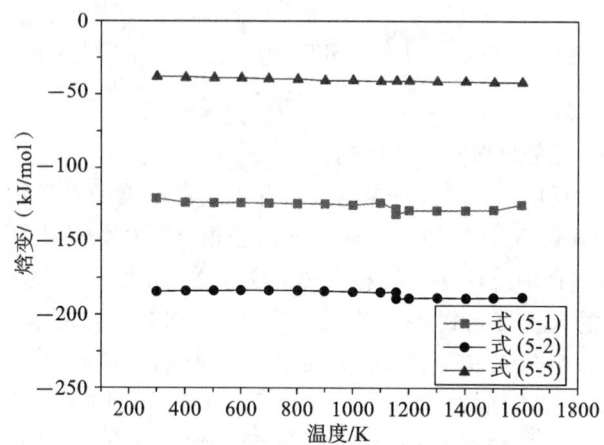

图 5-3　式(5-1)、式(5-2)和式(5-5)反应生成焓随温度的变化

5.2　TiN-VC 增强 Co 基复合涂层强化相原位反应的动力学分析

液态金属的结晶形核过程是一种相变过程,而相变需要热力学和动力学条件。根据液态金属凝固理论,相变在热力学上是系统自由能降低的自发进行过程,相变时系统自由能变化 $\Delta G_{L \to S}$ 为:

$$\Delta G_{L \to S} = \frac{L \Delta T}{T_0} \qquad (5-13)$$

式中:$\Delta T = T_0 - T$——过冷度;

　　L——结晶潜热;

　　T_0——纯金属的平衡结晶温度。

从式(5-13)中可以看出,$\Delta G_{L \to S}$ 仅与 ΔT 有关,过冷度越大,液态金属结晶形核的驱动力就越大,即结晶过程越易于进行,因此液态金属结晶的热力学条件是由过冷度提供的。

相变动力学是研究某一温度下,液体金属凝固结晶为固体相的量与时间的变量关系。根据 Johnson-Mehl 相变动力学方程,结晶晶核在液相中的体积分数 φ 可以表示为：

$$\varphi = 1 - \exp\left(-\frac{1}{3}\pi I v_c^3 t^4\right)$$ (5-14)

式中：I ——形核率；

v_c ——新相晶核的生长速率；

t ——形核时间。

从式(5-14)中可以看出，随着形核率 I 和新相晶核的生长速率 v_c 的增加，结晶晶核在液相中的体积分数增加；晶核在液相中的体积分数 φ 一定时，形核率 I 和新相晶核的生长速率 v_c 越大，形核时间 t 越小。

根据液态金属的凝固理论，形核率是指单位时间、单位体积液相中形成的新相核心的数目，可以描述为：

$$I = k_0 \exp\left(-\frac{\Delta W_c}{k_B T}\right)$$ (5-15)

式中：k_0 ——频率因子；

k_B ——玻尔兹曼常数；

ΔW_c ——临界形核功。

液态金属中存在三种起伏特征：结构起伏、能量起伏和浓度起伏，而这三种起伏为液态金属的结晶提供可能。在结晶过程中，液态金属借助于三种起伏作用在一些微区范围内越过能量壁垒而形成新相晶核。在高能激光束的作用下，Ti-VN 合金-Co 基合金体系熔覆层材料快速熔化形成熔池，在熔池中一些小区域范围内满足强化相 TiN 和 VC 形核所需要的三种起伏条件时，在该区域范围内强化相 TiN 和 VC 就会结晶形核，当强化相的晶核尺寸达到临界值时，便会在随后的快速冷却过程中长大呈现出不同形状的强化相。本书所研究的激光熔覆 Ti-VN 合金-Co 基合金体系中强化相 TiN 和 VC 的反应可描述为：

$$[Ti] + [N] \longrightarrow TiN$$ (5-16)

$$[V] + [C] \longrightarrow VC$$ (5-17)

在结晶过程中，由于新相与界面相伴而生，界面自由能成为新相形核的主要能量壁垒，根据界面能量壁垒情况的差异，增强相在冷却过程中存在两种不同的形核方式：自发形核和非自发形核。假设合金体系中反应形成球形形状的强化相晶核，那么液态熔池中强化相自发形核时所需的临界形核功 $W_{自}$ 为：

$$W_{自} = \frac{16\pi\sigma_{LS}^3 V_m^2}{3(-\Delta G_v)^2} = \frac{16\pi\sigma_{LC}^3 T_0^2 V_m^2}{L^2 \Delta T^2}$$ (5-18)

式中：σ_{LS} ——强化相与液相之间的表面张力；

V_m ——强化相的摩尔体积；

ΔG_v ——液相与强化相之间的单位体积自由能变化。

根据相关参考文献,如果强化相晶核要在液态金属熔体中能稳定存在并生长,临界形核功 $W_自$ 必须满足条件:

$$W_自 \leqslant 60k_B T \tag{5-19}$$

假设 Co 基合金-VN 合金-Ti 体系中生成的强化相 TiN 和 VC 为纯物质,且熔体组元服从亨利定律,那么则有

$$\mu_{TiN} = \mu_{TiN}^{标} + RT\ln(\alpha_{Ti}\alpha_N) \tag{5-20}$$

$$\mu_{VC} = \mu_{VC}^{标} + RT\ln(\alpha_V\alpha_C) \tag{5-21}$$

式中:μ_{TiN}、μ_{VC}——TiN 和 TiC 在溶液中的化学势,$\mu_i = \Delta G_v$;

$\mu_{TiN}^{标}$、$\mu_{VC}^{标}$——TiN 和 VC 的标准化学势;

α_{Ti}、α_N、α_V、α_C——Ti、N、C 和 V 原子在熔体中的活度。

若选择质量分数为 1% 的溶液作为标准态,则有

$$\alpha_{Ti} = f_{\%,Ti} \cdot [Ti\%]; \ \alpha_N = f_{\%,N} \cdot [N\%]; \ \alpha_V = f_{\%,V} \cdot [V\%]; \ \alpha_C = f_{\%,C} \cdot [C\%] \tag{5-22}$$

式中:$f_{\%,Ti}$、$f_{\%,N}$、$f_{\%,V}$ 和 $f_{\%,C}$——Ti、N、V 和 C 的亨利活度系数;

[Ti%]、[N%]、[V%] 和 [C%]——Ti、N、V 和 C 在熔体中的质量分数。

将式(5-19)~式(5-22)带入到式(5-18)中,可得

$$[Ti\%] \cdot [N\%] \geqslant \exp\left[\frac{\mu_{TiN}^{标}}{RT} + \left(\frac{16\pi\sigma_{LS}^3 V_m^2}{180k_B T}\right)^{1/2} \cdot \frac{1}{RT}\right] \cdot \frac{1}{f_{\%,Ti} \cdot f_{\%,N}} \tag{5-23}$$

$$[V\%] \cdot [C\%] \geqslant \exp\left[\frac{\mu_{VC}^{标}}{RT} + \left(\frac{16\pi\sigma_{LS}^3 V_m^2}{180k_B T}\right)^{1/2} \cdot \frac{1}{RT}\right] \cdot \frac{1}{f_{\%,V} \cdot f_{\%,C}} \tag{5-24}$$

式(5-23)和式(5-24)分别为 Ti-VN 合金-Co 基合金体系熔体中反应生成强化相 TiN 和 VC 晶核的动力学条件。在激光熔覆的快速凝固过程中,Ti-VN 合金-Co 基合金体系熔池中的合金元素成分满足式(5-23)和式(5-24)的条件时,强化相 TiN 和 VC 便可形核结晶并稳定存在,在随后的冷却过程中,强化相 TiN 和 VC 依据各自的晶体结构以及生长惯习面生长,形成最终的形态。

由于激光熔覆的快速加热及快速冷却特点,整个激光熔覆过程的作用时间极短,而强化相的原位合成是一个过程,熔池中不可避免地存在未熔化的颗粒或者高熔点的陶瓷相作为形核核心而长大。因此,在激光熔覆过程中,强化相的形核主要以非自发形核为主。那么非自发形核的临界形核功 $W_非$ 为:

$$W_非 = \frac{16\pi\sigma_{LC}^3 T_0^2 V_m^2}{L^2 \Delta T^2}f(\theta) = W_自 f(\theta) \tag{5-25}$$

$$f(\theta) = \frac{2 - 3\cos\theta + \cos^3\theta}{4} \tag{5-26}$$

式中:θ——晶核与基体界面的润湿角。

从式(5-25)和式(5-26)中可以看出,当 $\theta = 0°$ 时,$W_非 = 0$,意味着结晶相与夹杂

质点完全润湿,结晶相可以不通过形核而直接依附于夹杂质点表面长大,可见金属熔体中存在大量夹杂质点;当 $\theta=180°$ 时,$W_{非}=W_{自}$,意味着结晶相与夹杂质点不润湿,夹杂质点起不到促进形核的作用,液态金属只能进行自发形核。一般来说,$0°<\theta<180°$,液态金属中存在的夹杂质点起到促进形核的作用,且 θ 越小,非自发形核越容易进行。

5.3　原位 TiN-VC 增强 Co 基合金涂层宏观成形

图 5-4 为采用优化的工艺参数激光熔覆制备添加 4.8% Ti 合金粉末的 TiN-VC 增强 Co 基合金涂层的宏观成形。从图 5-4(a)中可以看出,添加 4.8% Ti 合金粉末的 TiN-VC 增强 Co 基合金涂层的宏观表面更加平整、光滑和均匀。另外,在合金涂层宏观表面没有观察到气孔、裂纹等明显缺陷。图 5-4(b)中合金涂层横截面形状参数的测量结果如表 5-3 所示。

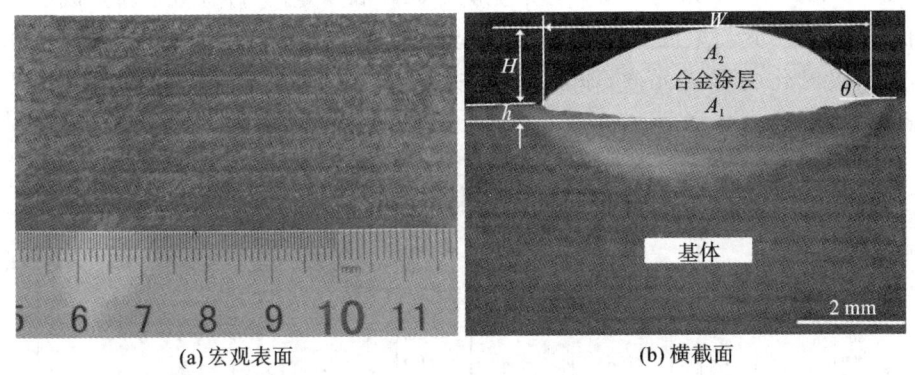

(a) 宏观表面　　　　　　　　　　(b) 横截面

图 5-4　添加 4.8% Ti 合金粉末的 TiN-VC 增强 Co 基合金涂层的宏观成形

表 5-3　图 5-4(b)中合金涂层横截面形状参数的测量结果

形状参数	熔宽 W/mm	预制涂层厚度 H/mm	熔深 h/mm	润湿角 θ/(°)
测量结果	4.58	1.05	0.12	40.2

根据式(3-1),添加 4.8% Ti 合金粉末的 TiN-VC 增强 Co 基合金涂层的稀释率为 10.25%,这个计算结果与文献[12]的报道结果相一致。与 VN 合金增强 Co 基合金涂层的稀释率和润湿角相比,添加 4.8% Ti 合金粉末的 TiN-VC 增强 Co 基合金涂层的稀释率稍微增加,润湿角降低。这主要是因为 Ti 具有良好的润湿特性,增加熔覆材料在基体表面的铺展性能,降低合金涂层的润湿角,促进热源更多能量传递到基体表面,增加基体材料熔化量,增大合金涂层的稀释率。

5.4　TiN-VC 增强 Co 基合金涂层相组成

5.4.1　Ti 含量对合金涂层相组成的影响

图 5-5 为添加 Ti 的 TiN-VC 增强 Co 基合金涂层的 XRD 图谱。由前述可知，VN 合金增强 Co 基合金涂层主要是由 γ-Co、$Cr_{23}C_6$、VN、$Co_{5.47}N$ 和 σ-FeV 相组成。从图 5-5 中可以看到，添加 Ti 后，除了上述 VN 合金增强 Co 基合金涂层中涉及的组成相外，TiN-VC 增强 Co 基合金涂层中还出现了 TiN 和 VC 相，因熔覆材料中没有现存的 TiC 和 VC 相，说明 TiN 和 VC 是由原位合成获得。随着 Ti 含量增加，合金涂层中 TiN 和 VC 衍射峰的强度逐渐增加，VN 和 $Co_{5.47}N$ 衍射峰的强度逐渐降低。原因如下：首先，Ti 对 C 和 N 具有较强的亲和力，在高能激光束的作用下，Ti 和 VN 合金分解的 V 和 N 反应形成 TiN 和少量的 TiC，由于新生成的 TiC 低温下不稳定，其与熔池中的 V 和 N 反应形成 TiN 和 VC 金属间化合物。其次，Ti 是强碳氮化物形成元素，添加 Ti 抑制 N 元素与 Co 结合形成 $Co_{5.47}N$，促进 σ-FeV 形成。

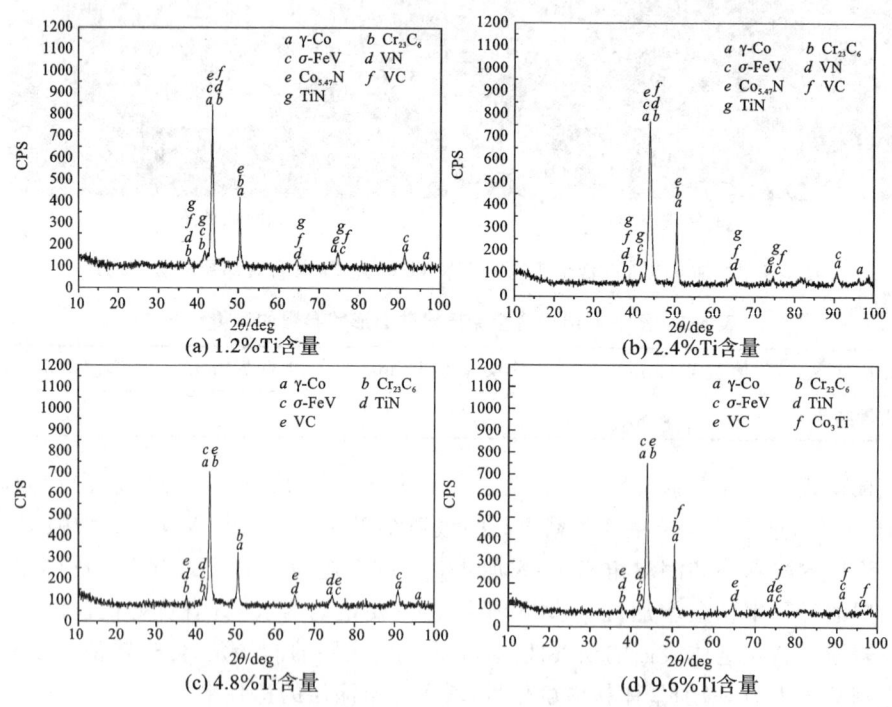

图 5-5　添加 Ti 的 TiN-VC 增强 Co 基合金涂层的 XRD 图谱

另外,从图 5-5(a)、(b)和(c)中还可以看到,当 Ti 含量增加到 4.8％时,VN、Ti 和 $Co_{5.47}N$ 相在 TiN-VC 增强 Co 基合金涂层中没有被检测到。这是因为过量的 Ti 促进 VN 合金完全转变为 TiN 和 VC,同时激光熔覆过程中由于 Ti 的烧损,使剩余 Ti 的含量低于 XRD 的检测范围。当 Ti 含量增加到 9.6％时,在合金涂层中检测到 Co_3Ti 相,而非 Co_2Ti 和 CoTi 相,这主要是 Ti 含量的限制,Co 和 Ti 原子的比例满足形成 Co_3Ti 相,如图 5-5(d)所示。根据 Ti-Co 二元合金相图,Ti 和 Co 成分正处于 Ti-Co 二元合金相图中的 A 区,如图 5-6 所示。

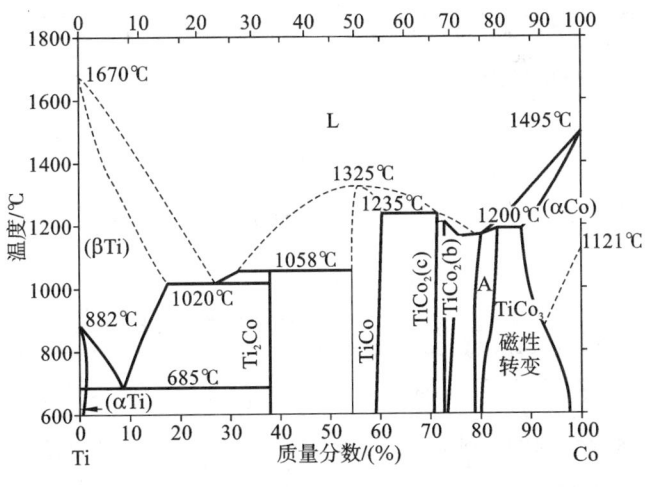

图 5-6　Ti-Co 的二元合金相图

5.4.2　时效处理对合金涂层相组成的影响

图 5-7 为时效处理后添加 4.8％ Ti 的 TiN-VC 增强 Co 基合金涂层的 XRD 图谱。从图 5-7(a)和(b)中可以看出,550 ℃和 650 ℃时效处理 3 h 后,4.8％ Ti 的 TiN-VC 增强 Co 基合金涂层相组成没有发生变化,仍是由 γ-Co、$Cr_{23}C_6$、σ-FeV、TiN 和 VC 相组成,这意味着 550 ℃和 650 ℃时效处理 3 h 对合金涂层相组成的影响较小。750 ℃时效处理 3 h 以及 650 ℃时效处理 5 h 后,σ-FeV 相在合金涂层中没有被观察到,其他相组成没有发生变化,如图 5-7(c)和(d)所示。

另外,从图 5-7 中还可以看出,随着时效处理温度和时间增加,合金涂层中 γ-Co 相衍射峰的强度逐渐降低,$Cr_{23}C_6$、TiN 和 VC 相衍射峰的强度逐渐增加。这主要是因为时效处理过程中,大量 σ-FeV 相重新熔入 γ-Co 固溶体中,增加了固溶体中 Fe 和 V 含量,导致 γ-Co 固溶体中 Cr、Ti、V、C 和 N 合金元素析出形成碳化物和氮化物,因此,γ-Co 相的衍射峰的强度降低,$Cr_{23}C_6$、TiN 和 VC 相衍射峰的强度增加。

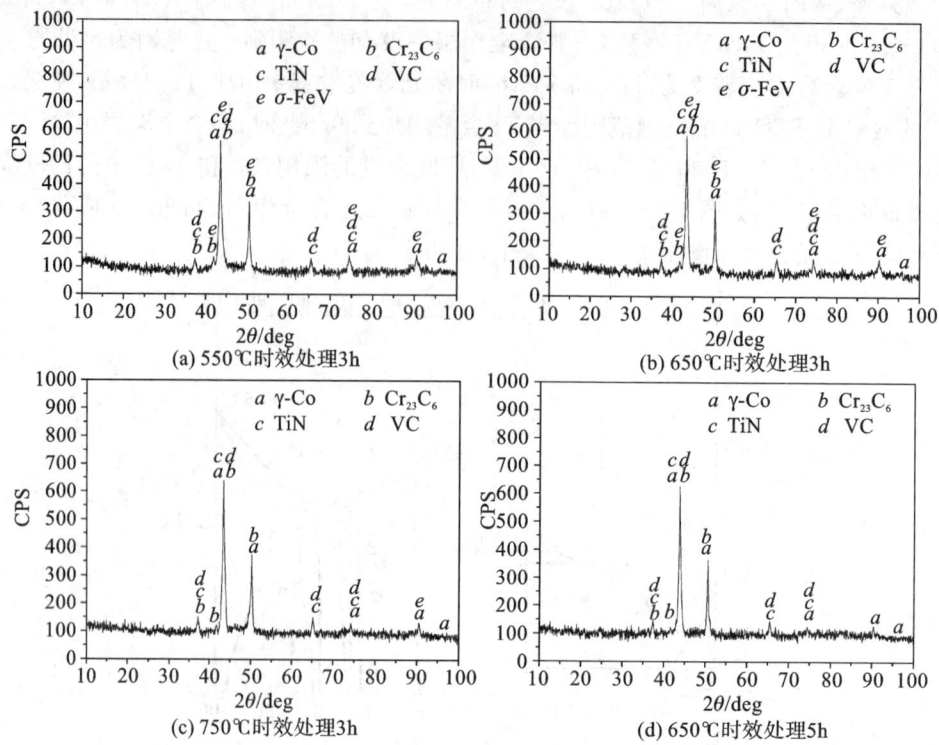

图 5-7 时效处理后添加 4.8%Ti 的 TiN-VC 增强 Co 基合金涂层的 XRD 图谱

5.5 TiN-VC 增强 Co 基合金涂层显微组织

5.5.1 TiN-VC 增强 Co 基合金涂层显微组织

1. 合金涂层的 OP 显微组织分析

图 5-8 是添加 Ti 的 TiN-VC 增强 Co 基合金涂层的显微组织。从图 5-8 中可以看出,添加 Ti 的 TiN-VC 增强 Co 基合金涂层仍然是由熔化区、结合区和热影响区三个区域组成,结合区出现一条几个 μm 宽的白亮带,这也说明合金涂层与基体金属形成了良好的冶金结合。另外,从图 5-8(a)和(b)中可以看出,添加 Ti 的 TiN-VC 增强 Co 基合金涂层的显微组织中出现更多的短棒状树枝晶和等轴晶,组织更细化。这首先是因为加入的 Ti 与 VN 合金形成高熔点的 TiN 和 VC 等金属间化合物,这些高熔点的金属间化合物在熔池凝固过程中处在液固界面的前沿,作为非

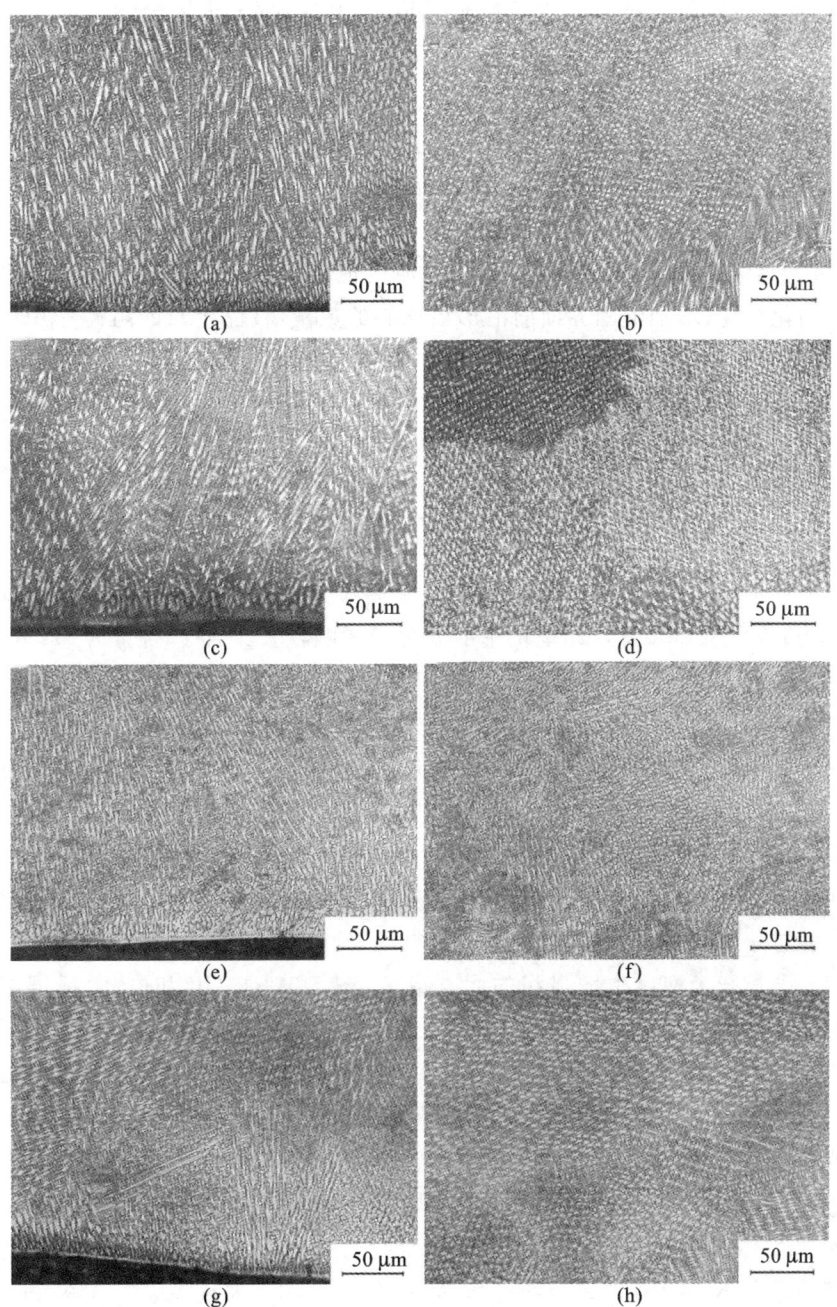

图 5-8 添加 Ti 的 TiN-VC 增强 Co 基合金涂层的显微组织

(a)、(b)1.2%Ti 含量；(c)、(d)2.4%Ti 含量；(e)、(f)4.8%Ti 含量；(g)、(h)9.6%Ti 含量

均匀形核的核心,阻碍枝晶的生长,细化组织。其次,部分未完全熔化的 VN 合金作为非均匀形核的核心,进一步细化合金涂层的组织。另外,由于 TiN 和 VC 具有较低的密度,熔覆过程中易于上浮到熔池上部,导致凝固过程中合金涂层上部出现较多的 TiN 和 VC,促进合金涂层上部大量等轴晶的形成。

随着 Ti 含量增加,合金涂层中树枝晶的生长方向减弱更为明显,出现更多短棒状树枝晶及等轴晶,显微组织逐渐细化,且更加均匀,如图 5-8 所示。原因如下:首先,激光熔覆过程中,更多 Ti 的加入促使熔池中形成更多高熔点的 TiN 和 VC 等金属间化合物,增加液固界面前沿形核核心的数量,枝晶生长的阻碍作用逐渐增大,促进更多短棒状树枝晶和等轴晶的形成,细化组织。其次,由于熔池中存在强烈的对流现象和结晶潜热的释放,已形成的大量树枝晶产生脆断,这些脆断的枝晶在对流作用下重新进入熔体中,作为新晶核的核心长大,进一步弱化枝晶的方向性,促进更多短棒状树枝晶和等轴晶的形成,细化熔覆层的组织。

2. 合金涂层的 SEM 显微组织分析

图 5-9 为添加 Ti 的 TiN-VC 增强 Co 基合金涂层的 SEM 图谱。从图 5-9 中可以看出,Ti 含量对合金涂层组织的形貌和分布影响较大。当 Ti 含量为 1.2% 时,合金涂层中出现大量多边形块状增强相均匀分布于灰色基体相中,如图 5-9(a) 和 (b) 所示。当 Ti 含量增加到 2.4% 时,合金涂层中分布着两种形貌的增强相:一种是四边形块状增强相,另一种是多边形块状增强相,且多边形块状增强相的数量有所减少,如图 5-9(c) 和 (d) 所示。当 Ti 含量增加到 4.8% 时,四边形块状增强相的数量和尺寸明显增加,多边形块状增强相的数量和尺寸稍微增加,如图 5-9(e) 和 (f) 所示。当 Ti 含量增加到 9.6% 时,合金涂层中增强相形貌没有发生变化,增强相的数量和尺寸进一步增加,同时增强相出现聚集现象,如图 5-9(g) 和 (h) 所示。

为了分析合金涂层中增强相的元素成分,图 5-9(b)、(d) 和 (f) 中标记位置的 EDS 成分分析结果如表 5-4 所示。根据表 5-4 和图 5-5 中 XRD 的分析结果可以判定,四边形块状强化相(点 C、D 和 E)为面心立方结构(fcc)的 TiN,多边形强化相(点 A 和 B)是面心立方的 TiN 和 VC 的复合物。分析结果进一步证明 TiN 和 VC 是激光熔覆过程中原位合成的增强相。基于上面的分析可知,随着 Ti 含量的增加,合金涂层中强化相由最初的大量多边形 TiN 和 VC 的复合物以及 VN→少量的四边形 TiN、大量多边形 TiN 和 VC 的复合物及少量的 VN→大量四边形 TiN、大量多边形 TiN 和 VC 的复合物→大量的四边形 TiN,大量多边形 TiN 和 VC 的复合物及 Co₃Ti 转变,这与图 5-5 中的 XRD 分析结果一致。当 Ti 含量为 4.8% 时,VN 合金完全转化为 TiN 和 VC 增强相。

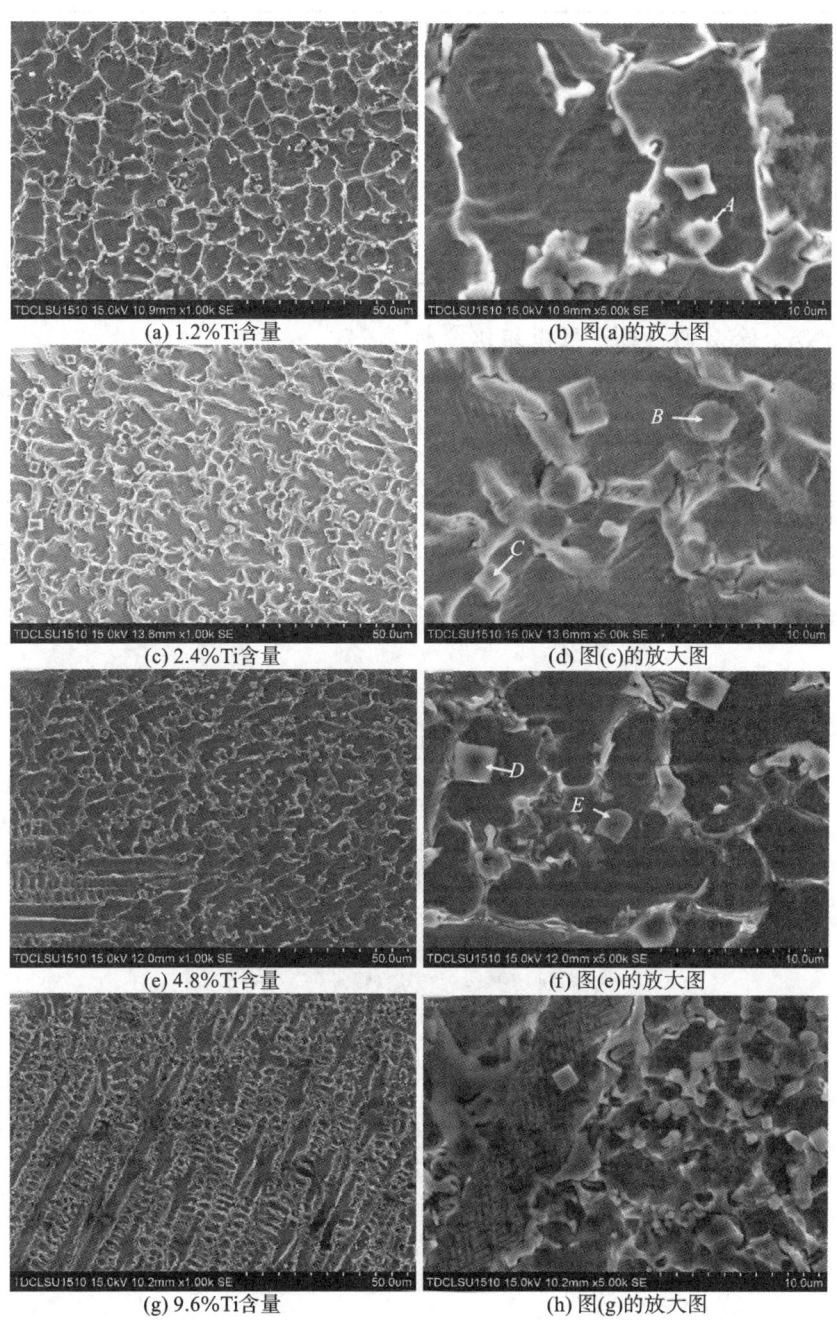

(a) 1.2%Ti含量　　　　　　　(b) 图(a)的放大图

(c) 2.4%Ti含量　　　　　　　(d) 图(c)的放大图

(e) 4.8%Ti含量　　　　　　　(f) 图(e)的放大图

(g) 9.6%Ti含量　　　　　　　(h) 图(g)的放大图

图 5-9　添加 Ti 的 TiN-VC 增强 Co 基合金涂层的 SEM 图谱

表 5-4 图 5-9(b)、(d)和(f)中标记位置的 EDS 成分分析结果(质量分数,%)

位置	Co	Cr	Mo	Fe	V	Ni	C	N	Ti
点 A	3.55	2.07	1.64	0.76	14.83	0.41	4.79	15.21	56.72
点 B	2.31	1.94	0.65	—	17.31	0.68	5.98	16.87	53.26
点 C	3.68	2.62	1.21	0.23	1.89	0.81	1.05	24.78	63.43
点 D	—	2.01	0.96		1.72		0.56	23.46	71.29
点 E	2.49	1.28	0.52	—	2.03	0.26	0.83	24.74	67.85

3.合金涂层的 TEM 显微组织分析

图 5-10 为添加 4.8 %Ti 的 TiN-VC 增强 Co 基合金涂层中位错和堆垛层错的 TEM 形貌。从图 5-10 中可以看出,添加 4.8 %Ti 的 Ti-VN 合金/Co 基合金涂层中出现大量位错和堆垛位错,但位错的交互错作用消失。这主要是因为添加 Ti 的合金涂层中出现大量弥散分布的高硬度 TiN 和 VC 等金属间化合物,这些金属间化合物的存在阻碍位错的运动,促使位错和堆垛层错的堆积,导致位错的交叉滑移和交割更加困难。

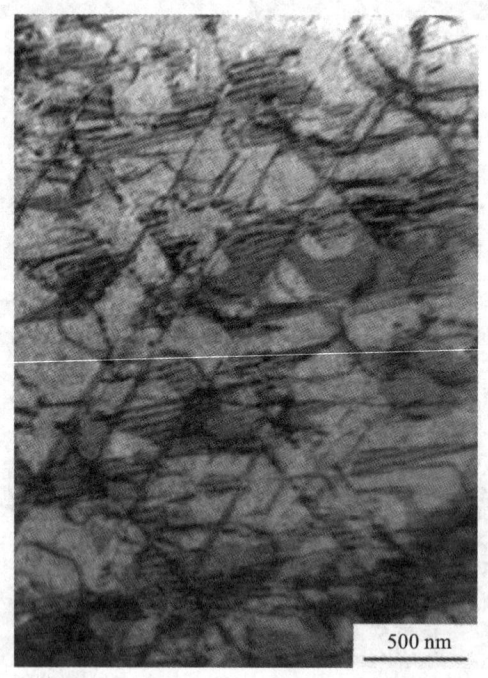

图 5-10 添加 4.8%Ti 的 TiN-VC 增强 Co 基合金涂层中位错和堆垛层错的 TEM 形貌

5.5.2　时效处理对合金涂层显微组织的影响

1.合金涂层的 OP 显微组织分析

图 5-11 为时效处理后添加 4.8%Ti 的 TiN-VC 增强 Co 基合金涂层的显微组织。从图 5-11(a)和(b)中可以看出,时效处理后,添加 4.8%Ti 的 TiN-VC 增强 Co 基合金涂层中的组织没有明显生长,时效处理过程中大量长的树枝晶发生脆断,转变为短棒状树枝晶和等轴晶,导致合金涂层中短棒状树枝晶和等轴晶的数量的增加,且随着时效处理温度和时间增加,合金涂层中出现更多短棒状树枝晶和等轴晶,组织分布更加均匀,如图 5-11(c)~(h)所示。另外,已有研究表明,经时效处理后的激光熔覆 Inconel718 合金涂层中析出了大量尺寸约 30 nm 的 $\gamma''(Ni_3Nb)$,促进合金涂层组织分布更加均匀。时效处理温度越高及时效处理时间越长,从过饱和 γ-Co 固溶体中析出的合金元素的数量越多,合金涂层组织分布越均匀。

2.合金涂层 SEM 形貌分析

图 5-12 为 750 ℃时效处理 3 h 后添加 4.8%Ti 的 TiN-VC 增强 Co 基合金涂层组织的 SEM 形貌。从图 5-12 中可以看出,时效处理后,合金涂层中的强化相颗粒的形貌尺寸几乎没有变化,仍然是两种形貌的强化相:一种是四边形块状强化相,另一种是多边形块状强化相。采用 EDS 对图 5-12 中已标记的强化相颗粒进行成分分析,结果如表 5-5 所示。根据表 5-5 的分析结果可知,灰黑色的四边形块状强化相(点 A 和 C)主要是由 Ti 和 N 元素组成,其被确定为 fcc 的 TiN。灰黑色的多边形块状强化相(点 B 和 D)主要是由 Ti、V、C 和 N 元素组成,其被确定为 TiN 和 VC 的复合物。

表 5-5　图 5-12 中标记位置的 EDS 分析结果(质量分数,%)

位置	Co	Cr	Mo	Fe	V	Ni	C	N	Ti
点 A	0.67	1.83	1.75	—	2.36	—	—	23.76	69.63
点 B	0.32	3.51	1.73	1.46	13.24	1.61	4.32	17.34	56.47
点 C	—	2.36	1.54	—	1.29	—	—	22.64	72.17
点 D	—	3.05	1.39	1.12	12.08	1.03	4.73	16.32	60.28

3.合金涂层的 TEM 形貌分析

图 5-13 为 750 ℃时效处理 3 h 后添加 4.8%Ti 的 TiN-VC 增强 Co 基合金涂层中位错和堆垛层错的形貌。从图 5-13 中可以看出,时效处理后,TiN-VC 增强 Co 基合金涂层中出现了大量位错和堆垛位错,且位错的密度有所降低。

图 5-11　时效处理后添加 **4.8%Ti** 的 **TiN-VC** 增强 **Co** 基合金涂层的显微组织

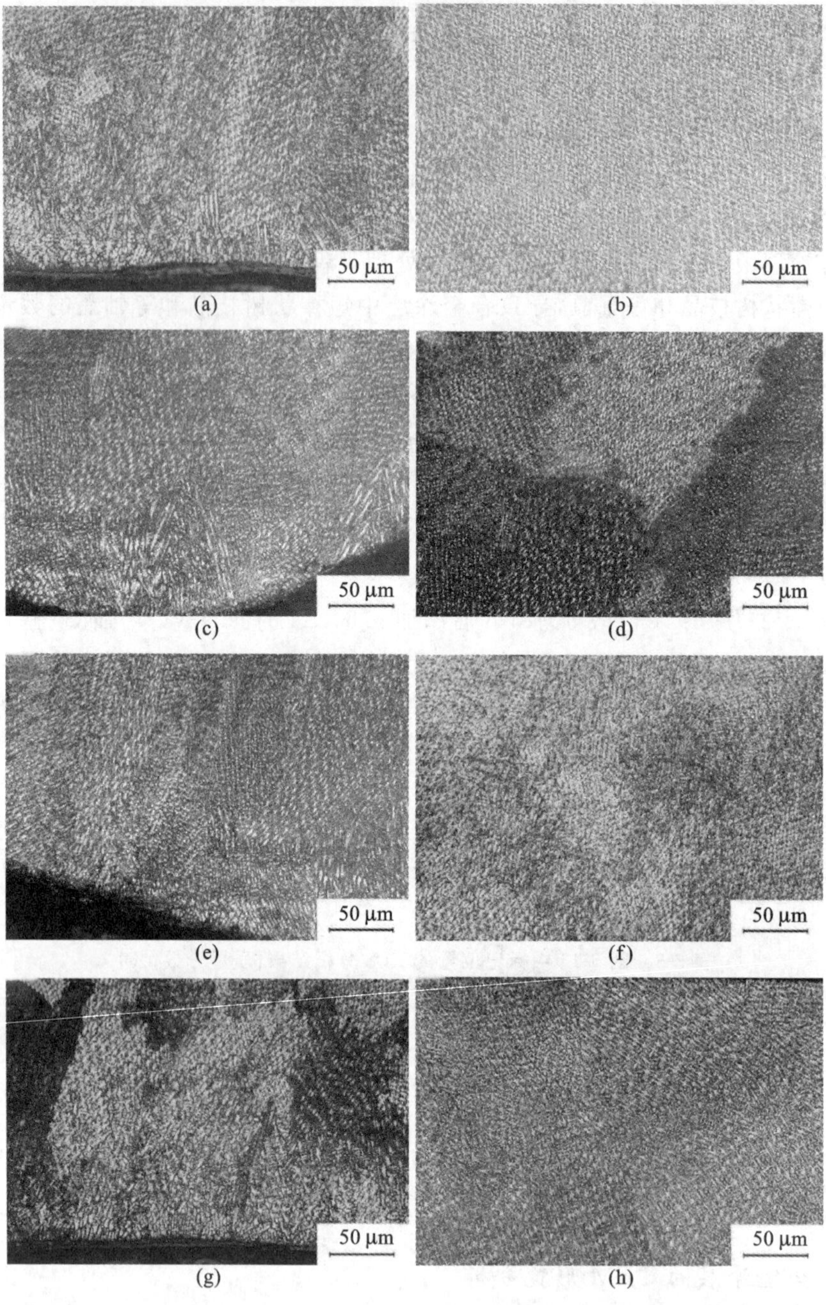

(a)、(b)550 ℃时效处理 3 h;(c)、(d)650 ℃时效处理 3 h;

(e)、(f)750 ℃时效处理 3 h;(g)、(h)650 ℃时效处理 5 h

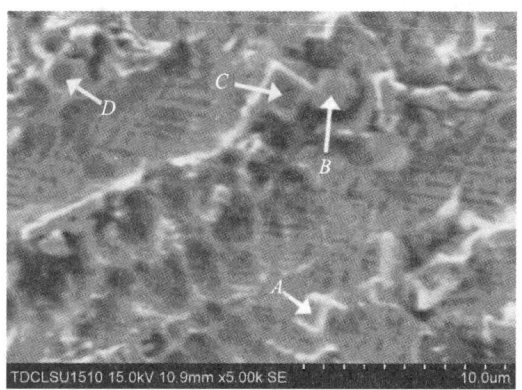

图 5-12　750 ℃ 时效处理 3 h 后添加 4.8％Ti 的 TiN-VC
增强 Co 基合金涂层组织的 SEM 形貌

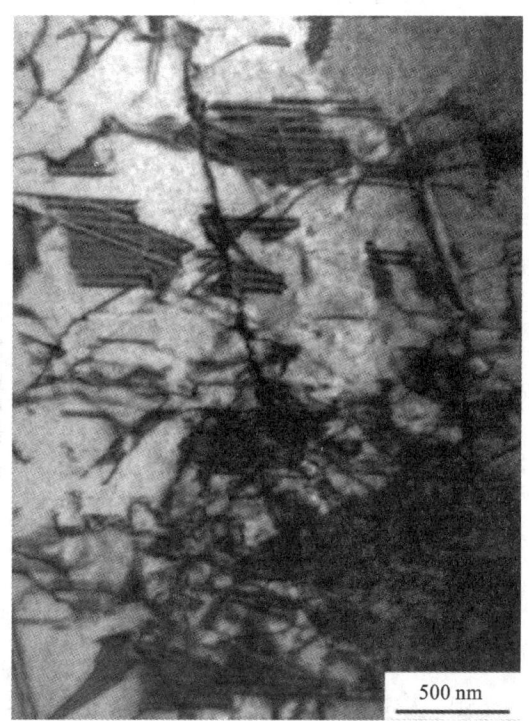

图 5-13　750 ℃ 时效处理 3 h 后添加 4.8％Ti 的 TiN-VC
增强 Co 基合金涂层中位错和堆垛层错的形貌

5.6 复合涂层的凝固过程分析

激光熔覆是一个快速加热和快速冷却的过程,其凝固速度达到 $10^3 \sim 10^6\,\text{℃/s}$,因此,激光熔覆 Ti-VN 合金-Co 基合金体系的凝固过程是不同于平衡凝固的非平衡凝固过程。另外,一个化学反应能否发生受热力学和动力学两方面影响,热力学是反应发生的必要非充分条件,动力学因素如反应物的浓度、原子的扩散速度、新相生成自由能等均很大程度上影响着反应过程的进行。因此,探讨激光熔覆 Ti-VN 合金-Co 基合金体系的凝固过程成为分析原位合成 TiN-VC 强化相增强 Co 基复合涂层形成机制的关键问题,且对于理解复合涂层中强化相的组织结构及形成机理有着显著作用。因此,本研究针对激光熔覆 Ti-VN 合金-Co 基合金体系涂层的凝固过程进行了分析。

在激光熔覆的快速凝固过程中,新相的形核驱动力是指等温等压条件下每 1 mol 新相从过饱和固溶体中沉淀析出时自由能的降低。新相从过饱和固溶体中析出的形核驱动力大小影响着新相形核析出的先后顺序,新相的形核驱动力越大,其在液固界面处越易于优先形核结晶。

根据相变热力学理论,在等温等压条件下,对于某个二元合金体系来说,采用自由能-成分曲线的切线法来分析新相沉淀析出的形核驱动力,如图 5-14 所示。

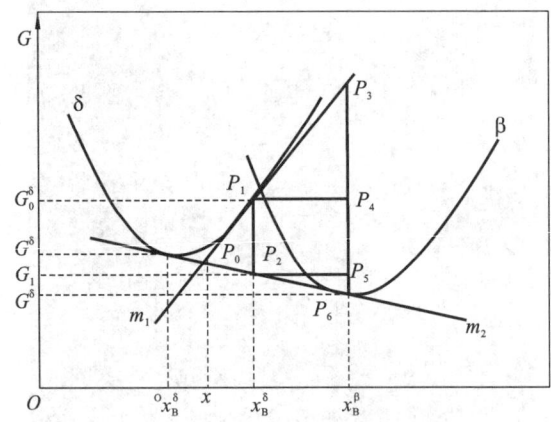

图 5-14 过饱和固溶体中新相析出的形核驱动力图

假设二元合金体系中固溶体 δ 从自由能-成分曲线中 P_1 位置处开始凝固结晶,当 P_1 处的固溶体形成浓度起伏时,新相形核析出的自由能值处于过 P_1 的切线 m_1 上;过饱和固溶体 δ 与新析出相 β 自由能曲线的公切线为 m_2,公切线 m_2 上的 P_2 点成分是过饱和固溶体 δ 的摩尔混合自由能。基于相变热力学理论,相变驱动力

（ΔG_m）为固溶体中两相的混合自由能与其固溶体的吉布斯自由能差值；在新析出相 β 的自由能-成分曲线中，其形核驱动力是 P_6 点与 P_3 点吉布斯自由能差值。则二元体系 A-B 的吉布斯自由能可表示为：

$$G_\mathrm{m}^* = x_\mathrm{A} \cdot {}^0G_\mathrm{A}^\delta + x_\mathrm{B} \cdot {}^0G_\mathrm{B}^\delta + RT(x_\mathrm{A} \cdot \ln x_\mathrm{A} + x_\mathrm{B} \cdot \ln x_\mathrm{B}) + {}^\mathrm{S}G_\mathrm{A}^\delta \quad (5\text{-}27)$$

式中：x_A、x_B——组元 A、B 的摩尔分数，$x_\mathrm{A} + x_\mathrm{B} = 1$；

$\quad$ ${}^0G_\mathrm{A}^\delta$、${}^0G_\mathrm{B}^\delta$——组元 A、B 在 δ 固溶体中的摩尔吉布斯自由能；

$\quad$ ${}^\mathrm{S}G_\mathrm{A}^\delta$——过剩摩尔吉布斯自由能。

过剩摩尔吉布斯自由能 ${}^\mathrm{S}G_\mathrm{A}^\delta$ 可以表示为：

$$^\mathrm{S}G_\mathrm{A}^\delta = x_\mathrm{A} \cdot x_\mathrm{B} \cdot I_\mathrm{AB}^\delta \quad (5\text{-}28)$$

式中：I_AB^δ——固溶体中组元 A 与 B 相互作用参数。

根据材料热力学理论，新析出相的过剩摩尔吉布斯自由能 ${}^\mathrm{S}G_\mathrm{A}^\delta$ 与过剩熵 ${}^\mathrm{S}S_\mathrm{A}^\delta$ 和混合焓 H_A^δ 之间的关系可以表示为：

$$^\mathrm{S}G_\mathrm{A}^\delta = H_\mathrm{A}^\delta - T^\mathrm{S}S_\mathrm{A}^\delta \quad (5\text{-}29)$$

因 $\left|{}^\mathrm{S}S_\mathrm{A}^\delta\right|$ 相对于 $\left|H_\mathrm{A}^\delta\right|$ 较小，可以忽略，基于 Miedema 混合模型，式（5-29）可以表示为：

$$^\mathrm{S}G_\mathrm{A}^\delta = H_\mathrm{A}^\delta = f_\mathrm{AB}\left\{\frac{x_\mathrm{A}[1+\mu_\mathrm{A}x_\mathrm{B}(\varphi_\mathrm{A}-\varphi_\mathrm{B})] \cdot x_\mathrm{B}[1+\mu_\mathrm{B}x_\mathrm{A}(\varphi_\mathrm{B}-\varphi_\mathrm{A})]}{x_\mathrm{A}V_\mathrm{A}^{2/3}+x_\mathrm{B}V_\mathrm{B}^{2/3}[1+\mu_\mathrm{B}x_\mathrm{A}(\varphi_\mathrm{B}-\varphi_\mathrm{A})]}\right\}$$
$$(5\text{-}30)$$

$$f_\mathrm{AB} = 2pV_\mathrm{A}^{2/3}V_\mathrm{B}^{2/3} \cdot \frac{\frac{q}{p}(\Delta n_\mathrm{ws}^{1/3})^2 - \Delta\varphi^2 - a_\mathrm{k}\frac{r}{p}}{(n_\mathrm{ws}^{1/3})_\mathrm{A}^{-1} + (n_\mathrm{ws}^{1/3})_\mathrm{B}^{-1}} \quad (5\text{-}31)$$

式中：V_A、V_B——组元 A 和 B 的摩尔体积；

$\quad$ $(n_\mathrm{ws}^{1/3})_\mathrm{A}$、$(n_\mathrm{ws}^{1/3})_\mathrm{B}$——组元 A 和 B 的 wigner-seitz 原胞边界的电子密度平均值；

$\quad$ φ_A、φ_B——组元 A 和 B 的电负性参数；

$\quad$ p、q、r、μ、a_k——经验特性参数，其中 $q/p = 9.4$；对于单价金属或碱金属 $\mu = 0.14$，二价金属或碱土金属 $\mu = 0.10$，三价金属或贵金属 $\mu = 0.07$，其他金属 $\mu = 0.04$；对于液态合金 $a_\mathrm{k} = 0.73$，对于固态合金 $a_\mathrm{k} = 1$。

联合式（5-28）和式（5-30），则固溶体中组元 A 和 B 相互作用参数 I_AB^δ 为：

$$I_\mathrm{AB}^\delta = f_\mathrm{AB}\left\{\frac{[1+\mu_\mathrm{A}x_\mathrm{B}(\varphi_\mathrm{A}-\varphi_\mathrm{B})] \cdot [1+\mu_\mathrm{B}x_\mathrm{A}(\varphi_\mathrm{B}-\varphi_\mathrm{A})]}{x_\mathrm{A}V_\mathrm{A}^{2/3}+x_\mathrm{B}V_\mathrm{B}^{2/3}[1+\mu_\mathrm{B}x_\mathrm{A}(\varphi_\mathrm{B}-\varphi_\mathrm{A})]}\right\} \quad (5\text{-}32)$$

如果成分为 x_B^β 的新析出相 β 从成分为 x_A^δ 的 δ 固溶体中析出，则其相变驱动力 ΔG_m 可描述为：

$$\Delta G_\mathrm{m} = G_1 - G_0^\delta = -\frac{1}{2}\left[\frac{\mathrm{d}^2G_\mathrm{m}^\delta}{\mathrm{d}x_\mathrm{B}^2}\right]_{0,x_\mathrm{B}^\delta}(\Delta x_\mathrm{B})^2 = -\frac{1}{2}\left[\frac{RT}{x_\mathrm{B}^\delta(1-x_\mathrm{B}^\delta)} - 2I_\mathrm{AB}^\delta\right](x_\mathrm{B}^\delta - {}^0x_\mathrm{B}^\delta)^2$$
$$(5\text{-}33)$$

式中：$\Delta x_B = x_B^\delta - {}^0 x_B^\delta$——二元合金相图中 T 温度时刻平衡时 B 组元的摩尔分数。

假设图 5-14 中自由能曲线的切线方程表示为：

$$y = k_1 x + b \tag{5-34}$$

根据三角函数关系式(5-33)及式(5-34)，可求得切线的斜率 k_1 值为：

$$k_1 = \left[\frac{\mathrm{d}G_m^\delta}{\mathrm{d}x_B^\delta} \right] = {}^0 G_B^\delta - {}^0 G_A^\delta + RT \left(\ln \frac{x_B}{1 - x_B} \right) + (1 - 2x_B) I_{AB}^\delta \tag{5-35}$$

将切点对应的摩尔吉布斯自由能 G_0^δ 和摩尔分数 x_B^δ 代入式(5-34)，则截距 b 可表示为：

$$b = {}^0 G_A^\delta + RT \ln(1 - x_B) + x_N^{\ 2} I_{AB}^\delta \tag{5-36}$$

将式(5-35)和式(5-36)代入式(5-34)，则式(5-34)可表示为：

$$y = \left[{}^0 G_B^\delta - {}^0 G_A^\delta + RT \left(\ln \frac{x_B}{1 - x_B} \right) + (1 - 2x_B) I_{AB}^\delta \right] x + {}^0 G_A^\delta + RT \ln(1 - x_B) + x_B^{\ 2} I_{AB}^\delta \tag{5-37}$$

切线 m_1 的方程可以表示为：

$$y = \left[{}^0 G_B^\delta - {}^0 G_A^\delta + RT \left(\ln \frac{x_B^\delta}{1 - x_B^\delta} \right) + (1 - 2x_B^\delta) I_{AB}^\delta \right] x + {}^0 G_A^\delta \\ + RT \ln(1 - x_B^\delta) + (x_B^\delta)^2 I_{AB}^\delta \tag{5-38}$$

切线 m_2 的方程可表示为：

$$y = \left[{}^0 G_B^\delta - {}^0 G_A^\delta + RT \left(\ln \frac{{}^0 x_B^\delta}{1 - {}^0 x_B^\delta} \right) + (1 - 2 {}^0 x_B^\delta) I_{AB}^\delta \right] x + {}^0 G_A^\delta \\ + RT \ln(1 - {}^0 x_B^\delta) + ({}^0 x_B^\delta)^2 I_{AB}^\delta \tag{5-39}$$

将切线方程 m_1 和 m_2 联立，可以获得两切线的交点 P_0 的横坐标 x 的值为：

$$x = \frac{RT \ln \left(\dfrac{1 - {}^0 x_B^\delta}{1 - x_B^\delta} \right) + \left[({}^0 x_B^\delta)^2 - (x_B^\delta)^2 \right] I_{AB}^\delta}{RT \ln \left[\dfrac{x_B^\delta (1 - {}^0 x_B^\delta)}{(1 - x_B^\delta) {}^0 x_B^\delta} \right] + 2({}^0 x_B^\delta - x_B^\delta) I_{AB}^\delta} \tag{5-40}$$

根据相似三角形的比例关系定理可得：

$$\frac{x_B^\delta - x}{x_B^\delta - x} = \frac{P_0 P_1}{P_3 P_6} = \frac{\Delta G_m}{\Delta G_m^*} \tag{5-41}$$

联立式(5-33)、式(5-40)和式(5-41)，可获得新相形核析出时的形核驱动力 ΔG_m^* 为：

$$\Delta G_m^* = \left\{ \frac{x_B^\delta \left[RT \ln \dfrac{x_B^\delta (1 - {}^0 x_B^\delta)}{(1 - x_B^\delta) {}^0 x_B^\delta} + 2({}^0 x_B^\delta - x_B^\delta) I_{AB}^\delta \right] - RT \ln \left(\dfrac{1 - {}^0 x_B^\delta}{1 - x_B^\delta} \right) - \left[({}^0 x_B^\delta)^2 - (x_B^\delta)^2 \right] I_{AB}^\delta}{x_B^\delta \left[RT \ln \dfrac{x_B^\delta (1 - {}^0 x_B^\delta)}{(1 - x_B^\delta) {}^0 x_B^\delta} + 2({}^0 x_B^\delta - x_B^\delta) I_{AB}^\delta \right] - RT \ln \left(\dfrac{1 - {}^0 x_B^\delta}{1 - x_B^\delta} \right) - \left[({}^0 x_B^\delta)^2 - (x_B^\delta)^2 \right] I_{AB}^\delta} \right. \\ \left. \cdot \left\{ \frac{1}{2} \left[2 I_{AB}^\delta - \frac{RT}{x_B^\delta (1 - x_B^\delta)} \right] (x_B^\delta - {}^0 x_B^\delta)^2 \right\} \right\} \tag{5-42}$$

激光熔覆过程中,熔覆材料的熔化主要是通过高能激光束的加热和热传导来完成的,激光熔覆过程中熔池横截面对流情况如图 5-15 所示。激光熔覆熔池中液态金属存在极大的过热度,熔池是在激光束搅拌形成的剧烈对流条件下形核结晶,且熔覆材料的熔化与结晶是同步过程。为了分析激光熔覆过程中熔覆 Ti-VN 合金-Co 基合金体系的凝固过程,本研究分析了激光熔覆过程中不同 Ti 含量的熔覆材料在熔池中的凝固过程。

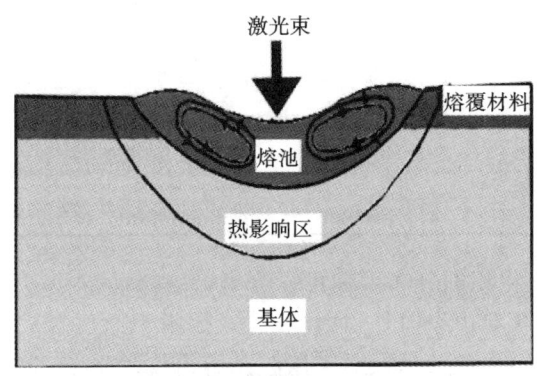

图 5-15 激光熔覆过程中熔池横截面对流示意图

图 5-16 所示为添加 1.2％Ti 的 TiN-VC 增强 Co 基合金涂层的 SEM 形貌。从图 5-16(a)中可知,添加 1.2％Ti 的 TiN-VC 增强 Co 基合金涂层中出现少量针棒状和大量多边形颗粒状强化相析出物弥散分布于基体上,其中部分针棒状强化相以放射状分布于多边形颗粒强化相周围。为了分析合金涂层中不同形貌强化相的成分,利用 EDS 对图 5-16(b)中组织进行分析,结果如表 5-6 所示。根据前文 XRD结果及表 5-6 的 EDS 的分析结果可知,多边形颗粒状强化相(点 C 和 G)为 TiN 和VC 的复合物颗粒,多边形颗粒状强化相(点 A 和 E)为部分未熔化的 VN 合金颗

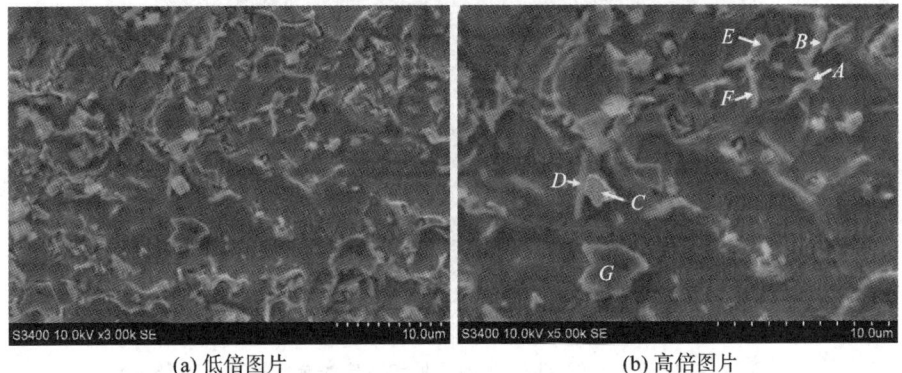

(a) 低倍图片   (b) 高倍图片

图 5-16 添加 1.2％Ti 的 TiN-VC 增强 Co 基合金涂层的 SEM 形貌

粒,针棒状强化相(点 B、D 和 F)为溶液中过量的 V 和 N 原子重新结合形成的 VN 合金强化相。

表 5-6　图 5-16 中标记位置的 EDS 分析结果(质量分数,%)

位置	Co	Cr	Mo	Fe	V	Ni	C	N	Ti	Si
点 A	1.67	2.03	1.25	—	63.58	0.7	4.12	25.76	0.63	—
点 B	7.59	5.62	1.97	0.38	60.24	1.57	1.31	19.34	1.73	0.25
点 C	2.16	4.27	1.88	—	22.54	0.78	6.56	17.64	44.17	—
点 D	7.25	5.92	1.58	0.19	56.9	1.32	1.32	25.16	—	0.36
点 E	2.32	2.87	1.79	0.11	65.06	1.63	3.91	21.56	0.75	—
点 F	9.21	7.84	2.33	0.64	50.76	1.79	1.12	23.65	2.15	0.47
点 G	1.71	2.36	1.12	—	24.22	0.90	7.27	19.23	43.18	—

从图 5-16 中强化相的分布形貌可以看出,针棒状的 VN 合金可以依附于未完全熔化的 VN 合金颗粒边缘向外辐射生长,或依附于原位合成的 TiN 和 VC 的复合物颗粒侧向生长。文献[27]在对采用激光熔覆技术制备 TiC 增强 Co 基合金涂层的组织形貌研究中发现相同的现象,即外加的 TiC 颗粒在激光熔覆过程中受热分解为 Ti 和 C,在随后的冷却过程中,Ti 和 C 重新结合形成的 TiC 可以依附于未完全熔化的 TiC 颗粒边缘向外辐射生长,或侧向生长,同本研究的观察结果相一致。对熔覆层中多边形颗粒状形貌对应的强化相进行了 TEM 分析。图 5-17 为组织中多边形颗粒状形貌的 TEM 照片及选区电子衍射花样。由图 5-17 的分析可以确定,多边形颗粒状形貌为 TiN 和 VC 的复合相。

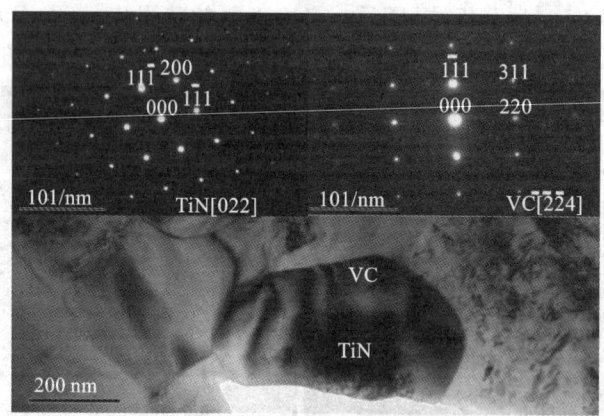

图 5-17　VC 和 TiN 的 TEM 明场照片和对应的选区衍射斑点(SAD)

在激光熔覆过程中,强化相晶核的形成与长大必须同时满足能量、结构及浓度三个起伏条件。根据前面的分析结果,TiC 晶核的形核热力学吉布斯自由能绝对值高于 TiN 晶核,意味着 TiC 晶核优先从熔池中形成并生长,但由于 VN 合金中 C 的含量有限及 Ti 含量较少,导致 TiC 晶核数量以及后续的生长受到限制。新形成的 TiC 晶核与被周围溶液中熔化的 VN 合金形成 TiN 晶核,同时向周围溶液中排出 C 原子,导致周围溶液中出现富 C,而溶液中存在大量 V 原子,当 C 与 V 含量满足 VC 的原子计量比时,便可以形成 VC 晶核。由于 TiN 和 VC 具有相同的晶体学结构和相近的晶格常数,异质形核所需的形核功更小,因此,VC 更容易依附于 TiN 形核和长大,形成 TiN 和 VC 的复合物。由于 Ti 含量较少,熔池中存在过量的 V 和 N 原子重新结合形成 VN。另外,由于熔池中存在部分未熔化 VN 合金颗粒及原位合成的 TiN 和 VC 复合物颗粒,重新合成的 VN 依附于已存在颗粒形核生长所需的功更小,因此,重新结合形成的 VN 依附于未完全熔化的 VN 合金颗粒和原位合成的 TiN 和 VC 复合物颗粒形核和长大。另外,在激光熔覆过程中,少量大颗粒的 VN 合金部分被熔化,而剩余的部分作为强化相颗粒存在于合金涂层中,细化了合金涂层的组织。

图 5-18 为添加 4.8%Ti 的 TiN-VC 增强 Co 基合金涂层组织的 SEM 形貌。从图 5-18(a)中可以看出,添加 4.8%Ti 的 TiN-VC 增强 Co 基合金涂层中出现四边形和多边形强化相弥散分布于基体上;从图 5-18(b)高倍放大的组织图片中还可以看到,四边形强化相与多边形强化相弥散分布于基体上,多边形强化相与添加 1.2%Ti 的合金涂层中多边形强化相形貌基本一致,结合前面的分析及 XRD 结果可以判断多边形强化相为 VC 和 TiN 的复合物,四边形强化相为原位合成的 TiN。图 5-19 为添加 4.8%Ti 的 TiN-VC 增强 Co 基合金涂层组织中四边形颗粒形貌的 TEM 照片及选区电子衍射花样。通过对图 5-19 中选区电子衍射(SAD)花样的标定可知,四边形颗粒形貌的强化相为面心立方结构的 TiN,与前面的 SEM 形貌分析结果相吻合,进一步证实熔池中 Ti 与 N 元素优先形成 TiN 晶核并长大。

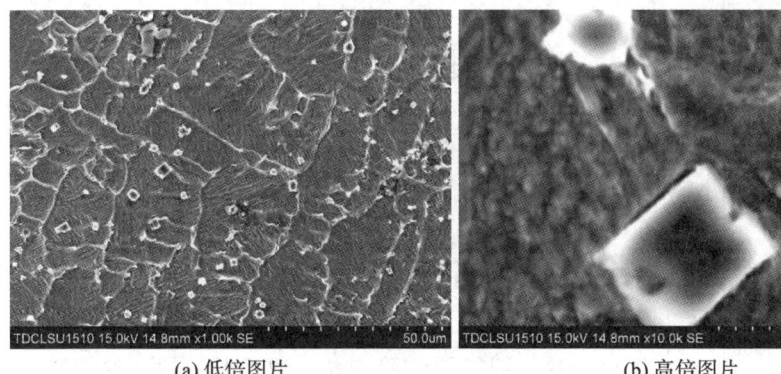

(a) 低倍图片　　　　　　　　　　(b) 高倍图片

图 5-18　添加 4.8%Ti 的 TiN-VC 增强 Co 基合金涂层的 SEM 形貌

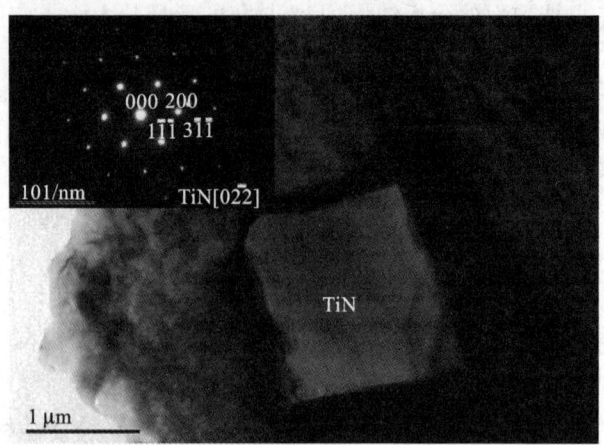

图 5-19   TiN 的 TEM 明场照片和对应的选区衍射斑点(SAD)

在对本试验参数制备的复合涂层相组成检测中,均未发现 TiN、VC 和 Ti 形成的三元共晶相形貌,因此可以认为添加不同 Ti 含量(1.2%、2.4%、4.8% 和 9.6%)的 TiN-VC 增强 Co 基合金涂层熔覆材料成分配比范围内,熔覆材料形成的液相在凝固过程中未出现三元共晶转变。根据前面的分析研究结果,强化相的结晶形核过程呈现典型的凝固析出先后顺序,本研究基于激光熔覆快速凝固过程的特点,借鉴 Ti-N(见图 5-20)、Ti-C(见图 5-21)和 V-C(见图 5-22)二元合金相图,对 Ti 含量 ≤4.8% 的情况下,激光熔覆过程中 Ti-N-V-C 凝固过程进行解释(成分范围如图 5-20、图 5-21 和图 5-22 中虚线以左的区域内所示)。

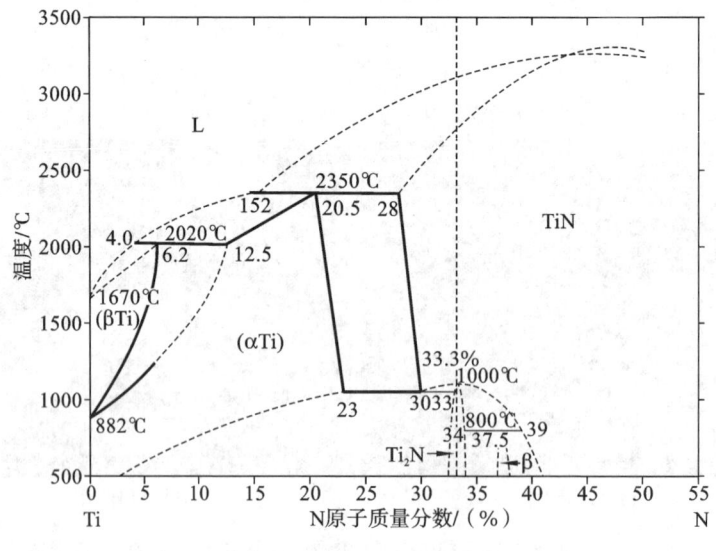

图 5-20   Ti-N 二元合金相图

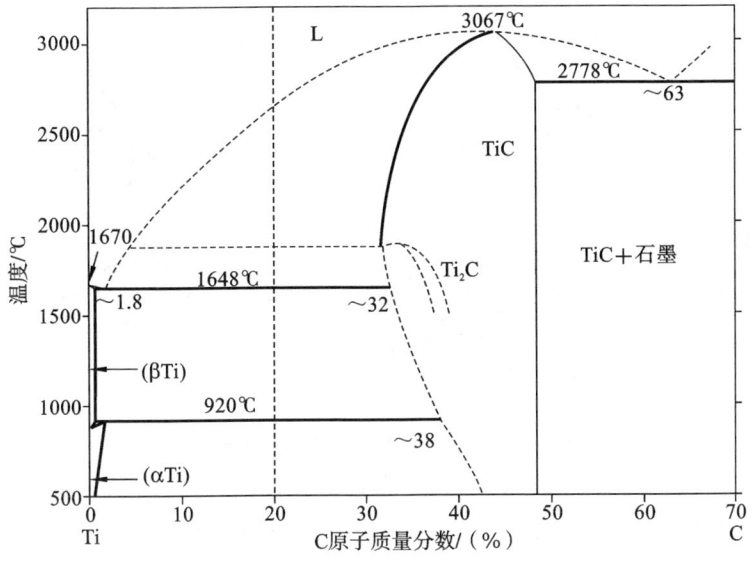

图 5-21 Ti-C 二元合金相图

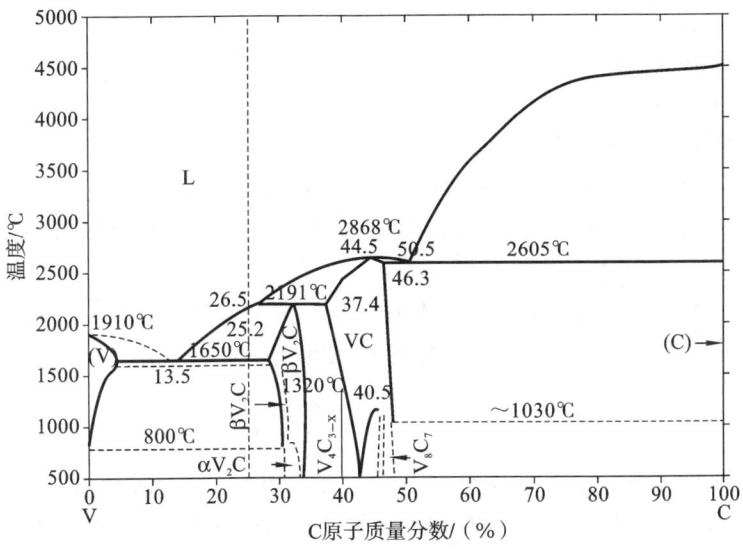

图 5-22 V-C 二元合金相图

(1)当高能激光束经过预置熔覆涂层材料表面时,在高能量激光束的作用下,低熔点 Co 基合金首先熔化形成熔池,随着温度升高,Ti 和 VN 合金相继熔化进入熔池中,如图 5-23(a)和(b)所示。

(2)随后当激光束移开时,Ti-VN 合金-Co 基合金体系熔覆材料形成的熔池进

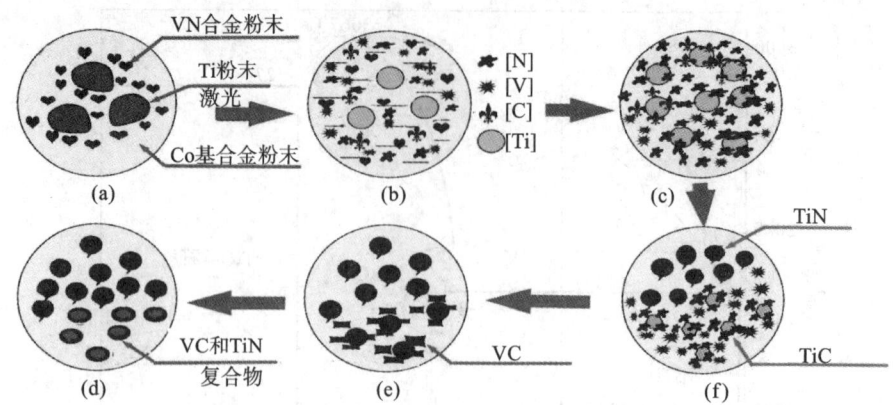

图 5-23　Ti-VN 合金-Co 基合金体系凝固示意图

入凝固结晶阶段。液态熔池凝固过程中,根据热力学分析的结果,TiC 的形核驱动力最大,优先从熔池中形核析出;在 Ti 含量较低的情况下(1.2%),液态金属发生匀晶转变(L→TiC),由于 VN 合金中的 C 含量较少,周围液态金属中没有足够的 Ti 和 C 原子来提供 TiC 长大,因此,析出的 TiC 被周围液相包围,当液态金属与先析出的 TiC 满足包晶转变条件时,液态金属与固相 TiC 发生包晶反应,形成 TiN(L＋TiC→TiN),这种反应属于扩散反应,反应速度相对较慢,如图 5-23(c)和(d)所示。

(3)在形成 TiN 的过程中,TiC 中被置换出的 C 原子扩散进入液相溶液中,造成 TiN 周围液体中出现富 C 现象,而液态溶液中由于 VN 合金的分解而出现大量 V 原子,当 V 和 C 达到形成 VC 的原子比例时,即会形成 VC 晶核(L→VC),如图 5-23(e)所示。

(4)由于 VC 和 TiN 具有相同的晶体学结构和相似的晶格参数,因此,VC 便依附于 TiN 并以较慢的速度包覆在 TiN 表面,形成了 VC-TiN 的壳核结构,如图 5-23(f)所示。

当 Ti 含量较高时(2.4% 和 4.8%),由于 TiC 和 TiN 均具有较高的形核驱动力,且 TiC 形核驱动力大于 TiN,另 VN 合金中 C 含量较少,因此,液相发生匀晶转变(L→TiC,L→TiN),而 TiN 可在未分解的 VN 表层直接形核,或在合金体系中直接反应形核,并从周围的液态溶液中不断吸附 Ti 和 N 原子而长大,形成 TiN 颗粒。新析出的 TiC 与周围液相发生包晶转变形成 TiN(L＋TiC→TiN),随着包晶反应的继续进行,TiN 周围液相中出现了富 C 贫 N 区域,液相中由于 VN 合金的分解导致 V 原子的密度较大,V 原子与 C 原子比例达到形成 VC 原子比例时即形成 VC 晶核,VC 易于以 TiN 作为非均匀形核的质点进行形核和长大(L→VC),最终形成 VC-TiN 的壳核结构,并通过吸收周围液相中的 V 和 C 原子生长成为 TiN-VC 壳核结构的颗粒。另外，从图 5-20 Ti-N 二元相图可知，Ti 与 N 应形成 Ti_2N，然而在本试验中并没有发现 Ti_2N 相，这是由于添加的 Ti 粉末在高能激光束作用下烧损导致。

根据图 5-15 激光熔覆过程中熔池横截面的对流可以看出，熔池表面的液态金属由熔池后部沿逆时针向熔池中心运动，而熔池前部受激光束作用熔化的液态金属则沿顺时针方向向熔池的中后部运动，而熔池底部液态金属的运动十分剧烈。由于 TiN 的密度（$5.43\ g/cm^3$）和 VC 的密度（$5.77\ g/cm^3$）明显低于 Co 基合金的密度（$8.46\ g/cm^3$），另外，由于激光熔覆过程中激光束对熔池产生强烈的搅拌作用，液态金属形成剧烈的对流运动，促使 TiN 和 VC 颗粒上浮到熔池表面，凝固过程中在熔覆层上部结晶并长大。随着熔池凝固的继续进行，熔池中大量低熔点的液态金属 Co 凝固结晶形成 γ-Co 固溶体。在熔池的形成过程中，基体金属上表面受热传递作用的影响熔化，基体金属中的 Fe 等合金元素随之进入熔池，参与反应形成金属间化合物，随后凝固结晶析出。因此，激光熔覆 Ti-VN 合金-Co 基合金体系的最终组织为 γ-Co 基体上弥散分布着的 TiN、VC 和 TiN 壳核结构的混合物及少量其他金属间化合物。

5.7　TiN 和 VC 的生长机制及形貌

激光熔覆合金涂层的使用性能与合金涂层中原位强化相的形态、大小及分布存在着密切关系，因此，本节对合金涂层中强化相的生长机制及形貌进行分析。

1. 强化相的生长机制

合金涂层中原位合成强化相的生长机制与激光束辐射到熔覆材料时所能达到的温度直接相关。根据激光束辐射熔覆材料时所能达到的温度高低，强化相的原位合成机制可分为扩散机制和溶解-析出机制。当激光束的加热温度低于熔覆材料的熔化温度时，强化相的原位合成属于扩散机制；当激光束的加热温度超过熔覆材料的熔化温度时，强化相的原位合成则属于溶解-析出机制。激光熔覆的加热速度较快，较短时间内达到 4000 K 左右，明显高于陶瓷强化相的熔点。根据前面的分析，TiN 强化相是由液态熔池中直接结晶析出，所以 TiN 强化相的原位合成机制属于溶解-析出机制；VC 强化相是由液态熔池中优先结晶析出的 TiC 晶核与周围溶液中的 V 和 N 原子通过置换反应形成，VC 强化相的原位合成机制属于溶解-析出机制和扩散机制共同控制。

对于从溶液中结晶析出的强化相颗粒，一般可以通过 Jackson 公式来判断强化相颗粒的生长方式。Jackson 因子 ψ 可表示为：

$$\psi = \frac{\Delta H_0 \zeta}{\xi T_m \nu} \tag{5-43}$$

式中:ΔH_0——熔化焓;

  ξ——玻尔兹曼常数;

  T_m——材料的熔点;

  ζ——固/液界面上表层原子的配位数;

  ν——原子的配位数。

当 $\psi\leqslant2$ 时液态物质凝固时其固/液界面的微观形貌为粗糙界面;当 $\psi>2$ 时,液态物质凝固时其固/液界面的微观形貌为光滑界面。根据《纯物质热化学数据手册》中的相关数据,计算出 TiN 的 Jackson 因子 ψ 值为 6.36,TiN 具有光滑小平面相生长特征。而 VC 是由液相中优先析出的 TiC 晶体与周围溶液中 N 和 V 原子发生置换反应形成的,根据文献[31],TiC 的 Jackson 因子 ψ 值为 5.7,TiC 具有光滑小平面相生长特征,VC 也具有光滑小平面相生长特征。图 5-24 是强化相 TiN 和 VC 的 SEM 图片。从图 5-24 中可以看出,强化相具有平直棱边的小平面相生长特征,进一步证实了激光熔覆过程中原位合成的 TiN 和 VC 强化相具有光滑小平面相生长特征。激光熔覆过程中熔池的冷却速度可达 $10^3\sim10^6\text{℃/s}$,在快速冷却条件下合金涂层中的强化相 TiN 和 VC 仍呈现小平面相生长特征,说明高的冷却速度并没有促使强化相液/固界面结构形貌由光滑界面转变为粗糙界面。

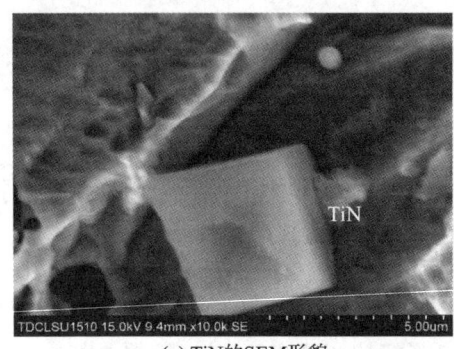
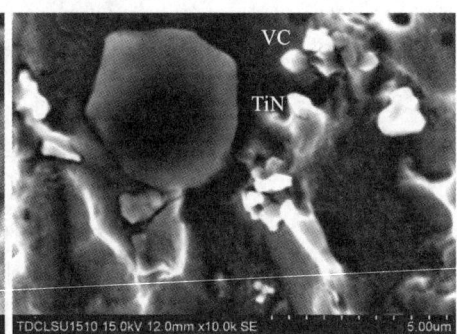

(a) TiN的SEM形貌   (b) TiN和VC复合物的SEM形貌

图 5-24 强化相 TiN 和 VC 的 SEM 图片

根据液态金属的凝固理论,具有光滑界面结构的晶体,因单一原子的依附可以提高表面的自由能,可以经二维形核、借助固/液界面的螺形位错以及孪晶的方式生长。二维形核时首先在平整的相界面上形成二维晶核,然后液相原子沿着二维晶核形成的阶梯位置不断依附,并快速生长铺满整个表面,随着该过程的往复进行,形成合金涂层中强化相的晶体形貌,如图 5-25(a)所示。若光滑界面上存在螺形位错时,则晶体在垂直于位错线的表面呈现出螺旋形的台阶,液态金属中的原子很容易进入并填充台阶,当一个面的台阶被填平后,另一个面出现新的螺旋形台

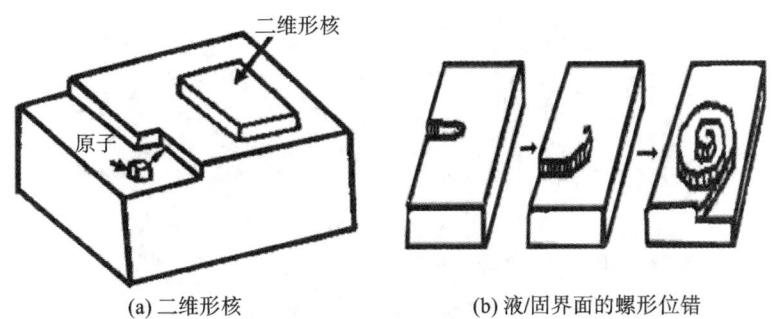

(a) 二维形核   (b) 液/固界面的螺形位错

图 5-25　光滑界面晶体的生长方式

阶,这样就使晶体不断长大,且其长大速率明显高于二维形核,如图 5-25(b)所示。由于在合金涂层组织中未发现孪晶的存在,因此,可以认为强化相 TiN 和 VC 形核后主要以二维形核和借助螺形位错的方式生长。

2. TiN 的形貌

基于前面分析的结果可知,在激光熔池的快速凝固过程中,TiN 首先从液态金属溶液中结晶析出,在随后较快的冷却速度条件下,TiN 光滑小平面相形成二维形貌为典型规则的四边形形貌及三维形貌为六面体的晶体,如图 5-26 所示。利用 TEM 对 TiN 的典型形貌进行分析,其 TEM 的形貌选区电子衍射花样如图 5-27 所示,经计算原位合成典型形貌的 TiN 属于面心立方晶体结构点阵,其点阵常数 $a=$ 0.4226 nm。在 TiN 面心立方晶体结构中,过渡族元素 Ti 原子分布于晶胞的八个顶点和六个面心位置,而 N 原子位于各棱边的中点及体心位置,面心立方点阵结构属于高度对称结构,其能量具有各向同性的特点,其密排面为{111},密排方向为

图 5-26　TiN 的典型形貌

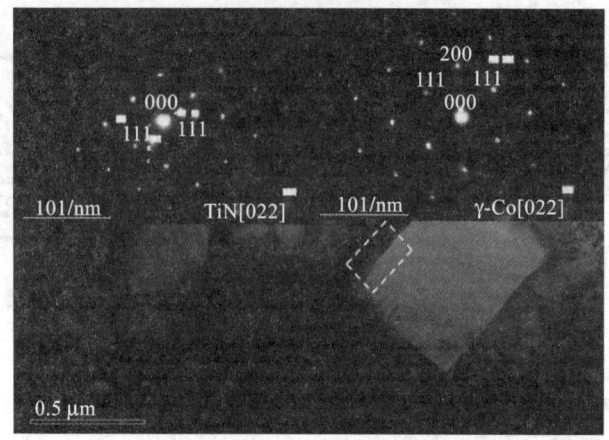

图 5-27　TiN 的 TEM 形貌及对应的衍射斑点

<110>。另外,由图 5-27 可以看出,强化相 TiN 同 Co 基合金基体的界面洁净、光滑平直,证明了强化相 TiN 同 Co 基合金基体形成了优良的结合界面性,这对合金涂层的性能有利。

从图 5-27 中 TiN 颗粒的 TEM 形貌中可以看出,四边形强化相 TiN 周围存在灰黑色的物质,通过对它的 SADP 标定确定为 γ-Co 固溶体。从图 5-27 中 TiN 和 γ-Co 的 SADP 标定可以看出,先析出的 TiN 与周围的 γ-Co 固溶体之间可能存在一定的关系,即 TiN 有可能沿着 γ-Co 固溶体中的固定晶向生长。为了进一步确定 TiN 与 γ-Co 固溶体之间的位相关系,图 5-27 中 TiN 和 γ-Co 界面白色虚线框处的高分辨透射电镜(HRTEM)形貌如图 5-28(a)所示。从图 5-28(b)和(c)中 SADP 的标定结果与图 5-27 中 SADP 的标定结果一致可以确定,先析出的 TiN 与 γ-Co 存在如下的位相关系:$[0\bar{2}2]_{γ\text{-Co}} // [02\bar{2}]_{\text{TiN}}$、$(200)_{γ\text{-Co}} // (\bar{2}00)_{\text{TiN}}$、$(1\bar{1}\bar{1})_{γ\text{-Co}} //$ $(\bar{1}11)_{\text{TiN}}$ 和 $(111)_{γ\text{-Co}} // (\bar{1}\bar{1}\bar{1})_{\text{TiN}}$。γ-Co 在 $(1\bar{1}\bar{1})$ 面的晶面间距 $d=0.203$ nm,强化相 TiN 在 $(\bar{1}11)$ 面的晶面间距为 0.204 nm。γ-Co 与 TiN 的晶格错配度为:

$$\frac{\left| d_{\text{TiN}} - d_{γ\text{-Co}} \right|}{d_{γ\text{-Co}}} = \frac{\left| 0.204 - 0.203 \right|}{0.203} = 0.49\% \tag{5-44}$$

由此可见,γ-Co 与 TiN 的晶格错配度非常小,γ-Co 与 TiN 之间的界面能比较低,说明 TiN 强化相与 γ-Co 基体结合较为牢固。

另外,在 TEM 检测过程中,发现添加 4.8％Ti 的 VN 合金/Co 基合金涂层中存在位错和堆垛层错,堆垛层错平行于强化相 TiN 和 γ-Co 基体的 {200} 的方向,而非密排面 {111},如图 5-29 所示。

在熔池凝固过程中 TiN 优先凝固析出单独形成典型组织形貌的同时,也出现

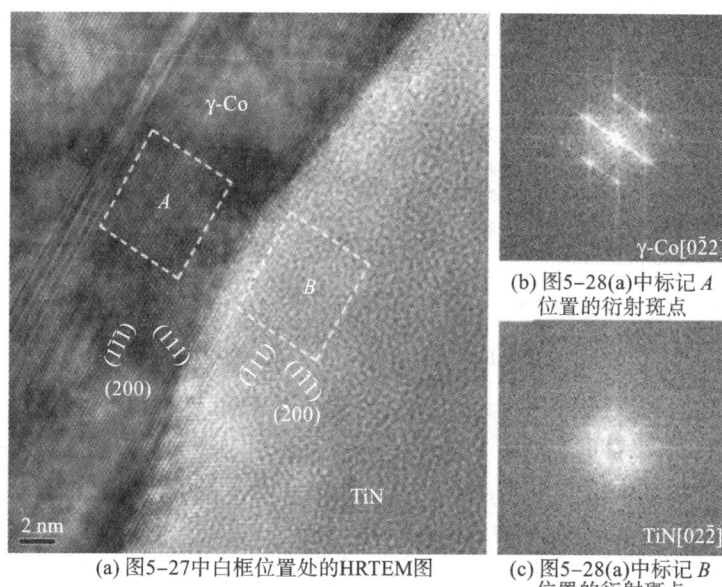

(a) 图5-27中白框位置处的HRTEM图

(b) 图5-28(a)中标记 A 位置的衍射斑点

(c) 图5-28(a)中标记 B 位置的衍射斑点

图 5-28　TiN 与 γ-Co 界面的 HRTEM 像

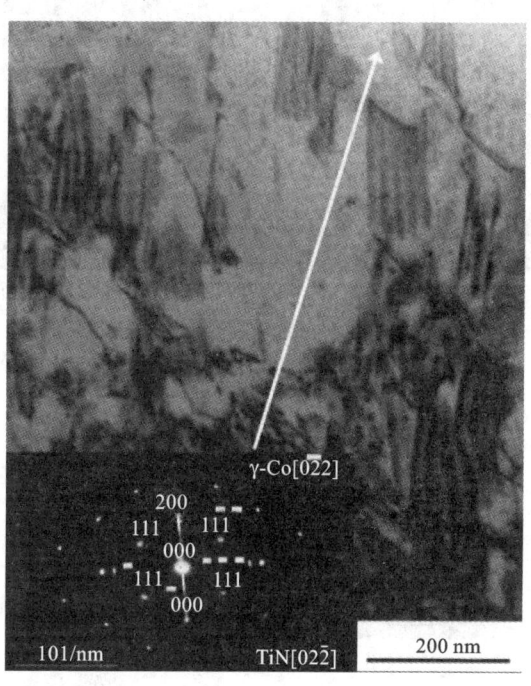

图 5-29　添加 4.8%Ti 的 TiN-VC 增强 Co 基合金涂层中位错和堆垛层错的形貌以及 TiN 和 γ-Co 的衍射斑点

了六面体形貌 TiN 晶体的聚集连接。六面体结构晶体的聚集连接方式包括顶角连接、棱边连接和共面连接(见图 5-30)。

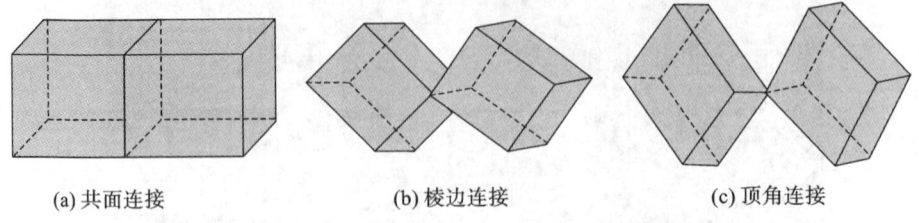

(a) 共面连接　　　　　　(b) 棱边连接　　　　　　(c) 顶角连接

图 5-30　正六面体结构单元的聚集连接方式

　　基于凝固过程,六面体结构晶体的连接需遵循结构的对称性和稳定性原则;晶体结构在聚集过程中各单元原子的相对位置及点阵常数应保持不变,且晶体结构连接时相互之间的成键数量应最多。TiN 晶体结构的聚集连接均满足六面体晶体结构的连接生长方式。因此,TiN 结构单元是按顶角连接、棱边连接和共面连接方式生长,如图 5-31 所示。

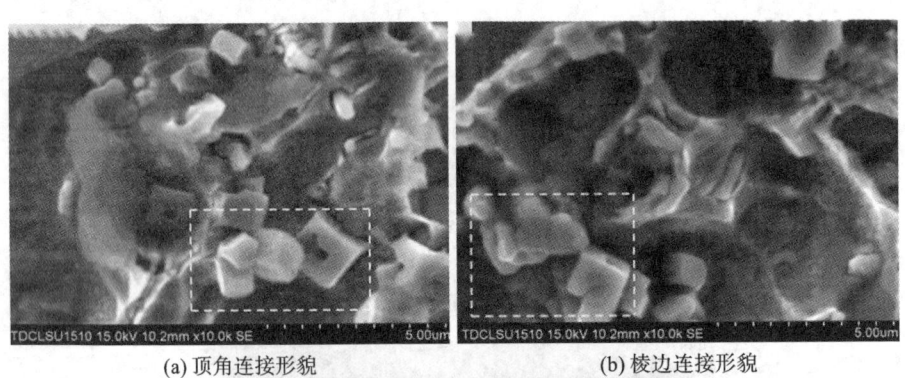

(a) 顶角连接形貌　　　　　　　　　(b) 棱边连接形貌

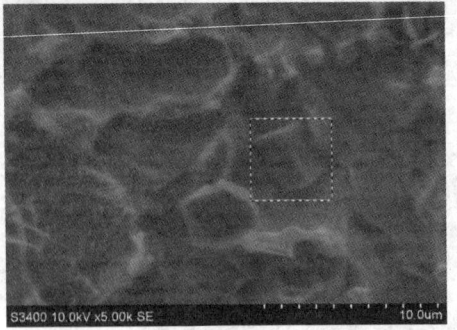

(c) 共面连接形貌

图 5-31　TiN 颗粒聚集生长的 SEM 形貌

3.VC 的生长形貌

根据前面的分析结果可知,VC 通过[V]+[C]——→VC 反应形成 VC 晶核,并依附于置换反应形成的 TiN 周围形成多边形形貌,如图 5-32(a)所示。对图 5-32(a)中多边形颗粒进行 Co、Ti、C、N 和 V 元素的线扫描,结果如图 5-32(b)所示。从元素扫描结果可以看出,外部灰白色多边形颗粒相主要是由 C 和 V 元素组成,而多边形颗粒内部的灰色四边形颗粒相主要是由 Ti 和 N 元素组成。根据前面的分析结果,可以确定外部灰白色的多边形相是 VC,内部灰色的四边形相为 TiN,即 VC 依附于置换反应形成的 TiN 以非自发形核的方式形核,从形核功考虑,这更有利于 VC 形核生长。TiC 与周围溶液中的 N 原子发生置换反应形成 TiN 晶核后,在随后凝固生长过程中不断吸收周围溶液中的 N 原子,同时排出 C 原子,随着 TiN 晶核的生长,周围溶液中出现贫 N 富 C 区。同时由于 VN 合金受热分解出来的 V 原子存在于周围溶液中,当 C 和 V 原子的比例满足 VC 比例关系即依附于 TiN 颗粒形核。当 TiN 被固体 VC 颗粒包围时,N 原子在固相中的扩散比液相慢得多,因此心部 TiN 生长较缓慢。其凝固长大过程如图 5-33 所示。

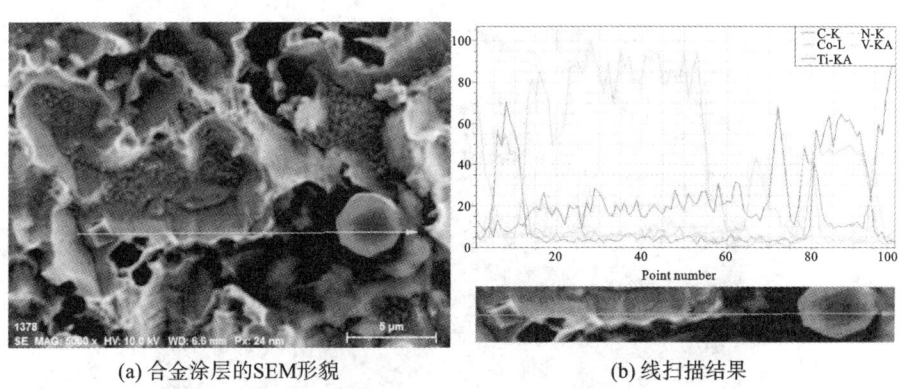

(a)合金涂层的SEM形貌   (b)线扫描结果

图 5-32   TiN-VC 增强 Co 基合金涂层的 SEM 形貌及相应区域的线扫描

图 5-34 为合金涂层中强化相明场 TEM 形貌及对应的选区电子衍射花样。VC 晶体结构类似于 NaCl,属于 B1 型面心立方晶体结构点阵,其晶格常数 $a=$ 0.4174 nm,V 原子占据晶胞中的顶点和面心位置,C 原子处于晶胞中八面体的间隙位置,且 V 和 C 原子站位呈中心对称,无优先生长面或生长方向。从图 5-34 中可知,VC 强化相与周围 γ-Co 基体之间的界面平直光滑,说明无界面反应发生。一般强化相形状与其晶体结构有关,Lua W J 等人研究了 B1 型面心立方结构 TiC 晶体,因 Ti 和 C 原子呈中心对称站位,因此,TiC 晶体无优先生长面及生长方向。TiC 经共晶反应析出时,对称晶面生长速度相同,易于形成等轴晶或近似等轴晶特征的中心对称结构。与本研究原位合成的块状 TiN 和 VC 类似。

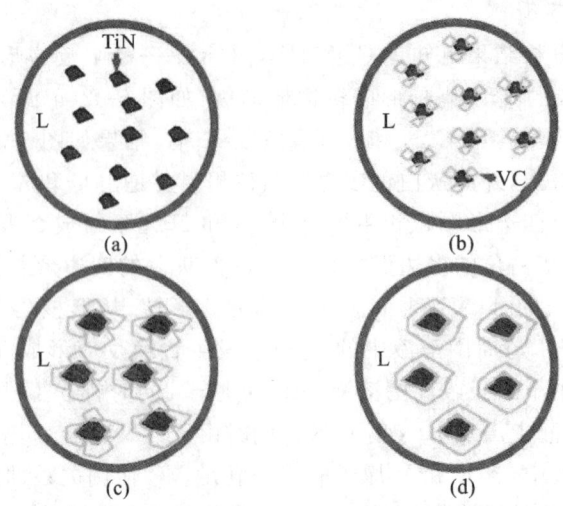

图 5-33 VC 依附 TiN 形核长大过程示意图

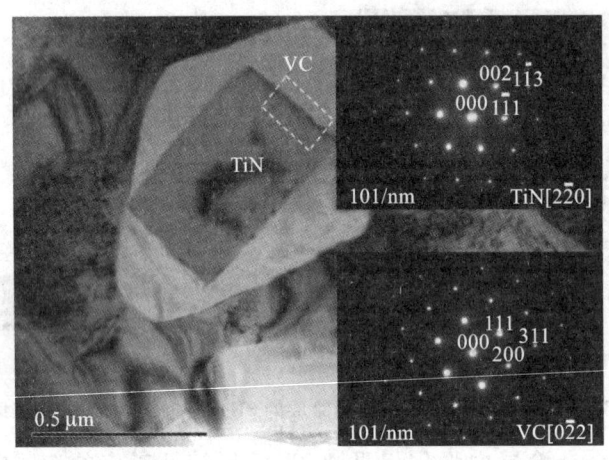

图 5-34 TiN-VC 增强 Co 基合金涂层中强化相的 TEM 形貌及对应的衍射斑点

图 5-35 为合金涂层的透射电镜选区电子衍射谱及其指标化。由图 5-35 可以看出，衍射斑点分别被标定为 γ-Co $[00\bar{4}]$ 和 VC $[\bar{2}\bar{2}4]$，在合金涂层中 VC 强化相与基体 γ-Co 存在 $[00\bar{4}]_{γ\text{-}Co}$ // $[\bar{2}\bar{2}4]_{VC}$、$(200)_{γ\text{-}Co}$ // $(1\bar{1}1)_{VC}$ 的位向关系。

图 5-36 是 TiN 和 VC 界面的高分辨透射电镜形貌及对应的 SADP。从图 5-36 (b) 和 (c) 中 SADP 的标定可以看出，强化相 VC 和 TiN 存在一定的位向关系，即 $[00\bar{4}]_{VC}$ // $[00\bar{4}]_{TiN}$、$(002)_{VC}$ // $(002)_{TiN}$、$(020)_{VC}$ // $(020)_{TN}$ 和 $(220)_{VC}$ // $(220)_{TiN}$。强化相 VC 和 TiN 的错配度为：

图 5-35　TiN-VC 增强 Co 基合金涂层的相结构分析的透射电镜衍射谱及标定

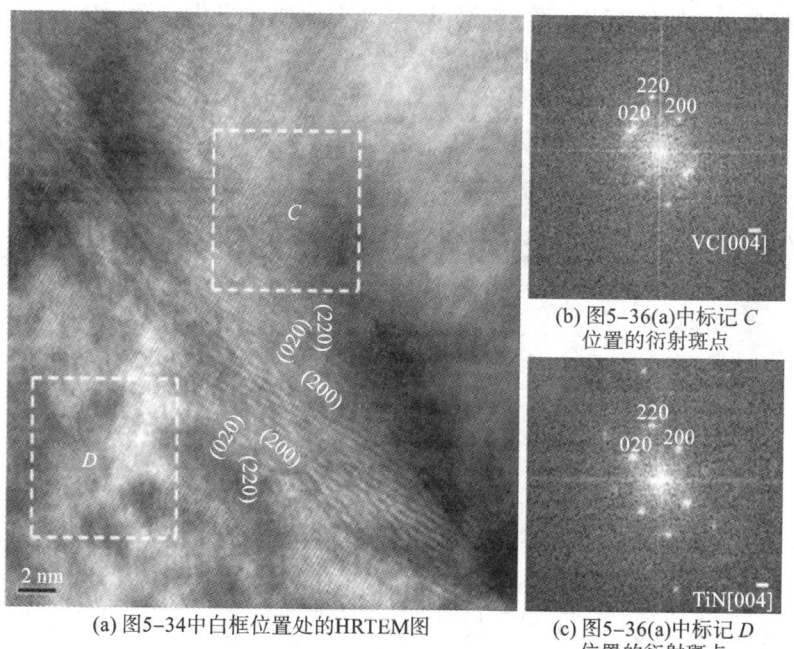

(a) 图5-34中白框位置处的HRTEM图

(b) 图5-36(a)中标记 C 位置的衍射斑点

(c) 图5-36(a)中标记 D 位置的衍射斑点

图 5-36　TiN 与 VC 界面的 HRTEM 像

$$\frac{|d_{TiN} - d_{VC}|}{d_{VC}} = \frac{|0.210 - 0.208|}{0.208} = 0.96\% \tag{5-45}$$

计算结果说明 TiV 和 VC 之间存在半共格关系,且为原子直接结合。

5.8 TiN-VC 增强 Co 基合金涂层显微硬度

金属材料的硬度是衡量其软硬程度的一项重要指标,表征材料抵抗弹性变形、塑性变形和破坏的能力,通常也被视为衡量材料耐磨性能的重要标准。激光熔覆 TiN-VC 增强 Co 基合金涂层显微硬度主要取决于合金涂层内高硬度强化相的数量及其分布。本小节主要分析 Ti 含量及时效处理对激光熔覆 TiN-VC 增强 Co 基合金涂层显微硬度的影响趋势。

5.8.1 Ti 含量对合金涂层显微硬度的影响

图 5-37 为添加 Ti 的 TiN-VC 增强 Co 基合金涂层的显微硬度分布图。从图 5-37 中可以看出,添加的 Ti 含量为 1.2 %、2.4%、4.8% 和 9.6% 时,合金涂层的平均显微硬度分别为 488.36 $HV_{0.5}$、507.63 $HV_{0.5}$、525.47 $HV_{0.5}$ 和 550.54 $HV_{0.5}$。从上面的数据可知,与 VN 合金增强 Co 基合金涂层的平均显微硬度相比,添加 Ti 含量为 1.2 %、2.4%、4.8% 和 9.6% 的 TiN-VC 增强 Co 基合金涂层平均显微硬度分别提高了 7.9%、12.2%、16.1% 和 21.6%。这主要归因于以下两个原因:首先,激光熔覆过程中,添加的 Ti 与 VN 合金及 Co 基合金中的元素发生复杂的化学反

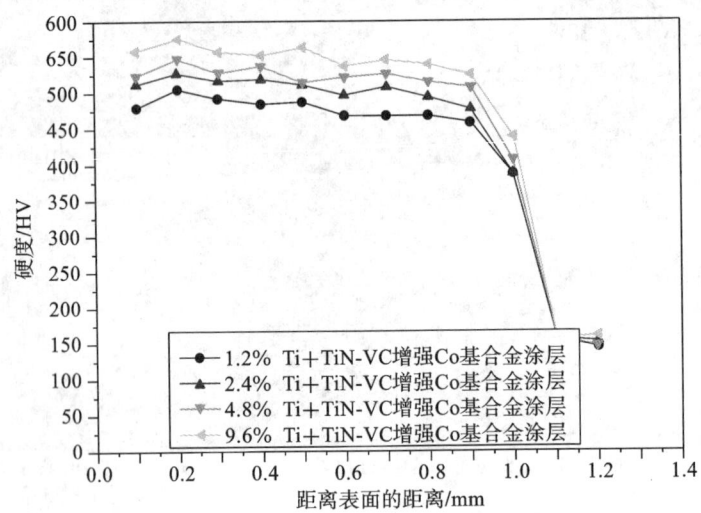

图 5-37   添加 Ti 的 TiN-VC 增强 Co 基合金涂层的显微硬度分布图

应,形成高硬度的 TiN、VC 等金属间化合物,这些高硬度金属间化合物弥散分布于合金涂层中,起到弥散强化和细晶强化作用,提高了合金涂层的显微硬度。其次,由于激光熔覆快速凝固的特点,熔池中大量合金元素来不及析出而保留在 γ-Co 固溶体中起到固溶强化作用,进一步提高了合金涂层的显微硬度。随着 Ti 含量增加,TiN-VC 增强 Co 基合金涂层中反应形成高硬度 TiN 和 VC 等金属间化合物的数量逐渐增加,对合金涂层中的弥散强化、细晶强化和固溶强化作用逐渐增强,逐渐提高合金涂层的显微硬度。

从图 5-37 中还可以看出,添加 Ti 的 TiN-VC 增强 Co 基合金涂层的显微硬度分布(除结合区外)呈锯齿形变化,这主要由于反应形成 TiN 和 VC 等金属间化合物在合金涂层中非均匀分布引起的。另外,随着距离合金涂层表面距离的增加,添加 Ti 的 TiN-VC 增强 Co 基合金涂层的显微硬度分布呈现明显的下降趋势,结合区及附近基体热影响区的显微硬度急剧下降。主要归因于 TiN 和 VC 较低的密度及熔池中液态金属的对流和传质作用,促使凝固过程中反应形成的高硬度 TiN 和 VC 等金属间化合物的数量从合金涂层顶部到底部逐渐减少。另外,基体材料对合金涂层底部的稀释作用进一步降低合金涂层底部的显微硬度。再者,激光熔覆过程中的加热温度明显高于奥氏体的转变温度,基体热影响区中原来的回火马氏体组织发生奥氏体转变,在随后的快速冷却过程中转变形成细小的马氏体组织,提高基体热影响区的显微硬度,因此,结合区及附近的基体热影响区的显微硬度急剧下降,且明显高于基体的显微硬度。

5.8.2 时效处理对合金涂层显微硬度的影响

图 5-38 为时效处理前后添加 4.8％Ti 的 TiN-VC 增强 Co 基合金涂层的显微硬度分布图。从图 5-38 中可以看出,时效处理前的合金涂层的平均显微硬度为 525.47 $HV_{0.5}$,550 ℃、650 ℃和 750 ℃时效处理 3 h 以及 650 ℃时效处理 5 h 后合金涂层的平均显微硬度分别为 478.7 $HV_{0.5}$、502.68 $HV_{0.5}$、566.84 $HV_{0.5}$ 和 545.18 $HV_{0.5}$。根据上面的数据,与时效处理前合金涂层的平均显微硬度相比,550 ℃和 650 ℃时效处理 3 h 后合金涂层的平均显微硬度分别降低了 8.90％和 4.34％,750 ℃时效处理 3 h 以及 650 ℃时效处理 5 h 后合金涂层的平均显微硬度分别提高了 7.87％和 3.75％。时效处理前,添加 4.8％Ti 的 TiN-VC 增强 Co 基合金涂层组织主要是不稳定 γ-Co 过饱和固溶体基体上弥散分布着原位合成的 TiN、VC 等金属间化合物,合金涂层的强化方式是弥散强化、固溶强化和细晶强化,以弥散强化为主。550 ℃和 650 ℃时效处理 3 h 的时效处理温度较低及时间较短,γ-Co 固溶体中脱溶析出的大量溶质原子出现偏析或形成少量 TiN、VC 等金属间化合物,明显降低溶质原子的固溶强化效果,降低合金涂层的显微硬度。另外,550 ℃和 650 ℃时

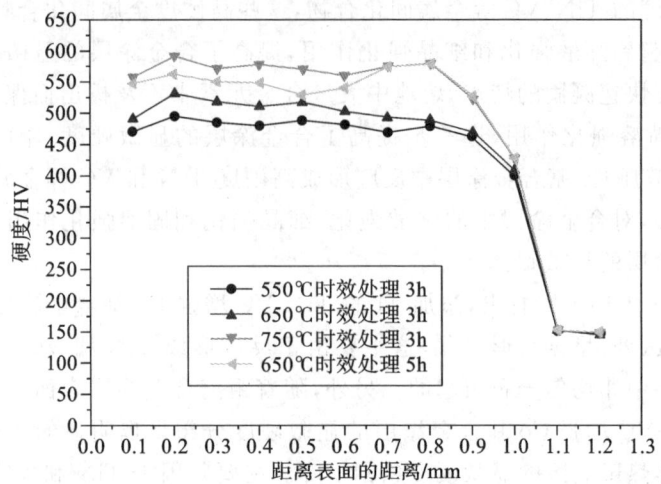

图 5-38 时效处理前后添加 4.8%Ti 的 TiN-VC 增强 Co 基合金涂层的显微硬度分布图

效处理 3 h 后降低了合金涂层的内应力,进一步降低了合金涂层的显微硬度。时效处理温度越高,从 γ-Co 固溶体中脱溶析出的合金元素形成 TiN、VC 等金属间化合物的数量越多,合金涂层的显微硬度越高。因此,650 ℃时效处理 3 h 合金涂层的显微硬度高于 550 ℃时效处理 3 h。

再者,由于 750 ℃时效处理 3 h 及 650 ℃时效处理 5 h 的时效处理温度较高、时间较长,更多 TiN、VC 等金属间化合物析出,明显增强添加 4.8%Ti 的 TiN-VC 增强 Co 基合金涂层的弥散强化作用,提高合金涂层的显微硬度。最后,750 ℃时效处理 3 h 以及 650 ℃时效处理 5 h 过程中 σ-FeV 重新熔入 γ-Co 固溶体中,消除 σ-FeV 相对合金涂层的不利影响,进一步提高了合金涂层的显微硬度。

5.9 TiN-VC 增强 Co 基合金涂层的室温耐磨性能

5.9.1 Ti 含量对合金涂层室温耐磨性能的影响

图 5-39 是添加 Ti 的 TiN-VC 增强 Co 基合金涂层磨损失重图。从图 5-39 中可以看出,添加 Ti 含量为 1.2%、2.4%、4.8%和 9.6%的 TiN-VC 增强 Co 基合金涂层的磨损失重量分别为 10.8 mg、10.0 mg、8.3 mg 和 9.3 mg,即添加 Ti 的 TiN-VC 增强 Co 基合金涂层的磨损失重量均低于未添加 Ti 的 5.0%VN 合金增强 Co 基合金涂层。与未添加 Ti 的 5.0%VN 合金增强 Co 基合金涂层的磨损失重相比,添加 Ti 含量为 1.2%、2.4%、4.8%和 9.6%的合金涂层的磨损失重量分别降低了 3.6%、10.7%、25.9%和 17.0%。上面的结果说明,Ti 对合金涂层耐磨性能的提

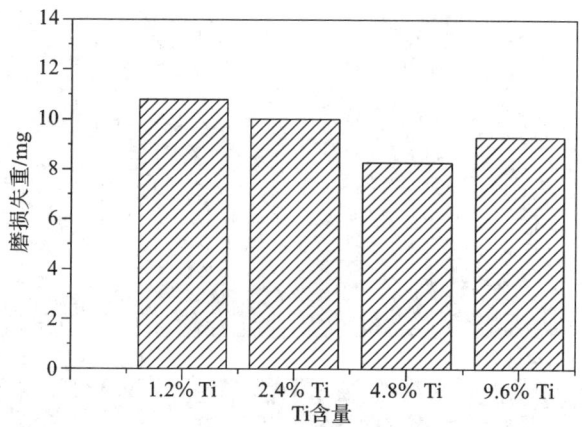

图 5-39　添加 Ti 的 TiN-VC 增强 Co 基合金涂层磨损失重

高是有益处的,然而 Ti 含量并不是越多越好,其有一个最佳值。其他研究人员已有相似的研究报道。

　　Ti 提高 TiN-VC 增强 Co 基合金涂层耐磨性能的原因如下:首先,在高能激光束的照射下,Ti 进入熔池中,与熔池中 V、N、C 等合金元素反应形成 TiN、VC 等金属间化合物颗粒弥散分布在合金涂层中,这些高熔点 TiN 和 VC 质点可作为非均匀形核的核心,增加形核的数量,起到弥散强化和细晶强化作用,提高合金涂层的耐磨性能。其次,由于激光熔覆快速凝固的特点,熔池中大量合金元素在随后的凝固过程中来不及析出固溶于 γ-Co 固溶体中,增强合金涂层的固溶强化作用,进一步提高合金涂层的耐磨性能。当 Ti 含量从 0% 增加到 4.8% 时,从熔池中凝固析出的高熔点 TiN 和 VC 等金属间化合物数量逐渐增多,固溶于 γ-Co 固溶体中的合金元素数量也越多,逐渐提高合金涂层的耐磨性能。

　　当 Ti 含量增加到 9.6% 时,合金涂层耐磨性能有所下降主要是因为:首先,熔池凝固过程中形成的高熔点 TiN、VC 等金属间化合物颗粒数量明显增多,这些金属间化合物弥散分布于熔池中,阻碍液态金属的流动,促使熔池中合金元素出现偏析现象,降低合金涂层的耐磨性能。其次,熔池中过多的 Ti 与 Co 元素结合形成低熔点的 Co_3Ti 韧脆相,降低合金涂层的耐磨性能。另外,过多量 Ti 的添加,熔覆层中出现颗粒团聚现象,进一步降低合金涂层的耐磨性能。

　　图 5-40 是添加 Ti 的 TiN-VC 增强 Co 基合金涂层磨损表面的 SEM 形貌。从图 5-16(b) 中可以看出,添加 Ti 的 TiN-VC 增强 Co 基合金涂层的磨损表面相对光滑,出现少量窄而浅的犁沟,如图 5-40(a) 所示。其主要原因如下:添加的 Ti 与 VN 合金原位合成高硬度的 TiN 和 VC 颗粒,弥散分布在合金涂层中,起到弥散强化和细晶强化的作用,同时也对 Co 基体起到钉扎强化作用,增加摩擦副对磨过程中对

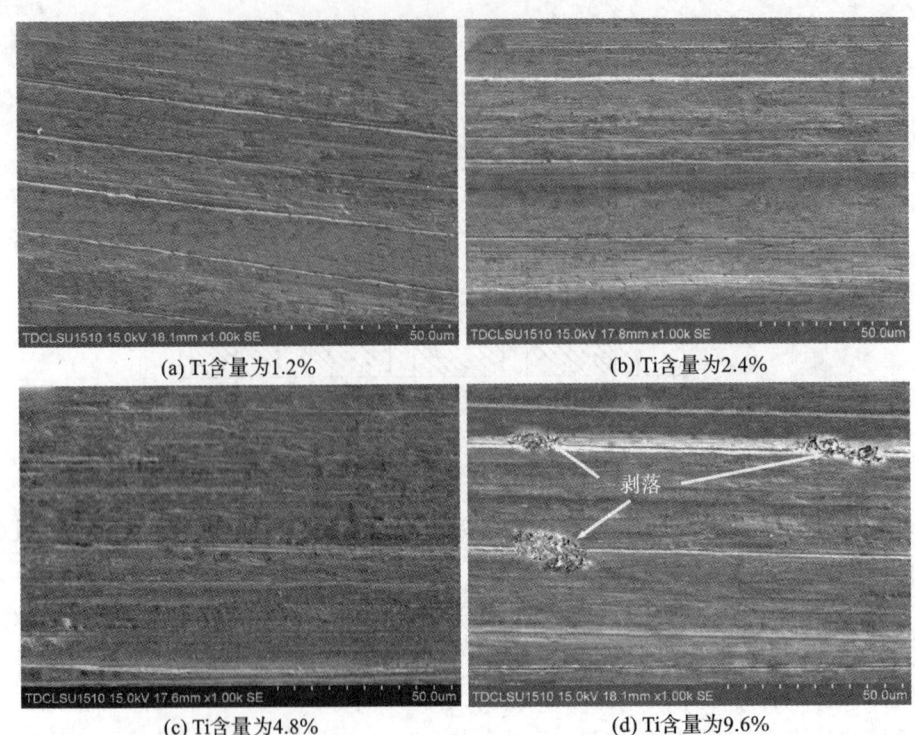

(a) Ti含量为1.2%　　　　　　　　(b) Ti含量为2.4%

(c) Ti含量为4.8%　　　　　　　　(d) Ti含量为9.6%

图 5-40　添加 Ti 的 TiN-VC 增强 Co 基合金涂层磨损表面的 SEM 形貌

磨环的摩擦阻力。因此,在合金涂层与对磨环对磨过程中,对磨环上尖锐的 WC 硬质颗粒很难压入合金涂层表面产生很深的犁削作用,仅能通过摩擦副之间反复的相互显微切削和刮擦作用在合金涂层表面形成窄而浅的犁沟,同时对磨损表面起到一定抛光作用。随着 Ti 含量增加,合金涂层中弥散分布高硬度 TiN 和 VC 颗粒的数量增多,对合金涂层表面起到更强的支撑、强化和钉扎作用,因此合金涂层磨损表面的犁沟更窄而浅、表面更加光滑,如图 5-40(b)和(c)所示。

当 Ti 含量增加到 9.6% 时,TiN-VC 增强 Co 基合金涂层磨损表面出现少量稍微深而宽的犁沟和剥落坑,如图 5-40(d)所示。这主要是因为过量的 Ti 与 VN 合金及 Co 基合金反应形成较多高硬度的 TiN、VC 等金属间化合物弥散分布在合金涂层中,降低高硬度 TiN 和 VC 等金属间化合物与韧性 γ-Co 基体之间的结合力。在对磨环与合金涂层对磨过程中,硬度较低的 γ-Co 基体材料优先从磨损表面被磨损掉,使磨损面上高硬度的 TiN、VC 等金属间化合物承受摩擦力作用,在摩擦副反复对磨过程中,TiN、VC 等金属间化合物与合金基体之间的结合力进一步下降,当摩擦副作用于 TiN、VC 等硬质金属间化合物上的摩擦力超过其与合金基体的结合力时,对磨环上 WC 颗粒及合金涂层中高硬度的 TiN 和 VC 等金属间化合物颗粒出现断裂、剥落,形成剥落坑。这些断裂或剥落的高硬度颗粒进入磨损系统中作为三体磨粒,又会促使合金涂层中出现稍深而宽的犁沟。由于 TiN 和 VC 强化相是原位合成的,与 γ-Co 基体表面具有良好的结合性能和干净平直的界面,因此,熔覆层磨损表面颗粒剥落的现象不会很严重。

经过上述的分析可知,当 Ti 含量不高于 4.8%时,TiN-VC 增强 Co 基合金涂层的磨损机理是典型的磨粒磨损特征;而 Ti 含量为 9.6%时,合金涂层的磨损机理是由磨粒磨损和疲劳磨损共同作用。

为了进一步阐明添加 Ti 的 TiN-VC 增强 Co 基合金涂层表面与对磨环表面激光熔覆 WC$_P$/Ni 基合金涂层在对磨过程中磨屑的形成过程,建立了磨屑形成过程模型,如图 5-41 所示。磨屑的形成过程采用摩擦磨损中的剥层理论进行阐明。

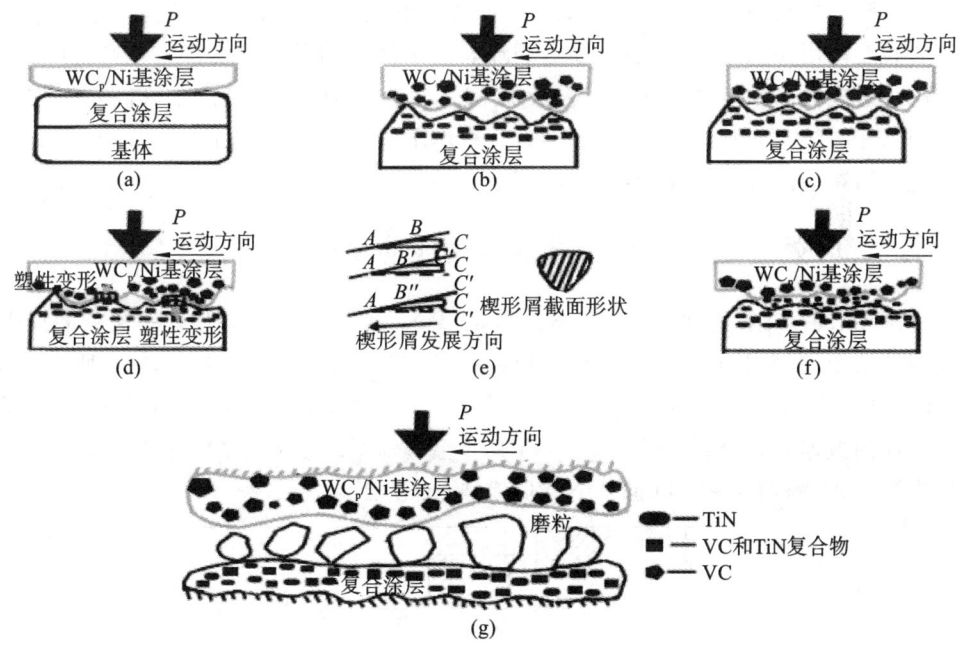

图 5-41 磨屑的形成过程

(1)在外部载荷作用下,磨损开始时,添加 Ti 的 TiN-VC 增强 Co 基合金涂层表面与对磨环上的 WC$_P$/Ni 基合金涂层表面直接接触,两表面的相互接触实际上是表面上微凸体的接触,如图 5-41(a)和(b)所示。

(2)添加 Ti 的 TiN-VC 增强 Co 基合金涂层表面存在大量高硬度的 TiN 和 VC 颗粒相,对磨环表面 WC$_P$/Ni 基合金涂层表面也存在较高硬度的 WC 颗粒,在摩擦副相互磨损过程中对磨环上尖锐的 WC 颗粒及合金涂层表面上尖锐的 TiN 和 VC 颗粒容易在磨损表面上发生相互嵌入现象,如图 5-41(c)所示。

（3）存在高硬度硬质颗粒相互嵌入的区域，在外部载荷作用下该区域形成二体磨粒磨损，该区域磨损表面容易出现擦伤或轻微犁沟痕迹及塑性变形，如图 5-41（d）所示。

（4）在发生擦伤或轻微犁沟及塑性变形的区域，摩擦副在外部载荷作用下发生相对运动，由于嵌入两磨损表面的硬质颗粒发生平行于磨损表面的滑移，在磨损表面的滑移方向上便会出现楔形长条状脱落而形成磨屑，如图 5-41（e）所示。

（5）在摩擦副的相互磨损过程中，磨损表面上也会产生对磨环上高硬度的 WC 颗粒及合金涂层表面高硬度的 TiN 和 VC 颗粒断裂或脱落而形成的磨屑，当磨屑的产生量相对较多时，便会在磨损表面的相互接触区域聚集，形成三体磨粒磨损，如图 5-41（f）和（g）所示。

摩擦副在磨损过程中形成的高硬度颗粒状磨屑在封闭的三体摩擦体系中充当硬质磨粒作用，使合金涂层表面和对磨环表面出现犁沟及塑性变形；当合金涂层表面反应形成的高硬度 TiN 和 VC 等金属间化合物的数量较多时，金属间化合物颗粒与基体的结合力减弱，在外部摩擦力反复作用下，少量高硬度的 TiN、VC 等金属间化合物颗粒出现断裂和剥落，形成剥落坑。

5.9.2 时效处理对合金涂层耐磨性能的影响

图 5-42 为时效处理后添加 4.8％Ti 的 TiN-VC 增强 Co 基合金涂层的磨损失重图。从图 5-42 中可以看出，合金涂层在 550 ℃、650 ℃、750 ℃时效处理 3 h 和 650 ℃时效处理 5 h 后的磨损失重分别为 9.9 mg、9.2 mg、7.6 mg 和 7.8 mg。基于上面的数据，与未添加 Ti 的 5.0％VN 合金增强 Co 基合金涂层时效处理前的磨损失重相比，添加 4.8％Ti 的 TiN-VC 增强 Co 基合金涂层 550 ℃和 650 ℃时效处

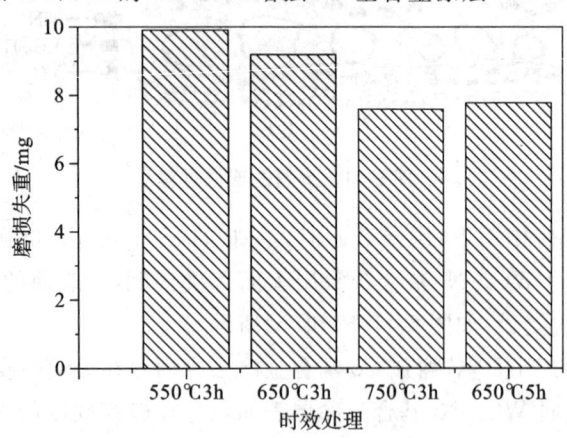

图 5-42　时效处理后添加 4.8％Ti 的 TiN-VC 增强 Co 基合金涂层的磨损失重

理 3 h 的磨损失重分别提高了 19.3％ 和 10.8％,750 ℃时效处理 3 h 及 650 ℃时效处理 5 h 后合金涂层的磨损失重分别降低了 8.4％ 和 6.0％。这是因为合金涂层耐磨性能与其硬度存在密切关系,一般来说,合金涂层硬度越高,耐磨性能越好,磨损失重量越小。

为了阐明时效处理后添加 4.8％Ti 的 TiN-VC 增强 Co 基合金涂层的磨损机理,添加 4.8％Ti 的 TiN-VC 增强 Co 基合金涂层时效处理后磨损表面的 SEM 形貌如图 5-43 所示。从图 5-43(a)和(b)中可以看出,550 ℃和 650 ℃时效处理 3 h,添加 4.8％Ti 的 TiN-VC 增强 Co 基合金涂层的磨损表面出现更多较宽而深的犁沟。原因如下:首先,时效处理过程中,大量合金元素从 γ-Co 过饱和固溶体中析出,降低合金元素的固溶强化作用,降低合金涂层的耐磨性能。其次,时效处理过程中,合金涂层中位错密度降低,进一步降低合金涂层的耐磨性能。

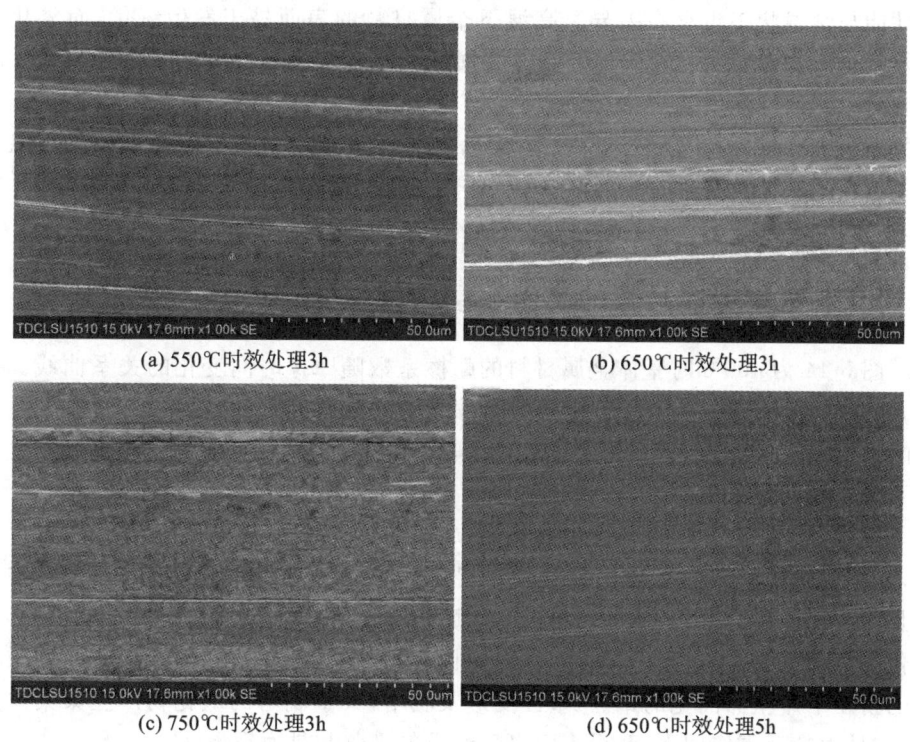

(a) 550℃时效处理3h   (b) 650℃时效处理3h

(c) 750℃时效处理3h   (d) 650℃时效处理5h

图 5-43　添加 4.8％Ti 的 TiN-VC 增强 Co 基合金涂层时效处理后磨损表面的 SEM 形貌

750 ℃时效处理 3 h 及 650 ℃时效处理 5 h 后,添加 4.8％Ti 的 TiN-VC 增强 Co 基合金涂层出现更少量窄而浅的犁沟,磨损表面更加光滑,如图 5-43(c)和(d)所示。原因如下:一方面,随着时效处理温度和时间增加,合金涂层组织更加均匀,内应力更完全地被释放,增强了合金涂层的韧性,提高了合金涂层的耐磨性能。另一方面,由于时效处理温度和时间增加,合金涂层中析出的 TiN 和 VC 等金属间化合物的数量增多,增加了合金涂层的硬度,进一步提高了合金涂层的耐磨性能。另外,时效处理过程中,σ-FeV 相重新熔入 γ-Co 固溶体,消除 σ-FeV 硬脆相对合金涂层的负面影响。一般来说,合金涂层硬度越高,它的耐磨性能就越好。基于上述分析结果,时效处理后添加 4.8%Ti 的 TiN-VC 增强 Co 基合金涂层的磨损机理仍为磨粒磨损。

5.10 TiN-VC 增强 Co 基合金涂层的高温耐磨性能

在高温状态下,金属材料微观晶格因能量增加而易于发生位错与滑移,导致其机械性能产生变化,容易发生塑性变形,强度降低,因此高温状态下金属材料的耐磨性能与常温状态也存在差异。高温下金属材料的表面易于发生氧化,而氧化程度及氧化产物对金属材料表面的摩擦磨损性能产生较大的影响。摩擦系数是反映金属材料耐磨性能的重要指标,其与摩擦副、接触形式、载荷及温度因素存在着密切关系。在摩擦副、接触形式及载荷确定的情况下,金属材料的摩擦系数仅与温度相关。在不同温度条件下,高温磨损试样选用的是基体金属材料、未添加 Ti 的 5.0%VN 合金增强 Co 基合金涂层和添加 4.8%Ti 的 TiN-VC 增强 Co 基合金涂层。

5.10.1 基体金属材料的高温耐磨性能

图 5-44 为 400℃时基体金属材料的摩擦系数随摩擦时间变化的关系曲线。从图 5-44 中可以看出,基体金属材料的摩擦系数平均值超过 1.0,另外,基体金属材料的磨损失重量约为 327.6 mg。这主要是 400 ℃时基体金属材料的强度和硬度显著下降造成的。

图 5-45 为 400℃时基体金属材料磨损表面的 SEM 形貌。从图 5-45 中可以看到,基体金属材料表面呈现出深而宽的犁沟,严重的塑性变形、剥落和黏附现象。这是因为在此温度下,基体金属材料的硬度显著下降,磨损表面出现严重氧化形成氧化膜,在摩擦磨损过程中,基体金属材料表面的脆性氧化膜在摩擦副表面硬质颗粒的挤压下产生深而宽的犁沟、塑性变形及剥落,大量剥落的氧化物产生聚集及焊合,在外力的反复作用下,磨损表面出现严重的剥落和黏附现象。

5.10.2 Ti 含量对合金涂层高温耐磨性能的影响

图 5-46 为 400℃时未添加 Ti 的 5.0%VN 合金增强 Co 基合金涂层和添加 4.8%Ti 的 TiN-VC 增强 Co 基合金涂层的摩擦系数随摩擦时间变化的关系曲线。从图 5-46 中可以看出,两种合金涂层的摩擦过程均由两个阶段构成:磨合阶段和稳

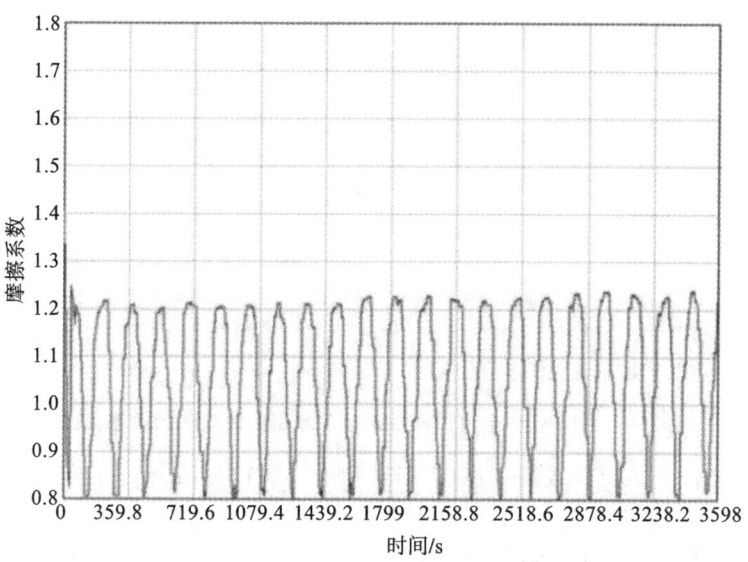

图 5-44　400 ℃时基体金属材料的摩擦系数随摩擦时间变化的关系曲线

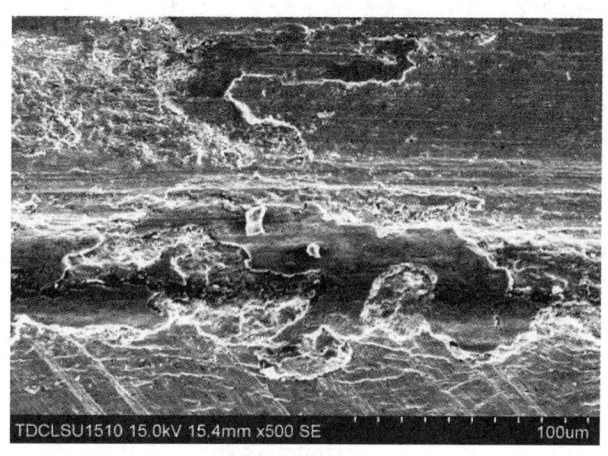

图 5-45　400 ℃时基体金属材料磨损表面的 SEM 形貌

定摩擦阶段。磨合阶段是摩擦副初始接触表面微凸体的接触,需要较大的力才能滑动,摩擦较为剧烈,摩擦系数波动幅度较宽。随着摩擦的继续进行,摩擦副接触位置因微凸体的磨损和塑性变形而较为光滑,摩擦系数明显下降,从而进入到稳定摩擦阶段。在稳定摩擦阶段,摩擦副的接触表面经过多次相互接触,摩擦较为稳定,摩擦系数趋于平稳。

　　另外,与未添加 Ti 的 5.0％VN 合金增强 Co 基合金涂层相比,添加 4.8％Ti 的 TiN-VC 增强 Co 基合金涂层的摩擦系数较低,磨合阶段相对较长,这主要是由

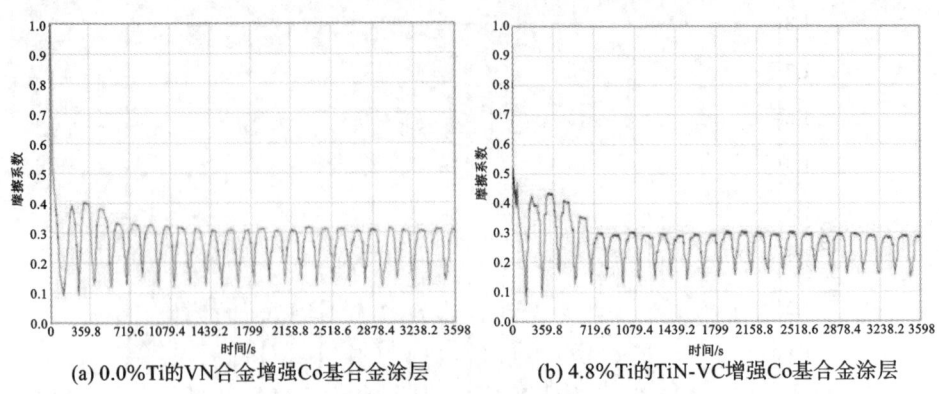

(a) 0.0%Ti的VN合金增强Co基合金涂层　　　　(b) 4.8%Ti的TiN-VC增强Co基合金涂层

图 5-46　400 ℃合金涂层摩擦系数随摩擦时间变化的关系曲线

于 Ti 与 VN 合金原位合成高硬度的 TiN 和 VC 颗粒弥散分布于合金涂层中起到了弥散强化和细晶强化的作用，提高了合金涂层的耐磨性能。

图 5-47 为 400℃时未添加 Ti 的 5.0％VN 合金增强 Co 基合金涂层和添加 4.8％Ti 的 TiN-VC 增强 Co 基合金涂层的磨损失重。从图 5-47 中可知，未添加 Ti 的 5.0％VN 合金增强 Co 基合金涂层的磨损失重量为 16.2 mg，而添加 4.8％Ti 的 TiN-VC 增强 Co 基合金涂层的磨损失重量仅为未添加 Ti 的 5.0％TiN-VC 增强 Co 基合金涂层的 3/4，意味着 Ti 能够改善合金涂层高温耐磨性能。这是因为合金涂层中高硬度 TiN 和 VC 的形成及添加 4.8％Ti 的 TiN-VC 增强 Co 基合金涂层具有良好的抗高温氧化性能。

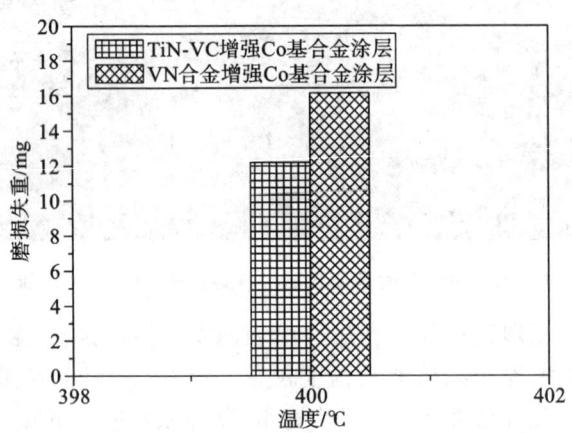

图 5-47　400 ℃合金涂层的磨损失重

图 5-48 为 400 ℃时未添加 Ti 的 5.0％VN 合金增强 Co 基合金涂层和添加 4.8％Ti 的 TiN-VC 增强 Co 基合金涂层磨损表面的 SEM 形貌。从图 5-48(a)中可

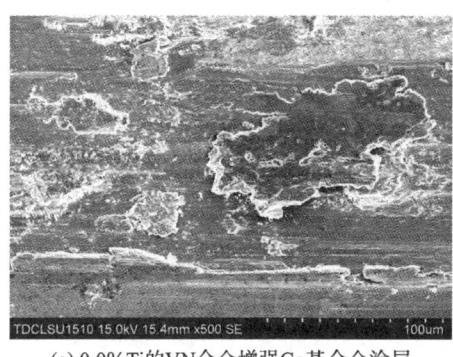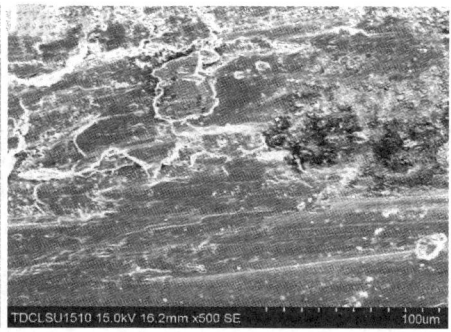

(a) 0.0%Ti的VN合金增强Co基合金涂层　　　(b) 4.8%Ti的TiN-VC增强Co基合金涂层

图 5-48　400 ℃合金涂层磨损表面的 SEM 形貌

以看到,未添加 Ti 的 5.0％VN 合金增强 Co 基合金涂层磨损表面出现较为严重的剥落和黏着,以及少量窄而浅的犁沟和塑性变形。这是因为摩擦磨损过程中,摩擦副接触面温度逐渐升高,合金涂层的硬度进一步降低,其摩擦表面氧化较为严重,降低摩擦过程中合金涂层表面的摩擦阻力。在摩擦磨损过程中,合金涂层表面脱落的硬质颗粒发生聚集形成较多磨粒,加剧合金涂层表面的磨损,出现较多犁沟和层片状剥落,而这些剥落颗粒在磨损球挤压力作用下填补摩擦表面出现的犁沟并黏附于表面。添加 4.8％Ti 后,Ti 与 VN 合金原位合成具有良好高温稳定性的高硬度 TiN 和 VC 颗粒,弥散分布于合金涂层中,起到弥散强化和细晶强化作用,提高合金涂层的高温耐磨性能,因此,添加 4.8％Ti 的 TiN-VC 增强 Co 基合金涂层表面的塑性变形、犁沟、层状剥落和黏附现象减轻。两种合金涂层磨损机理均为以磨粒磨损和黏着磨损为主,以氧化磨损为辅。

5.10.3　温度对合金涂层高温耐磨性能的影响

图 5-49 为在不同温度下添加 4.8％Ti 的 TiN-VC 增强 Co 基合金涂层的摩擦系数随摩擦时间变化的关系曲线。从图 5-49 中可以看出,随着摩擦环境温度在 20～600 ℃范围内升高,合金涂层的磨合阶段逐渐缩短,摩擦更快进入到稳定阶段。这主要是因为:高温使合金涂层表面的硬度降低,更容易发生塑性变形,摩擦过程中合金涂层接触表面的微凸体发生相对运动的摩擦力阻力减小,摩擦副在摩擦开始不久便较快地进入稳定阶段。

图 5-50 为添加 4.8％Ti 的 TiN-VC 增强 Co 基合金涂层稳定阶段平均摩擦系数随温度的变化关系。从图 5-50 中可以看出,在 20～600 ℃范围内随着摩擦环境温度的升高,添加 4.8％Ti 的 TiN-VC 增强 Co 基合金涂层稳定阶段的平均摩擦系数先增加后降低,当摩擦环境温度为 400 ℃时,合金涂层的摩擦系数最大。这主要

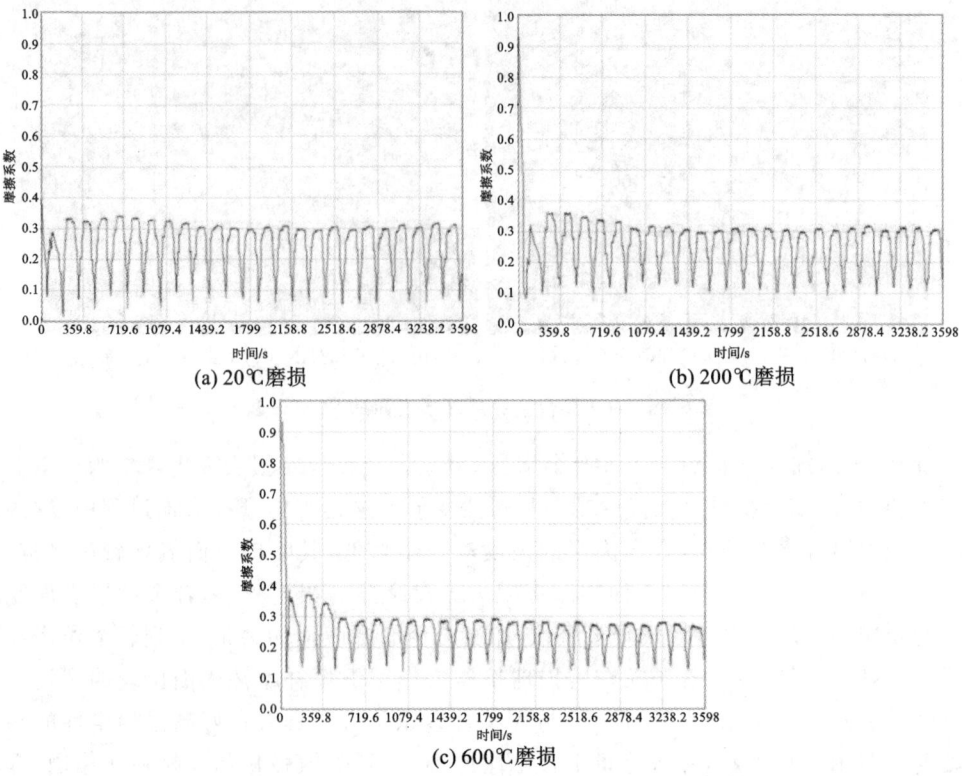

(a) 20℃磨损　　　　　　　　　(b) 200℃磨损

(c) 600℃磨损

图 5-49　不同温度范围内添加 **4.8％Ti** 的 TiN-VC 增强 Co 基合金涂层
摩擦系数随摩擦时间变化的关系曲线

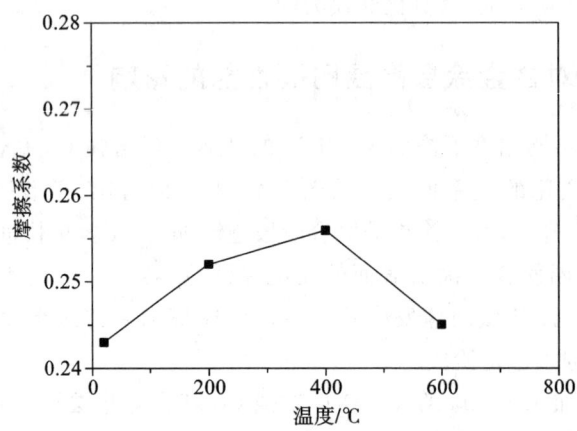

图 5-50　不同温度下添加 **4.8％Ti** 的 TiN-VC 增强 Co 基合金涂层
稳定阶段平均摩擦系数随温度的变化关系

是因为:随着摩擦过程中大量摩擦热的产生,摩擦接触表面温度迅速升高,摩擦表面发生氧化现象,当摩擦环境温度较低时,合金涂层摩擦接触表面发生轻微氧化,随着温度的增加,合金涂层摩擦接触表面的氧化程度增加,摩擦过程中合金涂层表面存在黏附,增大对磨球的摩擦阻力,促使合金涂层的摩擦系数增加;随着摩擦环境温度继续增加到 400 ℃,合金涂层表面氧化较为严重,摩擦过程中存在严重的黏附现象,进一步增大合金涂层的摩擦系数;当摩擦环境温度增加到 600 ℃时,合金涂层表面的硬度进一步降低,更易于发生塑性变形,以及摩擦接触表面氧化更为严重,合金涂层表面形成更多氧化物,这些氧化物紧密依附在合金涂层磨损表面起到一定润滑作用,能降低摩擦副接触面积及接触点的临界剪切应力,阻止黏着磨损的发生,这有利于降低高温下合金涂层的摩擦系数。

图 5-51 为添加 4.8％Ti 的 TiN-VC 增强 Co 基合金涂层在 20～600 ℃范围内的磨损失重。从图 5-51 中可知,当摩擦环境温度从 20 ℃增加到 600 ℃,合金涂层的磨损失重量随着温度增加而先增加后降低。这是由于合金涂层表面的硬度、塑性变形及合金涂层表面氧化形成氧化物引起的。

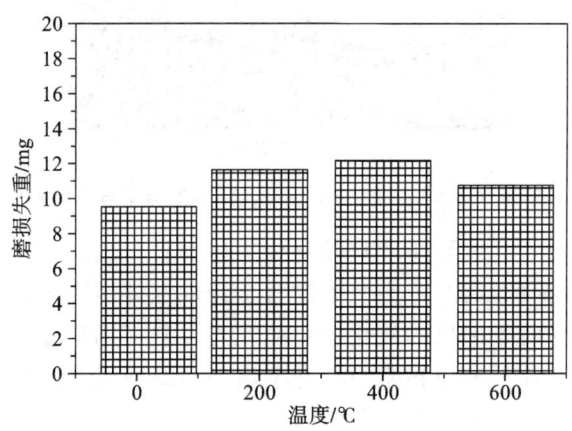

图 5-51 不同温度范围内添加 4.8％Ti 的 TiN-VC 增强 Co 基合金涂层的磨损失重量

为了进一步分析高温下合金涂层的耐磨性能,添加 4.8％Ti 的 TiN-VC 增强 Co 基合金涂层在高温下磨损表面的 SEM 形貌如图 5-52 所示。从图 5-52(a)中可以看出,20 ℃时,合金涂层的磨损表面呈现出浅而窄的犁沟和塑性变形,呈现出典型的磨粒磨损特征。随着摩擦环境温度增加到 200 ℃,合金涂层磨损表面出现少量黏附、塑性变形和较深的犁沟,如图 5-52(b)所示。这主要因为随着温度增加到200 ℃,添加 4.8％Ti 的 TiN-VC 增强 Co 基合金涂层的显微硬度有所降低,合金涂层表面出现少量氧化物,降低摩擦过程中对磨球的摩擦阻力,对磨球表面的微凸体较容易地嵌入合金涂层中,在合金涂层表面犁削出一些磨屑颗粒,这些磨屑颗粒包

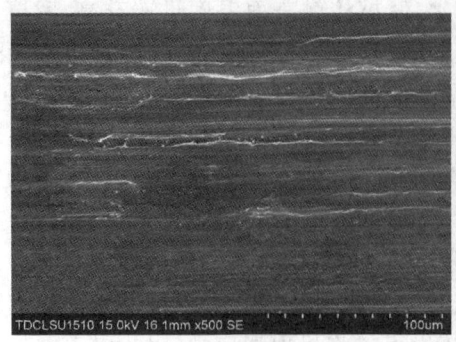

(a) 20℃磨损

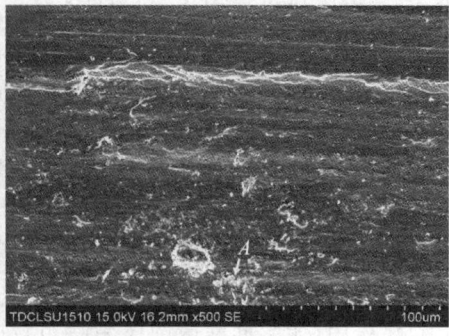

(b) 200℃磨损

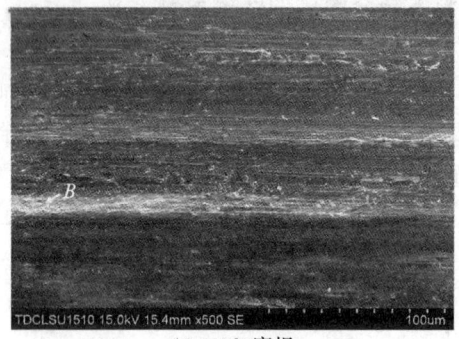

(c) 600℃磨损

图 5-52　不同温度下添加 4.8％Ti 的 TiN-VC 增强 Co 基合金涂层磨损表面的 SEM 形貌

括氧化物和硬质颗粒,这些硬质颗粒转化为三体磨粒,加速合金涂层的磨损,合金涂层表面出现宽而深的犁沟,犁沟两侧的合金涂层在外界应力的挤压作用下产生大量的塑性变形,同时犁削出的氧化物颗粒在外界载荷的反复作用下黏附于合金涂层表面,增加合金涂层的摩擦阻力。合金涂层的磨损机理转变为磨粒磨损和少量黏着磨损。

从图 5-52(c)中可以看到,当摩擦环境温度升高到 600 ℃时,合金涂层磨损表面呈现出严重的塑性变形和窄而浅的犁沟,且磨损表面较为光滑,说明合金涂层表现出优良的耐磨性能。这是因为:首先,添加的 Ti 与 VN 合金原位合成高硬度的 TiN 和 VC 颗粒对合金涂层起到弥散强化和细晶强化作用,提高合金涂层的耐磨性能。其次,随着摩擦副接触表面温度的升高,合金涂层硬度明显降低,降低合金涂层接触表面的摩擦阻力,同时合金涂层表面快速氧化形成 TiO_2 氧化物,因 TiO_2 剪切强度较低,在摩擦过程中起到良好的润滑作用,降低摩擦副的直接接触,避免黏着磨损发生。另外,合金涂层表面形成高硬度的 Cr_2O_3 和 CoO,这些高硬度的氧化物对表面软的 TiO_2 润滑膜起到支撑作用,摩擦过程中对磨球表面上的微凸体不能压入合金涂层表面,在对磨球及其表面微凸体颗粒的挤压作用下,合金涂层的表面产生严重的塑性变形和少量轻微擦伤,仅对磨球对合金涂层表面起到摩擦抛光的作用,在此温度下,添加 4.8%Ti 的 TiN-VC 增强 Co 基合金涂层的磨损机理为磨粒磨损和氧化磨损共同作用。在高温下摩擦副的对磨过程中,合金涂层摩擦表面的温度一般要比摩擦环境温度高出 300 ℃左右,因此合金涂层在 600 ℃时摩擦接触表面处的相组成如图 5-53 所示。

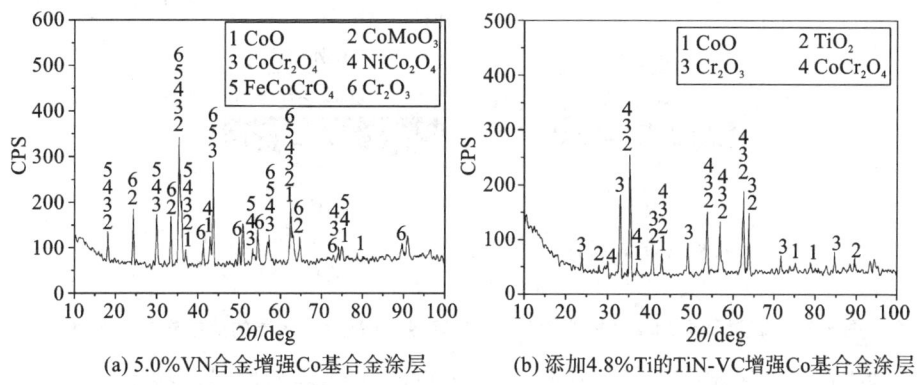

图 5-53　600 ℃时合金涂层磨损表面氧化膜的 XRD 图谱

为了进一步分析不同摩擦环境温度下添加 4.8%Ti 的 TiN-VC 增强 Co 基合金涂层表面的组成成分,利用 EDS 对图 5-52(b)、(c)中 A 和 B 区域进行成分分析,结果如表 5-7 所示。从表 5-7 中可知,A 区域的成分均由 Ti、O、Co、Cr、V 和 W 组成,B 区域是由 Ti、O、Co、Cr 和 W 组成。摩擦环境温度为 200 ℃时,A 区域中 Co 及 Cr 含量约为 600 ℃时的 2 倍,而 O 元素含量约为 600 ℃时的 1/3,这些说明合金涂层在 600 ℃摩擦环境温度下氧化严重,其表面形成致密的氧化膜。

表 5-7　图 5-52(b)和(c)中合金涂层磨损表面区域成分的能谱分析结果(质量分数,%)

区域	Co	Cr	Ti	O	V	W
A	14.38	17.34	21.17	15.05	9.79	22.27
B	6.17	10.48	25.17	50.57	—	7.61

为了进一步研究高温对添加 4.8%Ti 的 TiN-VC 增强 Co 基合金涂层磨损过程的影响,高温下合金涂层磨损过程的示意图如图 5-54 所示。

(1)在外加载荷作用下,摩擦副彼此首先相互接触并以一定的速度运行,在摩擦环境温度及摩擦接触表面温度升高的情况下,合金涂层摩擦磨损表面 TiN 颗粒首先氧化形成少量的 TiO_2,由于 TiO_2 具有较低的形成吉布斯自由能,Ti 向外扩散形成 TiO_2 的热力学驱动力较大。因此,在氧化初期形成的 TiO_2 分布于合金涂层表面,如图 5-54(a)和(b)所示。

(2)由于 TiO_2 具有较低的硬度和剪切强度,摩擦过程中合金涂层表面更容易被

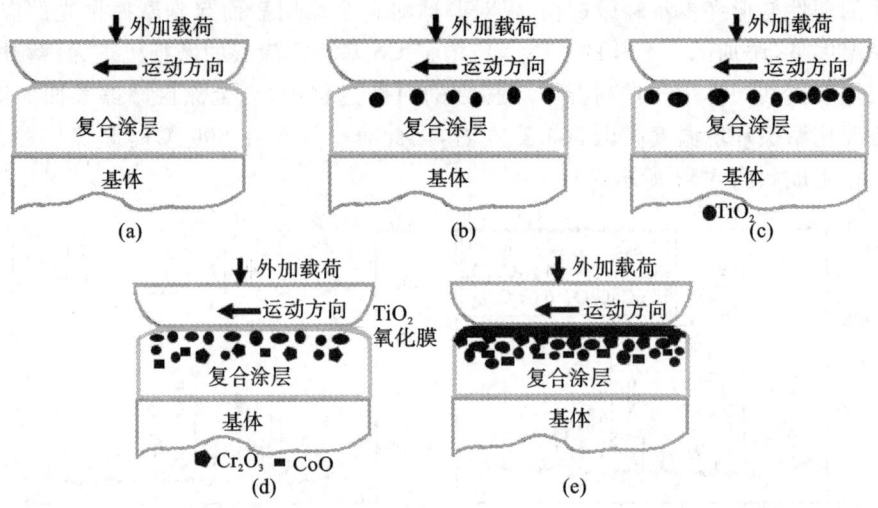

图 5-54　高温下添加 4.8%Ti 的 TiN-VC 增强 Co 基合金涂层的磨损过程示意图

对磨球表面微凸体犁削出更多磨屑,被犁削出的 TiO_2 在对磨球的挤压作用下发生塑性变形并出现黏附现象,这是导致合金涂层表面摩擦系数及磨损量增加的原因,如图 5-54(c)所示。

(3)随着摩擦环境温度和摩擦接触区温度的进一步升高,合金涂层表面形成更多的 TiO_2,以及少量的 Cr_2O_3 和 CoO,如图 5-54(d)所示。

(4)摩擦过程中犁削出许多磨屑,包括软的 TiO_2 和高硬度的 Cr_2O_3 和 CoO 颗粒,这些颗粒转变为三体磨粒而加重合金涂层磨损,促使合金涂层表面出现更为严重的黏附和犁沟,但由于 TiO_2 黏附于合金涂层表面消除了部分犁沟的出现。随着摩擦环境温度和接触区摩擦温度的升高,更多形成的 TiO_2 聚集于合金涂层表面摩擦区域,在接触表面区域形成润滑膜,同时 TiO_2 润滑膜下部形成了更多高硬度的 Cr_2O_3 和 CoO,在摩擦过程中对 TiO_2 润滑膜起到支撑作用,如图 5-54(e)所示,这是导致 600 ℃摩擦过程中合金涂层摩擦系数和磨损量降低的主要原因。

5.11　合金涂层的磨损行为研究

磨损作为材料失效的一种形式,是彼此相互接触的物体发生相对运动而导致物体接触表面材料出现不断迁移或脱落现象。磨损是摩擦表面在相互作用下发生的复杂机械性质、组织结构、物理和化学变化。根据磨损机理不同,磨损可分为磨粒磨损、黏着磨损、疲劳磨损和腐蚀磨损。在实际磨损现象中,不同材料或不同工况条件下,摩擦副会呈现出一种或几种形式的磨损机制同时存在,而且在磨损过程中,随着磨损的持续进行,磨损机制也可能会发生改变,造成材料磨损失效分析具有复杂性和必要性。随着科学技术的迅猛发展,各种新材料及复合材料相继出现,对材料磨损的研究提出迫切需求。研究材料的磨损机制和改善其耐磨性能的方法,不仅能提高机械设备的使用性能,延长使用寿命,还能节省资源。

1. 磨粒磨损

磨粒磨损是指外界硬质颗粒或者对磨表面上的硬质粗糙峰在摩擦过程中引起表面材料脱落的现象。通常,磨粒磨损存在两种形式:二体磨粒磨损和三体磨粒磨损,其模型如图 5-55 所示。图 5-55(a)为二体磨粒磨损模型,即摩擦副一方的表面存在硬质凸起或粗糙峰对软表面起到磨粒作用;图 5-55(b)为三体磨粒磨损模型,即外界摩粒或者摩擦表面中的硬脆相脆断或剥落进入摩擦表面之间,其在摩擦副相对运动过程中起到磨粒的作用,使摩擦表面形成犁沟。

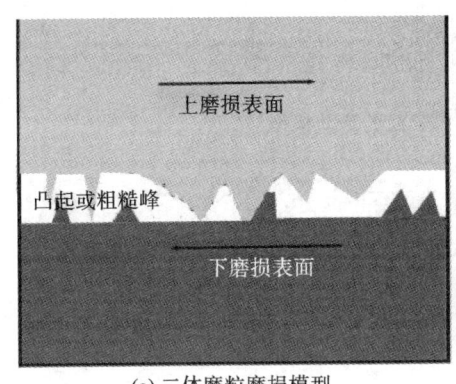

(a) 二体磨粒磨损模型　　　　(b) 三体磨粒磨损模型

图 5-55　磨粒磨损模型

磨粒磨损的方程是根据二体磨粒磨损的微观切削机理得出的,其二体磨粒在材料表面的滑动模型如图 5-56 所示。假设微凸体磨粒为形状相同的圆锥体,其在磨损表面形成的犁沟深度相同,犁沟深度为 h_g,圆锥体的半角为 ϕ,则压入部分的投影面积 A 为:

$$A = \pi h_g^2 \tan^2\phi \tag{5-46}$$

如果被磨材料的受压屈服极限为 σ_s,其外部受载荷 F 的作用,则:

$$F = \sigma_s A = \sigma_s \pi h_g^2 \tan^2\phi \tag{5-47}$$

当圆锥体凸出物在外部载荷作用下滑动距离为 L_1 时,材料被磨去除的体积 ΔV 为:

$$\Delta V = L_1 h_g^2 \tan\phi \tag{5-48}$$

假设被磨去除材料的密度为 ρ,则被磨去除材料的质量变化 Δm 为:

$$\Delta m = \rho \Delta V = \rho L_1 h_g^2 \tan\phi \tag{5-49}$$

联立式(5-47)、式(5-48)和式(5-49),则式(5-49)可表述为:

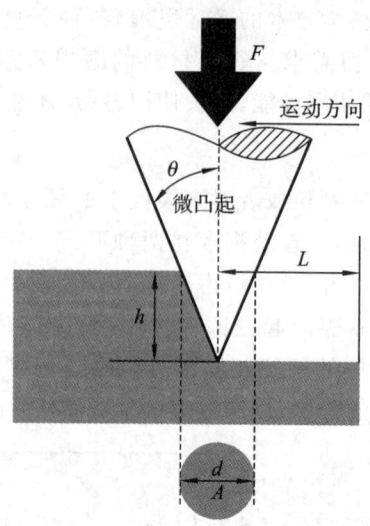

图 5-56　磨粒在材料表面的滑动模型

$$\Delta m = \rho L_1 \frac{F}{\pi \sigma_s \tan\phi} \tag{5-50}$$

由于受压屈服极限 σ_s 与硬度 H_b 有关（$H_b \approx 3\sigma_s$），故式(5-50)可以表述为：

$$\Delta m = \rho L_1 k_p \frac{3F}{H_b} \tag{5-51}$$

式中：k_p——磨粒磨损常数；

　　H_b——磨损表面材料的布氏硬度。

从式(5-51)中可知，磨粒磨损过程中微凸体所排除的材料总质量与外加载荷和微凸体在摩擦表面的滑动距离成正比，与材料表面的硬度值成反比。

另外，外加载荷、材料的硬度及磨粒角度对对磨环上磨粒在材料表面刻划的深度 h_g 有显著的影响，根据式(5-47)及材料屈服极限 σ_s 与硬度 H_b 的关系（$H \approx 3\sigma_s$），可以获得对磨环上微凸体磨粒在材料表面刻划深度 h_g 的表达式：

$$h_g = \left(\frac{3F}{\pi H_b \tan^2\phi} \right)^{1/2} \tag{5-52}$$

从式(5-52)中可知，对磨环上微凸体磨粒在材料表面刻划的深度 h_g 与外加载荷的大小成正比，与材料表面的硬度成反比。

式(5-51)是根据二体磨粒的磨损过程推导的，但根据前面的磨粒磨损模型分析，在实际摩擦磨损过程中，摩擦副中也存在三体磨损，即摩擦副之间存在第三体磨粒，第三体磨粒以两种形式存在：一是不受约束的第三体磨粒，该类第三体在运动过程中产生切削作用，因此相同工况的三体磨损损失比二体磨损小得多；二是受摩擦副约束的第三体磨粒，不能自由运动，造成严重的磨损损失。

根据摩擦学原理,磨粒磨损主要有微观切削、挤压剥落和疲劳破坏三种机制。微观切削是指对法向载荷将磨粒压入磨损表面而通过犁沟作用使表面剪切、犁皱和切削导致磨屑剥落;挤压剥落是指磨粒在外部载荷的作用下使材料发生塑形变形并将其推向两侧或材料表面产生层状或鳞片状碎屑,这属于硬质颗粒研磨软韧性材料表面;疲劳破坏是在外部载荷作用下材料表面局部产生应力集中而出现微裂纹,在外部载荷循环作用下,微裂纹扩展导致材料表面因疲劳而产生剥落。

假设磨粒在三体磨粒磨损过程中处于无拘束状态,如果材料表面以微观切削和挤压剥落的方式磨损,则磨损总量 $m_{总}$ 可以表示为:

$$m_{总} = \tau m_c + (1-\tau)m_p \tag{5-53}$$

式中:m_c——三体磨粒磨损时材料表面在微观切削机制下产生的磨损量;

τ——磨粒出现微观切削磨损的概率;

m_p——三体磨损时材料表面在挤压剥落机制下产生的磨损量。

Kishawy 等人利用积分模型计算了金属材料表面发生磨粒磨损的体积磨损量,如式(5-54)所示,包括二体磨粒磨损和三体磨粒磨损。

$$\frac{dV_t}{dt} = k_m \sqrt{\left(\frac{F_s V_c}{H_t}\right)} + \left\{ \frac{F_s V_c}{\xi_1 H_t} \left(\frac{H_p}{H_t}\right)^\varepsilon \left(\frac{D_1}{d}\right) \left(\frac{\zeta_1}{z(1-\zeta_1)}\right) \right\} \tag{5-54}$$

式中:V_t——体积磨损总量;

k_m——磨粒磨损系数;

t——磨粒磨损时间;

F_s——切向力;

V_c——切削速度;

H_t——切削工具的硬度;

H_p——磨粒的硬度;

ξ_1、ε——三体磨粒磨损的经验常数;

D_1——磨粒的平均尺寸;

d——磨粒的平均间距;

ζ_1——磨粒的体积分数;

z——完整磨粒的概率。

磨损的总质量损失可表达为:

$$\frac{dm_t}{dt} = k_m \rho_w \sqrt{\left(\frac{F_s V_c}{H_t}\right)} + \left\{ \frac{F_s V_c}{\xi_1 H_t} \left(\frac{H_p}{H_t}\right)^\varepsilon \left(\frac{D_1}{d}\right) \left(\frac{\zeta_1}{z(1-\zeta_1)}\right) \right\} \tag{5-55}$$

式中:ρ_w——材料表面被磨损材料的密度。

从式(5-51)和式(5-52)中可知,在添加 Ti 的 TiN-VC 增强 Co 基合金涂层与对磨环形成的对磨体系中,合金涂层表面硬度越高,对磨过程中对磨环表面微凸体压入合金涂层表面的犁沟越浅,犁沟宽度越窄,同时合金涂层磨损失重量也越小。这没有考虑磨损过程中合金涂层表面高硬度硬质颗粒剥落及聚集形成三体磨粒。

当合金涂层表面存在高硬度的硬质颗粒剥落而形成三体磨粒时,根据式(5-55),磨损失重量有许多影响因素,比如三体磨粒的硬度越高,磨损失重量就越大。然而最重要的影响因素是三体磨粒的硬度(H_p)与磨损材料的硬度(H_m)的比值,当 $H_m/H_p \geqslant 1.2$,为轻微磨损;当 $H_m/H_p < 0.8$,为严重磨损;当 $0.8 < H_m/H_p < 1.2$,为过渡状态。WC 陶瓷颗粒的硬度约为 1600 HV,TiN 陶瓷颗粒的硬度约为 2200 HV,VC 陶瓷颗粒的硬度约为 2900 HV,添加 9.6% Ti 的 TiN-VC 增强 Co 基合金涂层的硬度最高约为 550 $HV_{0.5}$,假如在摩擦副的对磨过程中存在第三体磨粒(WC、TiN 和 VC),则添加 9.6% Ti 的合金涂层的 H_m/H_p 的最大值约为 0.34,远小于 0.8,因此合金涂层的磨损较为严重,出现硬质颗粒脱落。

图 5-57 是添加 9.6% Ti 的 TiN-VC 增强 Co 基合金涂层高倍 SEM 磨损表面的形貌。从图 5-57(a)中可以看出,合金涂层的磨损表面存在一些较深的犁沟,犁沟内部存在着一些细小的磨屑。图 5-57(b)是图 5-57(a)的局部区域放大图。从图 5-57(b)中可以看到,磨屑主要是由四边形状和颗粒状组成,磨屑成分的 SEM 分析结果如表 5-8 所示。根据 XRD 分析结果和表 5-8 的结果,可以确定四边形的磨屑(A 点)为 TiN 颗粒,颗粒状的磨屑(B 点)为 TiN 和 VC 的复合物颗粒,颗粒状的磨屑(C 点)为 WC 颗粒,由于基体材料及熔覆材料中均无 W 元素,进一步证实磨损表面上出现的磨屑颗粒来源于对磨环表面上的 WC 颗粒及熔覆层中的 TiN 及 TiN 和 VC 复合物强化相颗粒。这些剥落的高硬度磨屑在对磨体系中演变为三体磨损中的磨粒,对合金涂层表面进行犁削,使合金涂层表面的磨损较为严重,形成较深而宽的犁沟及局部硬质颗粒剥落区。Ti 含量低于 9.6% 的合金涂层磨损表面未出现颗粒剥落现象,这些结果与不同 Ti 含量的合金涂层磨损性能分析结果一致。

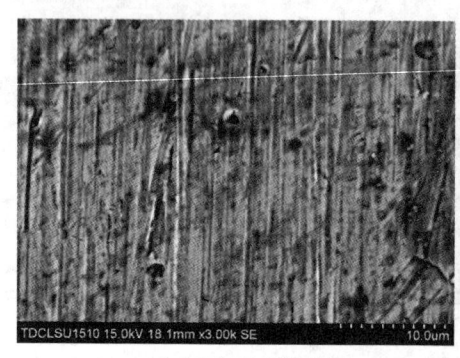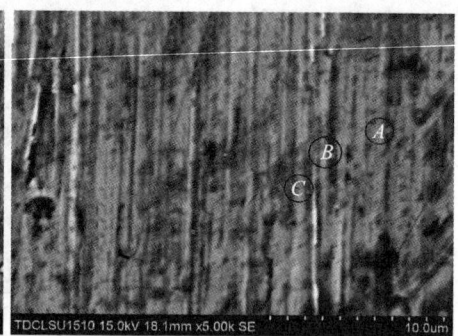

(a) 合金涂层的磨损形貌   (b) 图5-57(a)的高放大倍数图

图 5-57　添加 9.6% Ti 的 TiN-VC 增强 Co 基合金涂层表面的磨损形貌

表 5-8　图 5-57(b)中不同形貌磨屑成分的能谱分析结果(质量分数,%)

位置	C	N	Si	Ti	V	Cr	Fe	Co	Ni	Mo	W
点 A	—	16.69	—	54.31	1.78	6.72	—	18.26	1.15	1.09	—
点 B	4.82	12.79	—	41.53	16.47	5.52	0.21	16.68	0.95	1.02	—
点 C	7.27	—	0.12	0.18	0.52	8.93	1.24	20.13	0.78	1.33	58.72

2.黏着磨损

当摩擦副的接触表面发生相对运动时,接触表面处的黏着节点遭到破坏,被破坏的结点材料出现脱落或迁移的现象,这类现象称为黏着磨损。20 世纪 20 年代,HOLM 首先提出黏着磨损理论,他认为摩擦副对磨过程中,磨损主要是由摩擦副的两磨损表面实际接触的微凸体结点在外部载荷作用下形成磨屑产生的,且主要是微凸体结点处颗粒原子水平的破坏。20 世纪 50 年代,ARCHARD 发展了黏着磨损理论,他认为磨损主要是由微凸体结点处自身的断裂造成的,并建立了黏着磨损模型,如图 5-58 所示。SASADA 等人研究磨屑颗粒的形成与生长。结果表明:黏着磨损形成的磨屑尺寸既不是原子水平也不是黏着结点自身的尺寸,其主要受黏着结点处磨损形式的影响。磨损表面的磨损较为严重时,磨屑颗粒的大小可达几十微米甚至数百微米,而磨损表面的磨损较为轻微时,磨屑颗粒的大小则可能小至几微米。

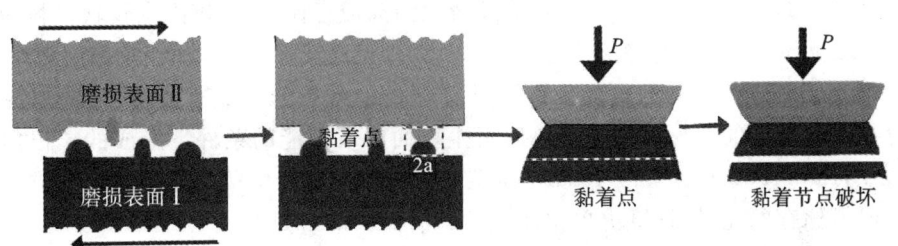

图 5-58　黏着磨损模型

从图 5-58 所示黏着磨损模型中可以看出磨屑的形成过程,两磨损面在相对滑动过程中,磨损表面的微凸体相互接触,形成黏结点。黏结点在相对滑移过程中由于接触区域的相互滑动挤压而产生塑性变形。在塑性变形较大的区域便会形成细小的磨粒,这些细小的磨粒在两磨损表面重复的相对滑动过程中通过转移和集聚而形成磨屑。而磨屑的形成不仅仅来自硬度较低的磨损材料表面,硬度较高的材料表面也能产生少量的磨屑。硬度较高的材料表面也存在低硬度的区域,当这些低硬度的区域与硬度较低的磨损表面高硬度区域接触并经过反复的循环作用而产生磨粒,磨粒通过相互转移和积累而形成磨屑。

黏着磨损方程是基于图 5-58 所示的黏着磨损模型而推导获得的。首先假设摩擦副之间的黏着结点都为半球形，且其面积为以 a 为半径的圆，则每一个黏着结点的接触面积为 πa^2。磨损表面处于塑性接触状态时，每个黏结点支承的载荷 F_1 为：

$$F_1 = \pi a^2 \sigma_s \tag{5-56}$$

假设黏结点沿球面破坏，即迁移的磨屑为半球形。则当滑动位移为 L_1 时的单个磨屑颗粒体积变化 ΔV 为：

$$\Delta V = \frac{2}{3}\pi a^3 \tag{5-57}$$

因此，单个黏着磨损体积为：

$$V = \frac{\pi a^2 L_1}{3} = \frac{F_1 L_1}{3\sigma_s} \tag{5-58}$$

由于黏着磨损过程中并非所有的黏着结点都是半球形的磨屑，则引入黏着磨损常数 k_s，则式(5-58)可表达为：

$$V = k_s \frac{F_1 L_1}{3\sigma_s} \tag{5-59}$$

在摩擦磨损过程中，假设相互接触的磨损表面存在 N 个黏着结点，则黏着磨损体积为：

$$V = k_s \frac{N F_1 L_1}{3\sigma_s} \tag{5-60}$$

从式(5-60)中可知，磨损量与载荷及滑动距离成正比，与摩擦副中较软材料的屈服强度成反比。但该理论忽略了金属变形的物理特性及有关材料学变化等因素。

Rabinowicz 从能量的角度分析了黏着磨损中磨屑的形成。他指出：磨屑应是在分离前所储存的变形能大于分离后新生表面的表面能的条件下形成的。根据这一观点，Rabinowicz 分析了 Achard 模型中半球形磨屑产生塑性变形以致形成黏着结点时所储存的能量，计算出单位体积的磨屑储存能量 e 为：

$$e = \frac{\sigma_s^2}{2E} \tag{5-61}$$

式中：σ_s——材料的屈服强度；

E——弹性模量。

如果磨屑沿着接触圆半径为 a 的平面分离，分离后单位面积的表面能为 γ，则磨屑的形成条件为：

$$\frac{2}{3}\pi a^3 \left(\frac{\sigma_s^2}{2E}\right) > 2\pi a^2 \gamma \tag{5-62}$$

根据弹性接触理论，对于金属材料而言，$\sigma_s = H_b/3$，H_b 为硬度，则

$$a > \frac{54E\gamma}{H_b^2} \quad \text{或} \quad a > \frac{K_s E\gamma}{H_b^2} \tag{5-63}$$

式中：K_s——基于磨屑的形状确定的常数。

在实际黏着磨损过程中，表面上存在多种形式的能量，磨屑尺寸还没达到式 (5-63)之前已经与表面分离。所以式(5-63)中 a 值应作为磨屑尺寸的最大值，即

$$a \leqslant \frac{K_s E \gamma}{H_b^2} \tag{5-64}$$

从式(5-64)可知，磨屑尺寸的大小与摩擦材料本身的性质、微凸体的性质以及表面能等因素密切相关，若微凸体的变形越严重，则黏着磨损越严重。

结合添加 4.8％Ti 的 TiN-VC 增强 Co 基合金涂层的高温磨损试验结果，随着摩擦环境温度在 20～600 ℃范围内增加，合金涂层硬度降低，变形量增加，磨损失重量呈现先增加后减小的变化，说明黏着磨损在 20～400 ℃摩擦环境温度范围内逐渐成为合金涂层的主要磨损机制，在 600 ℃摩擦环境温度时已不是合金涂层的主要磨损机制。

3. 疲劳磨损

疲劳磨损是指相对运动的两接触表面在摩擦应力的循环作用下而出现剥落及凹坑的现象，其主要包括裂纹的萌生、扩展和断裂三个阶段。然而，无论有无润滑条件存在，疲劳磨损均是不可避免的现象。1935 年，S. Way 提出疲劳裂纹扩展的点蚀理论：润滑油由于接触压力而产生的高压油波促使裂纹形成和扩展，当根部强度不足时，就会折断形成点蚀坑，即点蚀疲劳裂纹产生的起始位置出现在接触表面。后来，V. C. Venkatesh 和 S. Ramanathan 提出了最大剪应力理论：由于剪应力的作用，在相对运动的磨损表面次表层产生位错运动，在位错相互运动过程中位错相互切割形成空穴，空穴聚集形成空洞，最后成为裂纹。

V. C. Venkatesh 和 S. Ramanathan 给出了裂纹产生的判据可表示为：

$$\tau_c > \frac{2}{\beta} \left[\frac{\gamma_1 E}{D} \right]^{\frac{1}{2}} \tag{5-65}$$

式中：τ_c——临界剪切力；

γ_1——表面能和裂纹扩展到邻近晶粒的塑性变形功；

E——弹性模量；

D——平均晶粒直径；

β——常数。

图 5-59 为滚动与滑动的接触面下剪应力的分布图。

从式(5-65)可知，临界剪切应力的大小与摩擦材料本身的性质、表面能和裂纹扩展到临近晶粒的塑性变形功和晶粒直径等因素有关，随着表面能和裂纹扩展到临近晶粒的塑性变形功越大，晶粒直径越小，产生疲劳磨损所需的临界剪应力越大。

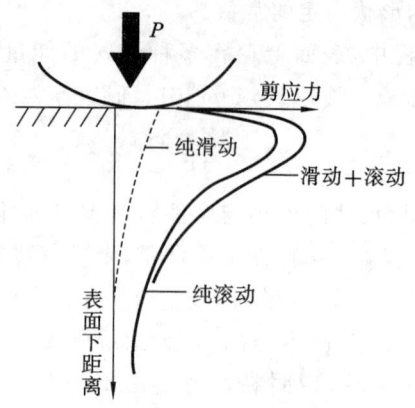

图 5-59　接触面下剪应力的分布图

根据添加 Ti 的 TiN-VC 增强 Co 基合金涂层的磨损试验结果可知,当 Ti 含量增加到 9.6% 时,合金涂层中高硬度的 TiN 和 VC 强化相颗粒的尺寸和密度增加,引起强化相与合金基体的结合力减弱,裂纹扩展到临近晶粒的塑性变形功降低,导致磨损表面更容易产生疲劳磨损。

4. 氧化磨损

氧化磨损是腐蚀磨损中最为常见的一种,它是指在氧化环境中,摩擦副接触表面处形成的氧化膜被磨消失后,又快速出现新的氧化膜,如此反复造成材料的损失。氧化磨损程度主要取决于氧化膜与基体的连接强度和氧化膜生成速率。脆性氧化膜与基体连接的抗剪切强度较差,或者氧化膜的生成速率低于磨损率时,材料的氧化磨损较严重。而当氧化膜具有较高的韧性,与基体连接处的抗剪切强度较高,或者氧化速率高于磨损率时,氧化膜起到减磨作用,材料的氧化磨损较轻。一般来说,除极少数较稳定的贵重金属外,若表面洁净的金属与空气接触均会与空气中的氧反应形成氧化膜。

根据添加 4.8% Ti 的 TiN-VC 增强 Co 基合金涂层的高温磨损试验结果,在摩擦环境温度为 600 ℃时,合金涂层的磨损失重量减小,说明在 600 ℃时,磨损表面形成氧化膜的速度大于磨损速度,此时氧化磨损已是合金涂层的主要磨损机制。

5.12　本章小结

(1)除了 VN 合金增强 Co 基合金中的 γ-Co、$Cr_{23}C_6$、$Co_{5.47}N$、σ-FeV 和 VN 相外,TiN-VC 增强 Co 基合金涂层中还存在 TiN 和 VC 相,随着 Ti 含量增加,TiN 和 VC 相的衍射峰强度逐渐增加,VN 和 $Co_{5.47}N$ 相的衍射峰强度逐渐降低。550 ℃及 650 ℃时效处理 3 h,TiN-VC 增强 Co 基合金涂层的相组成未发生改变;750 ℃时效处理 3 h 及 650 ℃时效处理 5 h,σ-FeV 相消失。

(2)随着 Ti 含量增加,TiN-VC 增强 Co 基合金涂层中树枝晶的生长方向明显减弱,出现更多短棒状树枝晶和等轴晶,组织更加细化;强化相由最初的大量多边形 TiN 和 VC 的复合物以及 VN→少量四边形的 TiN、大量多边形的 TiN 和 VC 复合物及少量 VN→大量四边形 TiN、大量多边形 TiN 和 VC 的复合物→大量的四边形 TiN、大量多边形 TiN 和 VC 的复合物及 Co$_3$Ti 转变。另外,TiN-VC 增强 Co 基合金涂层中出现大量位错和堆垛层错,位错的交互错作用消失。随着时效处理温度和时间增加,合金涂层中弥散分布的强化相数量增加,出现更多短棒状树枝晶和等轴晶,组织分布更加均匀。另外,时效处理后,TiN-VC 增强 Co 基合金涂层中位错及堆垛位错的密度降低。

(3)TiN 优先形核长大,VC 依附于包晶转变形成的 TiN 形核长大,形成 VC-TiN 壳核结构。TiN 晶核的原位合成属于溶解-析出机制;VC 晶核原位合成属于溶解-析出机制和扩散机制共同作用。TiN 与 γ-Co 基体存在共格位向关系,位相关系:$[0\bar{2}2]_{γ\text{-}Co}$//$[02\bar{2}]_{TiN}$、$(200)_{γ\text{-}Co}$//$(\bar{2}00)_{TiN}$、$(1\bar{1}\bar{1})_{γ\text{-}Co}$//$(\bar{1}11)_{TiN}$ 和 $(111)_{γ\text{-}Co}$//$(1\bar{1}\bar{1})_{TiN}$。VC 与 γ-Co 基体存在位向关系,位向关系为:$[004]_{VC}$//$[\bar{2}2\bar{4}]_{γ\text{-}Co}$、$(200)_{VC}$//$(1\bar{1}1)_{γ\text{-}Co}$。VC 与 TiN 存在半共格位向关系,位向关系为:$[00\bar{4}]_{VC}$//$[00\bar{4}]_{TiN}$、$(002)_{VC}$//$(002)_{TiN}$、$(020)_{VC}$//$(020)_{TiN}$ 和 $(220)_{VC}$//$(220)_{TiN}$;TiN-VC 增强 Co 基合金涂层中的位错和堆垛层错平行于 TiN $\{200\}$ 的方向。

(4)随着 Ti 含量增加,TiN-VC 增强 Co 基合金涂层的显微硬度逐渐增加,最高硬度为 550.54 HV$_{0.5}$,约为 5.0% VN 合金增强 Co 基合金涂层的 1.22 倍;合金涂层的磨损失重量先降低后增加,Ti 含量为 4.8% 时,合金涂层的磨损失重量最低为 8.3 mg,约为 5.0% VN 合金增强 Co 基合金涂层的 3/4。当 Ti 含量小于 4.8% 时,合金涂层的磨损机制均为磨粒磨损;当 Ti 含量为 9.6% 时,合金涂层的磨损机制为磨粒磨损和疲劳磨损共同作用。随着时效处理温度和时间增加,添加 4.8% Ti 的 TiN-VC 增强 Co 基合金涂层的显微硬度先降低后增加,当 750 ℃时效处理 3 h 以及 650 ℃时效处理 5 h 后,合金涂层的平均显微硬度分别被提高了 7.87% 和 3.75%;合金涂层的磨损失重先增加后降低,当 750 ℃时效处理 3 h 及 650 ℃时效处理 5 h 后,合金涂层的磨损失重量分别降低了 8.4% 和 6.0%,时效处理后,合金涂层的磨损机制均为磨粒磨损。

(5)当摩擦环境温度为 400 ℃,添加 4.8% Ti 的 TiN-VC 增强 Co 基合金涂层的磨损失重为 12.2 mg,约为 5.0% VN 合金增强 Co 基合金涂层和基体金属的 3/4 和 1/27。随着摩擦环境温度从室温到 600 ℃的增加,添加 4.8% Ti 的 TiN-VC 增强 Co 基合金涂层的摩擦系数及磨损失重量先增加后降低,当摩擦环境温度为 400 ℃时,合金涂层的摩擦系数及磨损失重最大;合金涂层的磨损机制由主要为磨粒磨损→磨粒磨损为主、黏着磨损为辅→磨粒磨损和黏着磨损为主、氧化磨损为辅→主要为磨粒磨损和氧化磨损的转变。

参考文献

[1] 西泽泰二. 微观组织热力学[M]. 郝士明,译. 北京:化学工业出版社,2006.

[2] Moran M J,Shapiro H N,Boettner D D,et al. Fundamentals of engineeringthermodynamics [M]. Hoboken:John Wiley & Sons Inc,2010.

[3] 叶大伦,胡建华. 实用无机物热力学数据手册[M]. 北京:冶金工业出版社,2002.

[4] 徐祖耀,李麟. 材料热力学[M]. 北京:科学出版社,2005.

[5] 吕维洁,张小农. 原位合成 TiB 和 TiC 增强钛基复合材料热力学[J]. 中国有色金属学报,1999,02:21-26.

[6] JIANG Q C,WANG H Y,WANG J G. Fabrication of TiC/Mg composites by the thermal explosion synthesis reaction in molten magnesium[J]. Materials Letters,2003,57(16):2580-2583.

[7] 梁英教,车荫昌. 无机物热力学数据手册[M]. 沈阳:东北大学出版社,1994.

[8] 徐洲,姚寿山. 材料加工原理[M]. 北京:科学出版社,2003.

[9] LIU F,SOMMER F,BOS C,et al. Analysis of solid state phase transformation kinetics:models and recipes[J]. International materials reviews,2007,52:193-212.

[10] 朱景川,来忠红. 固态相变原理[M]. 北京:科学出版社,2010.

[11] 孙荣禄. Ti 合金表面激光熔覆 Ni-TiC 复合涂层的组织及耐磨性能[D]. 哈尔滨:哈尔滨工业大学,2001.

[12] 关振中. 激光加工工艺手册[M]. 北京:中国计量出版社,1998:283.

[13] N. Makuch,M. Kulka,P. Dziarski,et al. Laser surface alloying ofcommercially pure titanium with boron and carbon[J]. optics and lasers in engineering,2014,57:64-81.

[14] Y. Xue,H. M. Wang. Microstructure and wear properties of laser clad TiCo/Ti$_2$ Co intermetallic coatings on titanium alloy[J]. Applid Surface Science,2005,243:278-286.

[15] 李明喜. 钴基合金及其纳米复合材料激光熔覆涂层研究[D]. 南京:东南大学,2004.

[16] X. D. Lu,H. M. Wang. High-temperature phase stability andtribologicalpropertiesof laser clad Mo$_2$ Ni$_3$ Si/NiSi metal silicide coatings[J]. Acta Materialia,2004,52:5419-5426.

[17] 李明喜,何宜柱,孙国雄. 纳米 Al$_2$O$_3$/Ni 基合金复合材料激光熔覆层组织[J]. 中国激光,2004,31(9):1149-1152.

[18] R. Cozar,A. Pineau. Morphology of γ' and γ'' precipitates and thermal stability of inconel 718 type alloys[J]. Metallurgical and Materials Transactions B,1973,4(1):47-59.

[19] 战磊. Ni-Ti-C/B$_4$C-BN 体系燃烧合成反应行为与机制[D]. 长春:吉林大学,2010.

[20] 徐瑞. 材料热力学与动力学[M]. 哈尔滨:哈尔滨工业大学出版社,2003.

[21] 徐祖耀,李麟. 材料热力学[M]. 北京:科学出版社,2005.

[22] REDLICH O,KISTER A T. Algebraic representation of thermodynamic properties and the classification of solutions[J]. Journal of Industrial and Engineering Chemistry,1948,40(2): 345-348.

[23] 吴春峰,李慧改,郑少波,等. 二元合金热力学模型 Miedema 模型[J]. 上海金属学报,2011, 33(4):1-5.

[24] 关振中. 激光加工工艺手册[M]. 北京:中国计量出版社,1998:239.

[25] J. A. Varela,J. M. Amado,M. J. Tobar,et al. Characterization of hardcoatings produced by laser cladding usinglaser-induced breakdown spectroscopy technique [J]. Applied SurfaceScience,2015,336:396-400.

[26] J. J. Candel,J. A. Jimenez,P. Franconetti,et al. Effect of laser irradiation on failure mechanism of TiCp reinforcedtitanium composite coating produced by laser cladding[J]. JournalofMaterials Processing Technology,2014,214:2325-2332.

[27] 范氏红娥. H13 钢表面激光熔覆 TiC/Co 基涂层及其高温磨损性能研究[D]. 昆明:昆明理工大学,2013.

[28] 李敏. Ti-3Al-2V 表面激光熔覆 Ti-BN 涂层的微观组织及反应行为研究[D]. 上海:上海交通大学,2013.

[29] 胡汉起. 金属凝固原理[M]. 北京:机械工业出版社,2010.

[30] 巴伦. 纯物质热化学数据手册[M]. 程乃良,译. 北京:科学出版社,2003.

[31] 陈瑶. 小平面相凝固理论及 TiC 增强金属间化合物复合材料涂层组织与耐磨性[D]. 北京:北京航空航天大学,2003.

[32] 胡汉起. 金属凝固原理[M]. 北京:机械工业出版社,2012.

[33] 徐洲,姚寿山. 材料加工原理[M]. 北京:科学出版社,2003.

[34] Lua WJ,Zhang D,Zhang X N. Microstructural characterization of TiC in situ synthesized titanium matrix composites prepared by common casting technique[J]. Journal of Alloys and Compounds,2001,327:248-252.

[35] J. N. Li,C. Z. Chen,D. G. Wang. Surface modification of titanium alloy with lasercladding RE oxides reinforced Ti$_3$ Al-matrix composites[J]. Composites Part B-Engineering,2012,43: 1207-1212.

[36] Findik. Fehim. Latest progress on tribological properties of industrial materials[J]. Materials and Design,2014,57:218-244.

[37] SUH N P. The delamination theory of wear[J]. Wear,1973,25(1):111-124.

[38] C. Navas,M. Cadenas,J. M. Cuetos,et al. Microstructure andsliding wear behaviour of tribaloy T-800 coatings deposited by laser cladding[J]. Wear,2006,260:838-846.

[39] G. J. Li,J. Li,X. Luo. Effects of post-heat treatment on microstructure and propertiesof laser cladded composite coatings on titanium alloy substrate[J]. Optics & LaserTechnology,2015, 65:66-75.

[40] 魏东博. 基于双辉技术的钛合金表面抗高温氧化合金层的制备及性能研究[D]. 南京:南京航空航天大学,2013.

［41］SKOPP A,WOYDT M. Unlubricated sliding friction and wear of various Si_3N_4 pairs between 22～1000 ℃［J］. Tribology International,1990,12(3):153-158.

［42］M. H. Staia,M. D. Alessandria,D. T. Quinto,et al. High temperature tribologicalcharacterisation of commercial TiAlN coatings［J］. Journal of Physics:Condensed Matter,2006,18(32):1727-1736.

［43］He Xiangming, Liu Xiubo, Yang Maosheng, et al. Elevated Temperature Tribological Behaviors of Laser Cladding Nickel-Based Composite Coatingon Austenitic Stainless Steel ［J］. Chinese Journal of Lasers,2011,38(9):79-84.

［44］刘爱华. PVD 氮化物涂层的高温摩擦磨损特性及机理研究［D］. 济南:山东大学,2012.

［45］M. Vite,M. Castillo,L. H. Hernandez. Dry and wet abrasive resistance of Inconel 600 and satellite［J］. Wear,2005,258(1):70-76.

［46］MISRA A,FINNIE I. A classification of three-body abrasive wear and designof a new tester ［J］. Wear,1980,60:111-121.

［47］CATES J D. Two-body and three-body abrasion:A critical discussion［J］. Wear,1998,214 (1):139-146.

［48］温诗铸,黄平. 摩擦学原理［M］. 北京:清华大学出版社,2012.

［49］Fang L. ,Zhou Q. D. ,Li Y. J. . An explanation of the relation between wear and meterial hardness in three-body abrasion［J］. Wear,1991,25:313-321.

［50］KISHAWY H A, KANNAN S, BALAZINSKI M. Analytical modeling of tool wear progression during turning particulate reinforced metal matrix composites［J］. Annals of the CIRP-Manufacturing Technology,2005,54(1):55-58.

［51］PIRSO J,VILJUS M,JUHANI K,et al. Three-body abrasive wear of TiC-NiMo cermets［J］. Tribology International,2010,43:340-346.

［52］HOLM R. Über metallische kontakt widers tçnde［J］. Wiss Veröff. Siemens-Werk,1929,7 (2):217-258.

［53］ARCHARD J F. Contact and rubbing of flat surfaces［J］. Journal of Applied Physics,1953, 24:981-988.

［54］SASADA T, NOROSE S. The formation and growth of wear particlesthrough mutual material transfer［C］. Proceeding JSLE-ASLE International Lubricants Conference. Tokyo: Elsevier,1976,82-91.

［55］RABINOWICZ E. The nature of the static and kinetic coefficient offriction［J］. Journal of Applied Physics,1951,22:1373-1979.

6 总 结

本专著利用激光熔覆技术，以 Ti、纳米 CeO_2、VN 合金以及 Co 基合金为熔覆材料，制备了强化相颗粒增强 Co 基合金涂层。针对合金涂层的宏观成形、相组成、显微组织、强化相形貌和生长机制以及合金涂层的摩擦磨损进行了系统研究，探讨了合金涂层的摩擦磨损机理，取得如下结论：

(1) 利用激光熔覆和 Sysweld 有限元仿真模拟技术，分析工艺参数和预置涂层厚度对 Co 基合金涂层宏观成形的影响。通过综合评估发现，采用涂层厚度为 1.0 mm，光斑尺寸为 5 mm，扫描速度为 4 mm/s，功率为 2.3 kW 和搭接率为 50% 时制备的合金涂层表面平整光滑、无明显裂纹和气孔等缺陷，与基体获得了良好的冶金结合。

(2) Co 基合金涂层主要由 γ-Co 和 $Cr_{23}C_6$ 相组成。Co 基合金涂层微观组织主要由平面晶、树枝晶和等轴晶组成，与有限元仿真模拟结果相吻合。Co 基合金涂层的平均显微硬度和磨损失重量分别为 404.14 $HV_{0.5}$ 和 17.6 mg，约为 Q235 基体的 3 倍和 1/10，Q235 基体材料的磨损机理为典型的粘着磨损和磨粒磨损特征，而 Co 基合金涂层的磨损机理为典型的磨粒磨损特征。

(3) VN 合金添加后，VN 合金增强 Co 基合金涂层的宏观表面更为光滑平整。除 Co 基合金涂层的 γ-Co 和 $Cr_{23}C_6$ 相外，合金涂层中还出现了 $Co_{5.47}N$、σ-FeV 和 VN 相。随着 VN 合金含量增加，合金涂层中树枝晶生长方向逐渐弱化，转变为更多短棒状树枝晶和等轴晶，组织更加细化，并出现大量高密度的堆垛层错及相互作用；合金涂层的硬度和耐磨性能先提高后降低，当 VN 合金含量为 5.0% 时，合金涂层的硬度和磨损失重量分别为 Co 基合金涂层的 1.12 倍和 63.6%。550 ℃ 及 650 ℃ 时效处理 3 h 后，合金涂层相结构未发生改变，750 ℃ 时效处理 3 h 及 650 ℃ 时效处理 5 h 后，σ-FeV 相消失。随着时效处理温度和时间增加，合金涂层组织未发生明显生长，短棒状树枝晶和等轴晶的体积分数逐渐增加，组织更加均匀，位错及堆垛层错的密度降低。750 ℃ 时效处理 3 h 及 650 ℃ 时效处理 5 h 后合金涂层的显微硬度分别提高了 9.9% 和 6.7%，磨损失重量分别降低了 10.7% 和 9.8%。时效处理前后，合金涂层的磨损机制为典型的磨粒磨损特征。

(4) 纳米 CeO_2 添加后，纳米 CeO_2 增强 Co 基合金涂层的宏观表面质量更为优异。除 Co 基合金涂层的 γ-Co 和 $Cr_{23}C_6$ 相外，纳米 CeO_2 增强 Co 基合金涂层重还出现了 Ce_2Ni_7 相。随着纳米 CeO_2 含量增加，合金涂层中粗大树枝晶逐渐转变为短棒状树枝晶和等轴晶,组织更加细小;合金涂层的显微硬度和耐磨性能均先增加后降低,当纳米 CeO_2 含量为 1.5％时,合金涂层的硬度和磨损失重量分别为 Co 基合金涂层的 1.11 倍和 69.88％。550 ℃及 650 ℃时效处理 3 h 后,纳米 CeO_2 增强 Co 基合金涂层的相结构和衍射峰强度未发生明显改变,750 ℃时效处理 3 h 及 650 ℃时效处理 5 h 后,$Cr_{23}C_6$ 相衍射峰强度增加,Ce_2Ni_7 相衍射峰强度降低。随着时效处理温度和时间增加,合金涂层组织未发生明显生长,短棒状树枝晶和等轴晶的体积分数逐渐增加,组织更加均匀;合金涂层的硬度和耐磨性均先降低后增加,750 ℃时效处理 3 h 及 650 ℃时效处理 5 h 后合金涂层的显微硬度分别提高了 6.01％和 3.29％,磨损失重量分别降低了 15.45％和 11.38％。时效处理前后,合金涂层的磨损机制为典型的磨粒磨损特征。

(5) 利用激光熔覆和原位合成技术制备的 TiN＋VC 增强 Co 基合金涂层具有优良的宏观成形和与基体良好的冶金结合。除了 5.0％VN 合金增强 Co 基合金涂层中涉及的 γ-Co、$Cr_{23}C_6$、$Co_{5.47}N$、σ-FeV 和 VN 相外,TiN-VC 增强 Co 基合金涂层中还出现了 TiN 和 VC 相。随着 Ti 含量增加,TiN 和 VC 相的衍射峰强度逐渐增加,VN 和 $Co_{5.47}N$ 相的衍射峰强度逐渐降低;合金涂层中枝晶的生长方向明显弱化,出现更多量的短棒状树枝晶和等轴晶,组织更加细化均匀,存在平行于 TiN $\{200\}$ 的方向的高密度堆垛层错。原位合成 TiN 以溶解-析出机制形成多边形块体结构,VC 以溶解-析出机制和扩散机制共同作用依附于 TiN 质点形成 VC-TiN 壳核结构。TiN 与 γ-Co 基体存在共格位向关系,位相关系:$[0\bar{2}2]_{\gamma\text{-Co}}//[02\bar{2}]_{TiN}$、$(200)_{\gamma\text{-Co}}//(\bar{2}00)_{TiN}$、$(1\bar{1}\bar{1})_{\gamma\text{-Co}}//(\bar{1}11)_{TiN}$ 和 $(111)_{\gamma\text{-Co}}//(\bar{1}\bar{1}\bar{1})_{TiN}$。VC 与 γ-Co 基体存在位向关系,位向关系为:$[004]_{VC}//[\bar{2}\bar{2}4]_{\gamma\text{-Co}}$、$(200)_{VC}//(1\bar{1}1)_{\gamma\text{-Co}}$。VC 与 TiN 存在半共格位向关系,位向关系为:$[00\bar{4}]_{VC}//[00\bar{4}]_{TiN}$、$(002)_{VC}//(002)_{TiN}$、$(020)_{VC}//(020)_{TN}$ 和 $(220)_{VC}//(220)_{TiN}$。550 ℃及 650 ℃时效处理 3 h,TiN-VC 增强 Co 基合金涂层的相组成未发生改变;750 ℃时效处理 3 h 及 650 ℃时效处理 5 h,σ-FeV 相消失。随着时效处理温度和时间增加,合金涂层的相结构均未发生明显改变,涂层组织未发生明显生长,短棒状树枝晶和等轴晶的体积分数逐渐增加,组织分布更加均匀,堆垛层错的密度降低。

(6) 随着 Ti 含量增加,TiN-VC 增强 Co 基合金涂层的硬度逐渐增加,最高硬度为 550.54 $HV_{0.5}$,约为 5.0％VN 合金/Co 基合金涂层的 1.22 倍;合金涂层的耐磨性能先增大后减小,Ti 含量为 4.8％时,合金涂层磨损失重量最低为 8.3 mg,约为 VN 合金/Co 基合金涂层的 3/4。Ti 含量不高于 4.8％时,合金涂层的磨损机制为磨粒磨损;Ti 含量为 4.8％时,复合涂层的磨损机制为磨粒磨损和疲劳磨损共同作用。随着时效处理温度和时间增加,合金涂层的硬度和耐磨性均先减小后增加,750 ℃时效处理 3 h 及 650 ℃时效处理 5 h 后,合金涂层的硬度和耐磨性能均有不同程度的提高,时效处理后,合金涂层的磨损机制均主要为磨粒磨损。

(7)随着摩擦温度从室温逐渐增加到 600 ℃,未添加 Ti 的 5.0%VN 合金/Co 基合金涂层和 TiN-VC 增强 Co 基合金涂层的摩擦系数及磨损失重量均先增加后降低,当摩擦温度为 400℃时,两种合金涂层的摩擦系数及磨损失重量最大,TiN-VC 增强 Co 基合金涂层磨损失重量为 12.2 mg,约为未添加 Ti 的 5.0%VN 合金/Co 基合金涂层和基体金属的 3/4 和 1/27。随温度增加,TiN-VC 增强 Co 基合金涂层磨损机制由主要为磨粒磨损→磨粒磨损为主、粘着磨损为辅→磨粒磨损和粘着磨损为主、氧化磨损为辅→主要为磨粒磨损和氧化磨损的转变。